新型综合交通与地下空间规划设计丛书

# 城市地下道路
# 技术创新与实践

刘 艺 著

中国建筑工业出版社

**审图号：GS京（2024）2241号**

**图书在版编目（CIP）数据**

城市地下道路技术创新与实践 / 刘艺著. --北京：中国建筑工业出版社，2024. 8. --（新型综合交通与地下空间规划设计丛书）. -- ISBN 978-7-112-30276-5

Ⅰ. U459.9

中国国家版本馆CIP数据核字第2024WL6493号

责任编辑：焦　扬
书籍设计：锋尚设计
责任校对：芦欣甜

新型综合交通与地下空间规划设计丛书
**城市地下道路技术创新与实践**
刘　艺　著

*

中国建筑工业出版社出版、发行（北京海淀三里河路9号）
各地新华书店、建筑书店经销
北京锋尚制版有限公司制版
临西县阅读时光印刷有限公司印刷

*

开本：787毫米×1092毫米　1/16　印张：13¾　字数：259千字
2025年1月第一版　2025年1月第一次印刷
定价：**139.00**元
ISBN 978-7-112-30276-5
（43685）



如有内容及印装质量问题，请与本社读者服务中心联系
电话：（010）58337283　QQ：2885381756
（地址：北京海淀三里河路9号中国建筑工业出版社604室　邮政编码：100037）

# 前 言

近年来，随着我国城市规模、经济水平和交通需求的不断增长，在城市土地集约化利用、环境品质不断提升的背景下，以及在施工装备和施工技术发展的推动下，城市地下道路快速发展，且呈现出功能系统化、形式多样化、规模长大化、工法多元化、建设运营低碳化、运维智能化等发展趋势。

上海市政工程设计研究总院（集团）有限公司有幸成为我国城市地下道路发展的践行者和引领者，先后承接了上海市外滩隧道、北横通道、东西通道与轨道交通14号线共线工程、新建路隧道、诸光路隧道、银都路隧道，武汉王家墩地下交通环路和黄海路隧道工程，深圳前海地下环路，广州南沙明珠湾隧道，杭州彩虹路隧道，济南黄岗路穿越黄河隧道等多项有影响力的重点工程，积累了丰富的经验，并主编了住房和城乡建设部行业标准《城市地下道路工程设计规范》CJJ 221—2015。

城市地下道路工程规模大、投资成本高，实施难度和实施影响较大，运营条件也相对复杂，前期研究和设计周期较长。地下道路的总体设计不仅要综合考虑交通功能的合理设置，确定合理的规模、等级、选线、横断面形式和出入口布置；还要考虑工程的可实施性和实施代价，比选不同工法，降低实施影响；同时，更要重视运营过程中应对各种事件灾害的消防逃生和安全韧性，并有效控制地下道路的内部环境，降低运营成本和碳排放。因此，城市地下道路的设计是一个基于全生命周期、统筹多因素、综合多学科的综合性设计，需要在各专业技术方面进行不断创新和突破。本书结合笔者所经历的重大地下道路工程，对近些年来城市地下道路设计的创新技术进行总结，期望对我国城市地下道路的设计和建设提供参考。

全书共分8个章节，第1、2、6、8章即绪论、总体设计创新、智能化创新和未来展望由刘艺、游克思和孙培翔执笔，第3章结构创新由官林星为主执笔，第4章防灾创新由王曦为主执笔，第5章通风创新由倪丹、施孝增为主执笔，第7章绿色低碳创新由刘艺和黄瑞达为主执笔。

书中参阅、引用了国内外大量文献参考资料，引用文献尽量做到标注，但难免存在疏漏，在此向原著（编）者表示衷心感谢。

# 目　录

# 1
# 绪论

# 1.1 概述

近些年来随着社会经济快速发展，城市化和机动化水平突飞猛进，许多大城市私人小汽车保有量爆发式增长给城市交通带来更大挑战。为改善城市交通、打破江河、山岭等自然阻隔，拓展城市空间、带动江河两岸发展，我国上海、北京、广州、深圳、南京、杭州、武汉等许多大城市开展了地下道路的规划建设。

城市地下道路是指位于地表以下、以机动车通行为主或兼顾行人或非机动车通行的城市道路，人行、非机动车专用的地下通道，如过街通道等不作为城市地下道路范畴，其中“地表以下”具体指交通的通行限界全部位于地表以下的情况。

城市地下道路作为城市道路网的重要组成部分，在解决交通拥堵、改善城市品质环境方面发挥了重要作用，也逐步成为很多城市的建设热点。城市地下道路也从以往传统单一隧道类型向多点进出、网络化、长大规模化等方向发展。

本章将系统总结城市地下道路的发展情况，梳理分析城市地下道路建设的动因和意义，在解决交通拥堵、改善城市环境品质方面发挥了重要作用。在此基础上，提炼总结了城市地下道路多点进出、网络化、长大规模化等发展趋势，这些发展趋势使地下道路在建设中遇到新问题和挑战，包括总体设计、结构建造、防灾、暖通机电系统等具体方面，这些问题和挑战也是本书需要重点探讨的问题，为后续章节的编写提供基础。

## 1.1.1 国内地下道路发展情况

上海地下道路建设里程已达100多千米，包括已建成黄浦江越江隧道15条，长江隧道1条，穿越节点的地下道路和下立交50多条。近年来建成外滩隧道、中山南路地道、迎宾三路隧道、北翟路地道、诸光路地道、北横通道（西段）、东西通道、武宁路地道等地下道路，在建北横通道（东段）即将完工，规划的南北通道工程也即将开工建设。上海系统型长距离地下道路规划如图1-1所示，上海黄浦江越江隧道如图1-2所示。

深圳未来保持高密度开发，人口密度将达1.8万人/$km^2$，建筑总量增长3.5亿$m^2$，但新增用地不足50$km^2$。有限的土地和空间资源制约道路空间的平面拓展，倒逼设施谋求“竖向生长”。面对未来城市高密度开发，空间承载力迫近极限，深圳统筹地下道路与城市空间布局，集约布局地下道路，协同城市空间高效配置，开展了地下快速路的规划。2018年，深圳市交通运输委员会发布《深圳市高快速路网优化及地下快速路布局规划》，

图1-1 上海系统型地下道路

图1-2 上海黄浦江越江隧道

拟建设的“一横三纵”地下道路包括：“一横”为沿一线快速路—深圳湾地下道路，与南环大道形成差异化供给；“三纵”包括广深高速公路地下快速路、皇岗路地下快速路及沿一线快速路至东部过境高速公路的联络线，分别与不收费的广深高速公路、皇岗路（地面道路）、东部过境高速公路形成“收费+不收费”的差异化供给。

深圳在前海建设了国内影响力较大的网络化地下道路交通系统，由桂湾一路、临海大道、滨海大道的地下道路以及桂湾、前湾片区的地下车行联络道构成，总长约9.81km，形成相互连通、逐级分流且独立、完整的地下道路系统（图1–3）。

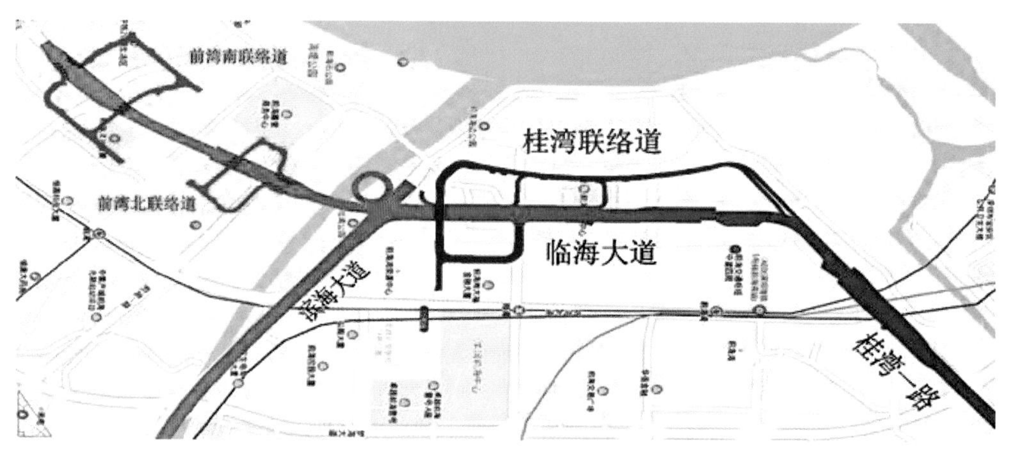


图1–3　深圳前海地下道路系统

南京2003年建成了玄武湖隧道，全长2.66km。2012年南京启动城西干道“拆桥建隧”，随后相继建成了九华山隧道、城东干道区段隧道；近年来建成了穿越长江的南京长江隧道，加快了地下道路建设速度。截至2020年底，南京市地下道路达46条，总长度约为55.5km，包括过江隧道、越湖隧道、穿山隧道等。隧道建设年增长量的波动较大，总体呈稳定增长趋势。南京历年地下道路建设年增长及总规模趋势如图1–4所示。

武汉市为适应多江多湖的自然特点、缓解城市交通拥堵的现实压力，以主城区为重点研究规划构建了“系统快速+节点贯通+片区连通”的三级地下道路系统。结合《武汉市地下道路系统规划研究》和相关工程建设要求，综合考虑交通需求和用地布局，顺接既有城市道路肌理，利用公园绿地等地下空间，在江南、江北各设置一条横向顺江地下快速路，补充、完善地面快速路系统，与武汉长江隧道、武汉长江公铁隧道形成中心城区“两横两纵”地下快速路网，总长度约29km，新增地下道路长约16.5km，如图1–5所示。

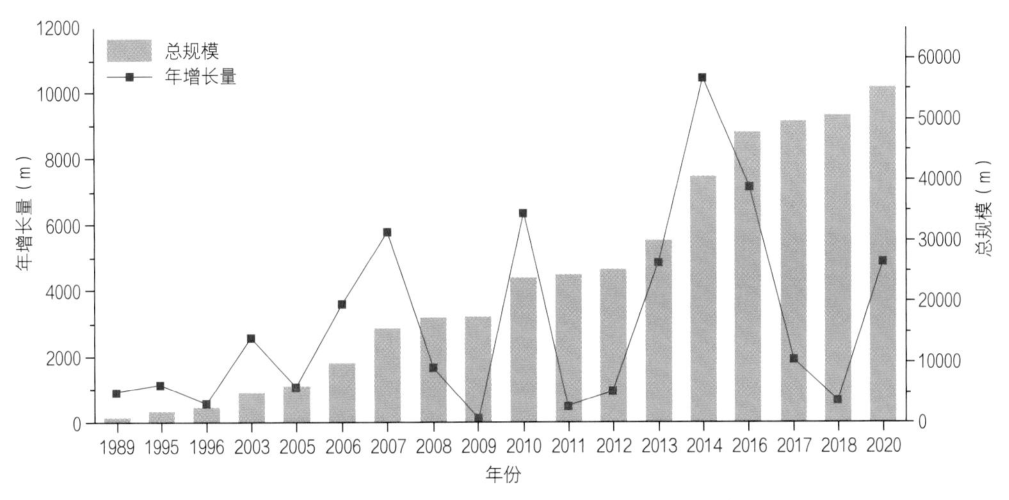


图1-4 南京历年地下道路建设年增长及总规模趋势图

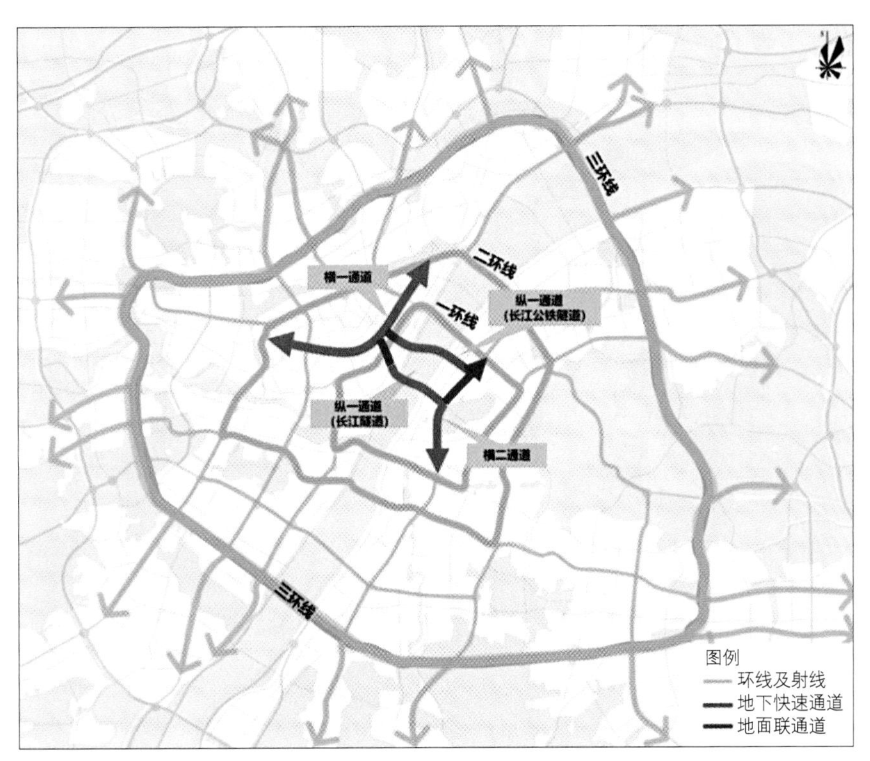


图1-5 武汉地下快速道路总体方案研究布局图

## 1.1.2 国外地下道路发展情况

随着地下道路建设技术发展，国外近年来地下道路的形式发展也灵活多样，世界道路协会（PIARC）在2016年总结了17个国家的27条地下道路，认为地下道路总体呈现出复杂、功能多样化、网络化的特点。

例如，法国里昂建设了与公交、人行、非机动车合建的地下道路（图1–6）；荷兰海牙N14北环（连接了至阿姆斯特丹的A14、N44道路）是道路和城市有轨电车分仓合建的隧道（图1–7），地下道路功能呈现多样化。

在网络化方面，建设了衔接商务商业中心的服务客运物流的地下道路，如法国拉德芳斯地区和芬兰赫尔辛基的地下道路网（图1–8、图1–9）。

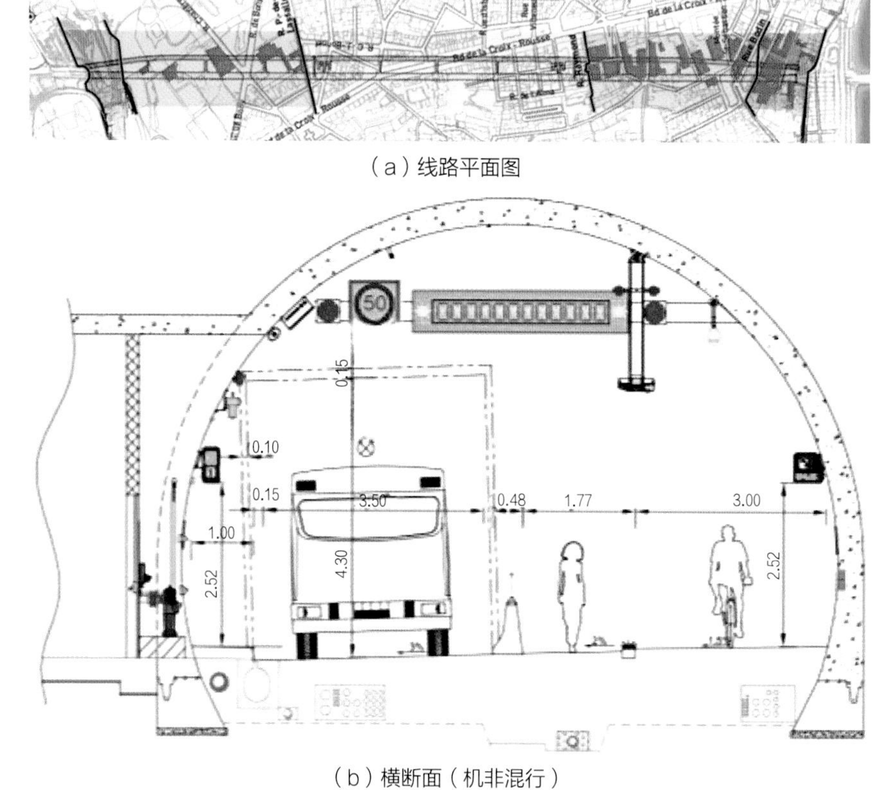


（a）线路平面图

（b）横断面（机非混行）

图1–6　法国里昂Croix–Rousse隧道（单位：m）

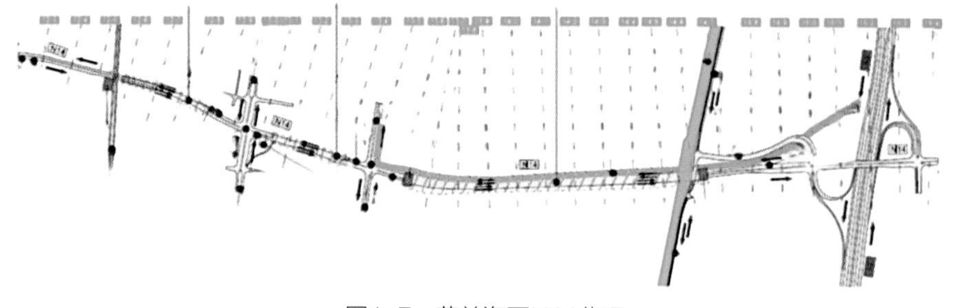

图1–7　荷兰海牙N14北环

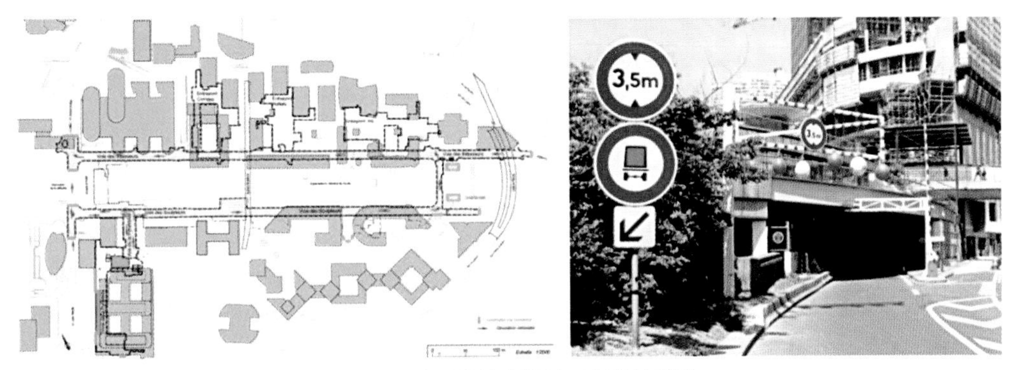


图1-8 法国拉德芳斯地区的连接隧道

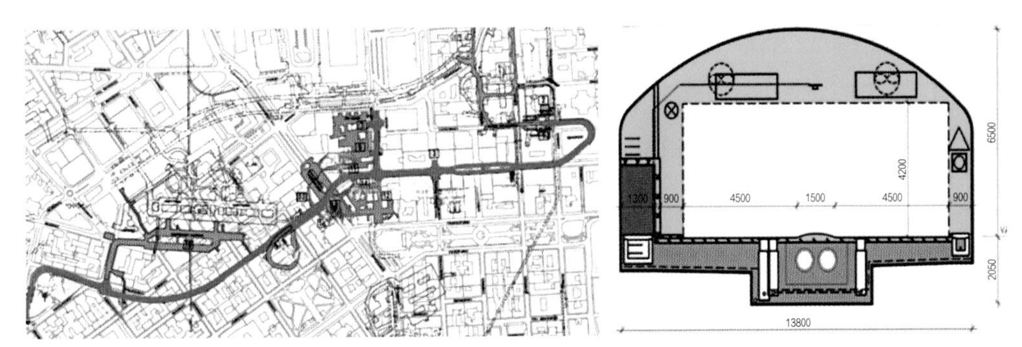


图1-9 芬兰赫尔辛基的服务隧道（单位：mm）

## 1.2 城市地下道路建设动因

### 1.2.1 适应交通发展，满足城市交通的需要

满足城市快速发展的交通需求是城市地下道路建设最基本、最直接的动因，利用地下道路完善路网结构体系，穿越地形或构筑物障碍，实现路网互联互通，改善交通拥堵和提升出行服务品质，可为道路使用者提供高质量的交通运输服务。

城市、城市组团的空间形态往往是以山水为界线，因而山体、水体也成为城市发展到一定阶段后对外扩张的自然屏障。我国超大城市由单中心集聚向多中心发展，空间上外扩和内拓均需要突破障碍，对道路交通网络提出了新的要求。城市内部空间结构由单中心向多中心转变，道路网络应加强组团间的联系效率，支撑城市组团均衡发展。随着大城市规模不断扩大，中心区公共服务设施承载能力不足、城市环境恶化，就业与公共服务集中在市中心、居住区分布在外围的单中心结构不可持续，亟待通过职住平衡、功能融合加速培育外围中心，实现中心区功能疏解。因此，交通规划应加强外围组团中心与城市核心区以及外围组团之间的联系，有必要通过地下道路突破组团之间的联系障碍。

### 1.2.2 城市土地集约化利用和提升环境品质的需要

传统地面道路或高架建设，由于土地资源紧缺、城市地面空间资源的限制、征地拆迁困难，增加了道路建设矛盾；同时，快速大流量的机动化交通带来的噪声、尾气等污染问题对沿线土地商业价值、街区经济活力产生负面影响，生态环境恶化。

“环保、节能、可持续发展”是当前世界各地城市发展的主旋律，环境品质已经成为城市核心竞争力的重要因素。地下道路建设更多是出于保护城市环境、提高区域品质，带来环境、社会及经济等多重效益。

瑞典斯德哥尔摩环线南部地下通道（The Southern Link）（图1–10）位于首个“欧洲绿色之都”，“绿色、清洁”是城市发展主旋律，地下道路沿线穿越中心城及景观区，避免了对环境的破坏。

马德里M30隧道建成后，恢复了Manzanares河岸地区的原本面貌，靠近河流区域增加了大量地面土地，修建公园，布置绿化，采用净化装置后，隧道排放口颗粒物浓度明显小于周边（图1–11）。

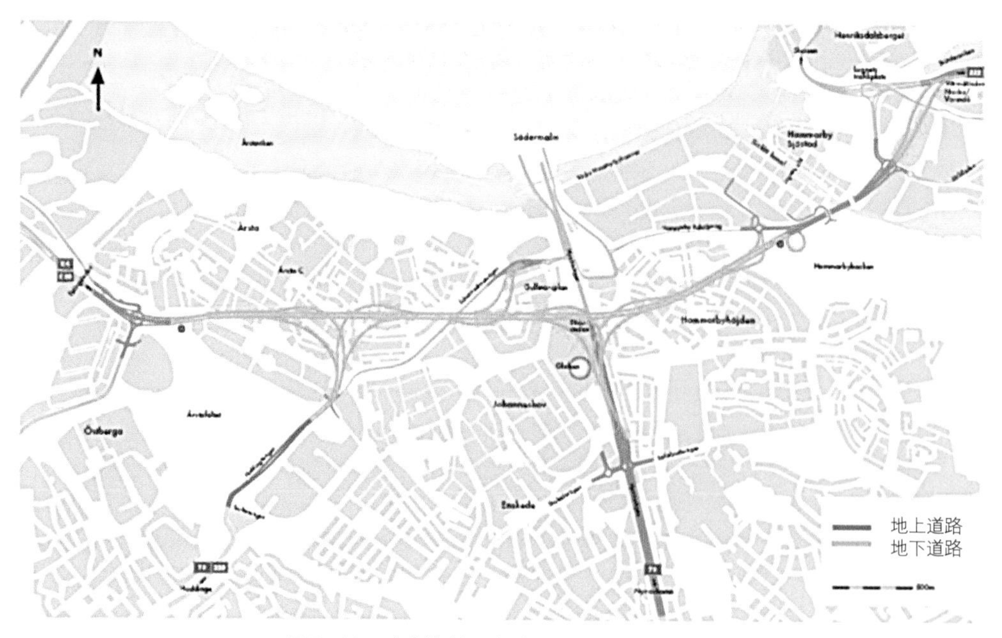


图1–10 瑞典斯德哥尔摩环线南部地下通道

图1-11 马德里M30隧道建设前后

### 1.2.3 支撑城市核心区高强度开发和地下空间综合开发利用的需要

在城市核心区，为了支撑高强度开发，适应“小街区、密路网”的要求，往往伴随着大规模地下空间综合开发的需要，尤其是在轨道交通引入条件下，地下空间的功能更为复合，既包括轨道车站、地下车库，还包括与人行流线相适应的地下人行系统和配套商业，以及将车行交通布置于地下，通过地下过境通道和地下车库联络道的布置，解决过境交通和到发交通车流对区域路网的冲击和对地面环境的负面影响问题。

在上海金桥副中心，现状金科路主干道穿越副中心核心区，通过设置金科路地道，将车行交通完全引入地下，释放地面空间用以布置中央公园。此外，还规划了一条环状地下车库联络道，串联区域核心区所有地块的停车库，进出交通可以在外围通过地下车库联络道进出地下车库，地面道路以慢行交通和公共交通为主，地面环境因而大幅度改善。金科路地道和地下车库联络道与区域地下空间整体开发完全融合，既提高了地下空间资源的利用效率，又通过共用基坑、共用墙板降低了开发成本。

在深圳白石洲，为更好地服务到发交通，减少区域地面车流，也布置了地下车库联络道，除了出入口和跨基坑的联络道设置在道路红线内，地下车库联络道的大部分线路都是结合区域地下空间整体开发设置（图1-12）。

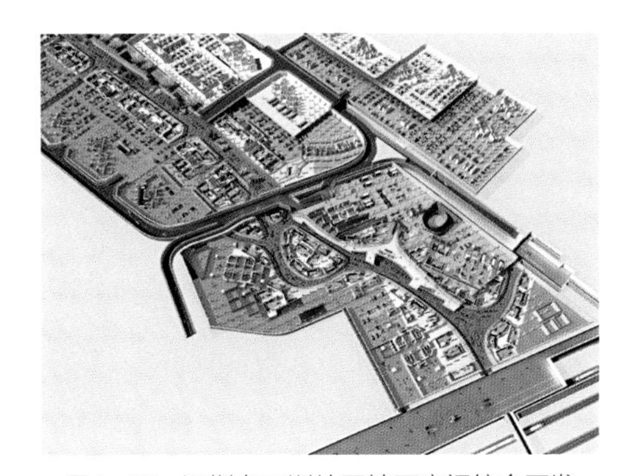

图1-12 深圳白石洲片区地下空间综合开发

同样的案例还有南京江北地下空间整

体开发（图1-13）、福州新区地下空间整体开发等。在这些中央商务区或新城核心区，地上布置了高密度的建筑，地面需要构造以人为本的慢行环境，地下则需要通过集约化的空间整合利用，综合布置基础设施和开发配套功能，地下道路正是在这种背景下的一种重要功能选择。

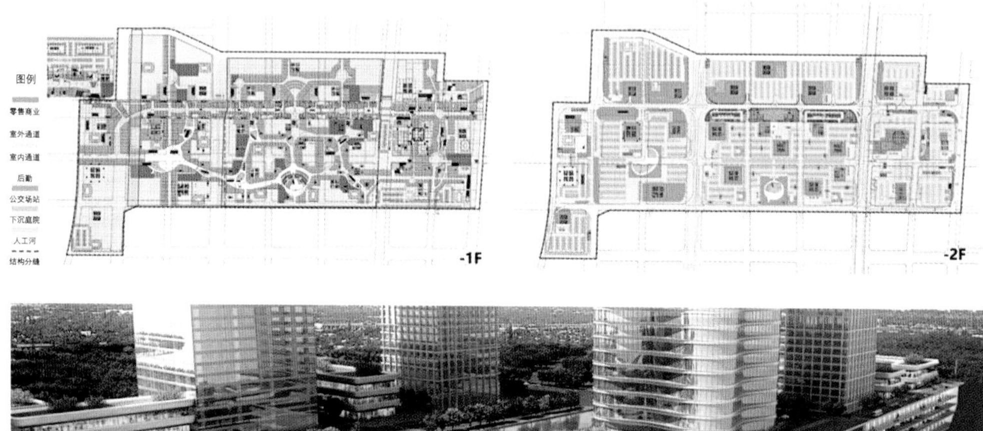

图1-13　南京江北地下空间

## 1.2.4　提升土地利用效能的需要

城市地下道路将地面道路主要交通功能转移至地下，释放了地面资源，同时提高了片区土地价值。以上海外滩隧道建设为例，通过转移地面交通至地下，外滩滨水区域景观和品质得到了全面提升，大幅度增加了公共空间，以及公共用地空间价值，公共空间增加约145461m$^2$，以地价占房价的40%计算，增加公共空间总价值44.1亿元；在黄浦区土地增值收益方面，外滩综合工程引发功能改善后，总体地价上升约383.9亿元。在对黄浦区金融业的影响方面，其提供了良好的交通和地下空间条件，改造前后黄浦区金融业增加值增幅约74.8%。上海外滩隧道建设前后外滩地面对比如图1-14所示。

图1-14 上海外滩隧道建设前后对比

### 1.2.5 城市更新并提升区域地面活力的需要

在过去粗放的发展模式下，道路规划建设存在标准不高、重建设轻评估等问题。一是大多以单一交通需求驱动，对城市环境、土地利用考量不足；二是关注推进速度和当前成效，对未来发展考量不足；三是建设项目多而投资受约束，建设形式以地面、高架干线道路为主。

目前我国城镇化已经过渡到稳定发展期，城市空间由粗放型向品质化、精细化转变，城市居民对人居环境品质提出了更高要求；城市外围产业和用地功能提升，原有被干线道路隔离的外围区域也需要与市中心区加强联系。因此，有必要重新审视现状及既有规划道路对城市环境、土地利用的影响，在重点发展片区将部分干线交通引导至地下；在主线下沉的同时，鼓励同步缩减地面道路的规模，一方面提升地面环境品质及土地价值，另一方面促进干线道路两侧地块互动联系。

以深圳市为例，深圳南部拥有美丽的滨海岸线，绵延的滨海慢行道是城市居民宝贵的休闲资源。规划拟将海滨—滨海大道、广深沿江高速公路、望海路重点路段下沉，提升滨海景观和亲水体验。深圳罗湖北部布心等片区隔北环大道与罗湖中心区相望，规划拟在北环大道部分路段增加地下道路分离过境交通，并加强地面联系促进两侧布心—水贝产业带集聚发展。深圳湾超级总部滨海大道地下规划如图1-15所示。

### 1.2.6 工程技术与新型装备快速发展的推动效应

在过去几十年的实践中，随着地下工程技术和装备技术的发展，已经积累了丰富的工程技术经验，也使得地下空间开发利用网络化、密集化、深层化、一体化成为可能。

盾构技术的不断成熟和发展，为地下道路的建设提供了更多可能性。上海外滩隧道通过引入大直径土压平衡盾构，形成了以双层盾构替代明挖隧道的方案，大幅度降低了

图1-15　深圳湾超级总部滨海大道地下规划

实施影响和工程风险，各方面终于取得了高度共识，外滩隧道得以顺利实施。后续北横通道在积累了外滩隧道的成功经验后，同样以大盾构的实施方案，借用河道下方空间和部分地块深层地下空间拉通线路，避开了所有实施难点。因此，大盾构技术的不断成熟与发展大幅度提高了中心城区地下道路的建设可能性（图1-16）。

图1-16　盾构技术示意图

此外，超大超深基坑技术、预制装配技术、节点非开挖技术、智能化施工技术等快速发展，也将进一步推动城市地下道路的发展。

### 1.2.7 工程技术标准的不断完善

以往城市地下道路缺乏专项技术标准，方案的论证和技术标准的选取较为困难，自2015年颁布了《城市地下道路工程设计规范》CJJ 221—2015后，地下道路的技术体系基本建立，如对功能分类、线形标准、出入口的布置，对城市车种特征的小型车专用地下道路技术标准等，都有了明确的要求，既规范了地下道路的设置标准，又降低了建设成本。尤其是小型车专用地下道路近几年在全国各地得到广泛推广应用，取得了良好的社会经济效益。

此外，与城市地下道路相关的一系列规范相继颁布或在编，如《城市地下道路交通标志和标线设置规范》《城市绿色隧道评价标准》和《城市地下道路防灾与救援疏散工程技术规范》等，进一步丰富并完善了地下道路行业技术标准，对地下道路大规模建设起到了很好的支撑作用。

## 1.3 城市地下道路发展趋势

目前我国土地资源紧缺，出于对生态保护、改善环境、提升区域功能以及提高城市综合竞争力等多重因素的考虑，我国城市地下道路数量越来越多，在解决城市交通拥堵、改善城市环境方面发挥着越来越重要的作用。城市地下道路也呈现出以下几种发展趋势。

### 1.3.1 规模长大化

3km以上的特长地下道路越来越多，隧道横断面规模也越来越大。超过3km特长距离地下道路已相当普遍；在横断面规模上，早期一般采用的两车道，直径在11m左右，如今横断面规模已扩大很多，如西雅图、阿拉斯加地下道路建设工程中就采用了直径达17.52m的超大型盾构。国内主要城市地下道路规模情况如表1-1所示。

国内主要城市地下道路规模情况　表1-1

| 编号 | 工程名称 | 隧道内直径（m） | 隧道外直径（m） | 盾构隧道长度（km） |
|---|---|---|---|---|
| 1 | 北京六环线 | 14.1 | 15.4 | 7.4 |
| 2 | 武汉三阳路隧道 | 13.9 | 15.2 | 2.6 |
| 3 | 海太长江隧道 | 14.6 | 16.0 | 9.3 |
| 4 | 上海南北通道 | 13.7 | 15.0 | 13.1 |
| 5 | 济南黄岗路隧道 | 15.4 | 16.8 | 3.3 |
| 6 | 上海北横通道 | 13.7 | 15.0 | 6.4 |
| 7 | 上海军工路隧道 | 13.3 | 14.5 | 1.525 |
| 8 | 上海长江隧道 | 13.7 | 15.0 | 7.2 |
| 9 | 上海外滩隧道 | 12.75 | 13.95 | 1.098 |
| 10 | 南京长江隧道 | 13.3 | 14.5 | 2.925 |

### 1.3.2 类型多样化

由传统的穿越型隧道向多点进出系统型发展，并出现了连接地块车库的地下车库联络道等新类型。在服务车型种类上，出现了小客车专用地下道路。此外，地下道路横断面在布置上也日趋多样，更加灵活，不再仅仅是单层形式，双层形式也日趋增多，更合理、节约地利用地下空间。地下车库联络道等新类型，作为城市支路的重要补充，功能等级虽然较低，但系统性很强，对净化CBD核心区的地面交通、提高区域环境品质、实现车库资源共享起到了重要作用。上海外滩隧道小客车专用双层式地下道路如图1-17所示。

图1-17　上海外滩隧道小客车专用双层式地下道路

### 1.3.3 功能复合化

由单一的交通通行功能向复合化发展，与轨道交通、静态交通、综合管廊等系统一体化布置。

道路交通可与其他土地类型复合开发利用，如公园、绿地下方的地下交通设施开发，地下道路与地下空间资源开发相结合，充分利用城市地下空间资源，与城市商业设施相结合。

上海外滩隧道的建设在新开河以南，采用单层平铺式断面，结合十六铺区域开发和绿地建设，综合开发并整合了道路和周边地下空间资源，如图1–18所示。

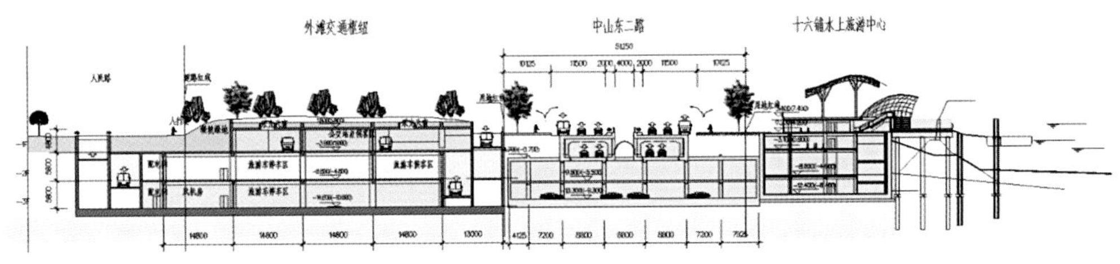


图1–18　上海外滩隧道地下道路与地下空间复合开发（除标出外，单位为mm）

规划研究中的上海南北通道在浦东南路，拟与轨道交通19号线长距离共走廊分线布置，共线长度5.5km，通过比选明挖叠层方案、路轨共断面大盾构方案和路轨共线分建方案，最终选择了共线分建相互影响较小的复合廊道方案。

### 1.3.4　地下网络化

在大城市中心城区、中央商务区通过打造地上、地下一体化立体交通网络，净化地面、改善到发、提升品质。

地下道路在形态上呈现多等级互联互通的形态，即上至城市级系统型地下道路、区域级主干路地下道路，下至支路级地下车库联络道及各自所连通的地下空间，形成规模庞大、交通复杂的互联互通网络。

武汉王家墩商务区通过将黄海路主干道压入地下，东端与青年路高架设置互通立交，内部通过地下联系王家墩环状地下车库联络道，构建了全连续的地下车行网络，到发交通可通过外围城市快速路网全连续接入黄海路隧道，再经黄海路隧道进入地下车库联络道，直达车库，如图1–19所示。

巴黎的拉德芳斯地区外围交通通过A86地下立交联系区域地下主干道，联系核心区地下支路，最终进入车库，如图1–20所示。

随着城市地下道路的密度增大，地下道路直接的联系需求也将逐渐增大，网络化联系使得交通出行更为便捷。与此同时，也要高度重视相关负面影响的研究，网络化带来交通网络节点拥堵的可能性大幅度增加，节点拥堵又会影响到网络运行，此外，地下道

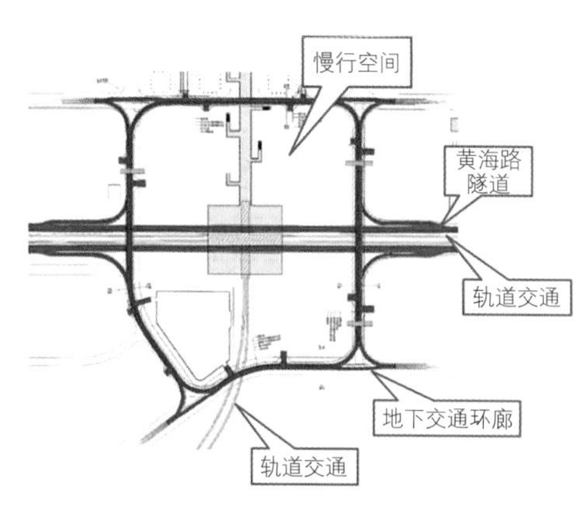


图1-19 武汉王家墩商务区地下车库联络道

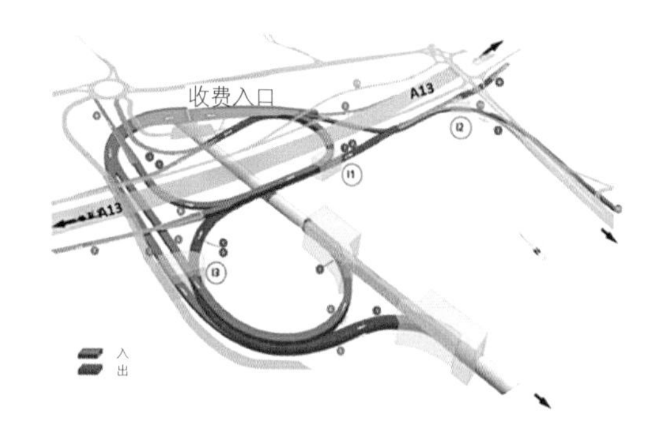


图1-20 法国A86地下立交

路的安全运营风险也会相互影响，这些都不可忽视。

## 1.3.5 智慧与绿色低碳的发展

随着城市地下道路网络化、规模化，系统性功能越来越强，对机电设备及安全防灾设施提出更高要求，需要发展更智能的信息化系统，需要积极探索新一代的智能交通新技术的推广应用。另外，在国家“双碳”目标下，建设绿色低碳的长大地下道路也是未来发展的趋势，需要在地下道路从建设到运营全过程中开展低碳理念和技术实践，开展碳排放计量和全过程管理，节能减碳。杭州未来科技城地下道路智慧化平台，如图1-21所示。

图1-21 杭州未来科技城地下道路智慧化平台

## 1.4 城市地下道路技术面临的问题

由于位于地下封闭空间，地下道路的通行环境与地上道路存在显著差异；与公路隧道相比，在服务对象、交通负荷、交通组织、建设条件及防灾救援等方面也有明显差异。且随着城市地下空间利用的发展，地下道路已呈现特长、大断面、多点进出、网络化的发展趋势，其设计建设面临新的问题。

### 1.4.1 总体设计面临新问题

地下道路线路选线要求高，需要统筹处理好与不同地下设施的关系，地下空间设施复杂，为避开障碍物或其他设施，地下道路选线应尽可能灵活，充分利用城市可利用的地下空间资源满足线路敷设要求。

在出入口设置方面，由于地下道路距离较长，设置多个匝道进出口，服务重点区域，作为道路交通骨干网络的重要组成部分，需要综合考虑其改善沿线地区交通环境、服务地区的功能。

地下道路总体数量相对较少，相比于地上道路，可借鉴的成熟工程经验相对较少，国外可借鉴的系统成熟的城市地下道路规范也相对缺乏。城市地下道路与公路隧道的地理位置差异，导致它们在建设条件、结构形式、交通流特征、设备设施等方面存在较大差异。然而与迅猛的建设发展相比，我国城市地下道路技术标准的制定与研究远远落后，相关技术标准缺乏，仍参考地面道路或公路隧道等相关规范执行。

新出现的多点进出型地下道路，交通组织复杂，内部存在分合流出入口，交通流运行特征复杂，加剧了城市地下道路的行车风险；部分出入口受条件限制不可避免地设置在主线左侧，形成“左侧式”出入口，与正常驾驶习惯不一致，安全隐患大。

### 1.4.2 地下结构建造面临新问题

由于穿越中心城区，地下设施复杂，地下道路建设条件受限较多，这对其结构建造技术也提出了新要求。在城市中心区需要在建筑物密集的区域进行穿越，为了尽量减少对相邻地块的影响，需要更小的转弯半径，如上海北横通道采用了半径为540m的小半径曲线，曲线长度约为277m，隧道覆土厚度为33m，并下穿7幢6层或7层的多层建筑，这是同等直径的盾构隧道在上海软土地区首次应用。此外，由于需要近距离穿越地下设施，尤其大断面盾构隧道的推进对地层的扰动更大，这对既有轨交隧道的保护提出了新的挑战。

### 1.4.3 防灾与救援面临新问题

传统基于横通道的全横向疏散形式存在一定不足：消防救援人员和疏散人员皆需通过人行横通道，存在两股人流对冲而导致消防疏散不畅、贻误疏散救援时机的风险。采用横纵结合的疏散形式时，除存在与全横向疏散相同的风险外，还存在辅助疏散通道缺乏疏散引导、疏散心理压力较大等不足，即大量人员进入下层逃生通道，缺乏引导，长距离步行逃生，人员的疏散心理影响较大。特长、大断面以及城市地下道路的盾构法施工为主的结构形式等特点，使得传统的救援疏散形式已不适应当前的需求。

多点进出、网络化的地下道路防灾与救援面临新的需求和挑战。多点进出，节点多、分支多，使得隧道内气流组织复杂、交通流大、周边排烟及疏散救援环境苛刻、条件复杂。

多点进出长距离地下道路当发生火灾等突发事件时，应该能够分段管控，以避免影响全线功能使用，即当局部路段发生火灾事故时，分段管控、分段安全疏散及救援、分段运营以确保安全。

### 1.4.4 暖通机电面临新问题

对于城市地下道路，建设的目的往往是缓解城市中心区的交通压力，因此其出入口大部分设置在繁华地段。在这些开发程度较高的区域，往往有对环境非常敏感的住宅、学校、医院等场所，采用洞口排放的全射流纵向通风方式就不太适合，一般都采用“射流风机+高风塔”排出式纵向通风。污染空气经过高空稀释后，落地浓度能满足环境的要求。但正由于地下道路建设于城市中心区，高风塔的选址问题很难解决，这就引出了地下道路空气净化的问题，如果经过净化的空气能达到排放标准，就可以实现洞口排放，解决高风塔选址难的问题。

对于超过3km的特长距离地下道路，在封闭环境下行驶的车辆会产生大量的热，一般需经车辆自身行驶产生的活塞风或经通风系统排出地下道路，并补充新鲜的温度较低的室外空气。若通风系统不足以排出这些热量，造成热量不断积聚，会导致道路内温度不断上升，因此对长距离地下道路来说，温升也是一个需要解决的问题。

### 1.4.5 智能化系统面临新问题

长大地下道路运行安全面临的新问题：在精细化管控和数字化转型的背景下，地下道路弱电系统功能需要进一步提升，实践中需要完全新增新的弱电系统。近年来网络通信、物联网、大数据等信息化和硬件技术的发展，为地下道路智能化各子系统的技术和功能提质升级提供了技术保障。此外，上海、深圳等地在城市地下道路运营管理方面积累了新的经验，在新设备、新技术的应用方面也有了一定基础。

## 1.5 本书要点

本书就是围绕上述问题，探讨了相关技术研究成果，并结合工程实践进行了详细论述。全书主要由7章内容组成。

第1章通过国内外资料的调研，总结了国内外地下道路发展情况，剖析了地下道路建设动因；分析了地下道路的发展趋势，以及针对当前趋势的新类型，从总体设计、结构、防灾等方面提出了地下道路的问题挑战和创新需求。

第2章研究了地下道路总体设计创新技术，从不同角度构建了地下道路的分类体系；重点从地下道路设计速度、横断面、选线、平纵线形、出入口和地下交叉口等方面展开论述。

第3章论述了地下道路结构建设技术创新成果，一方面针对中心城区地下道路需要在建筑物密集的区域穿越，系统介绍了大直径盾构小半径转弯、近距离穿越等研究成果；同时，也介绍了异形盾构技术以及地下道路预制拼装技术等新方向的相关成果。

第4章论述了城市地下道路防灾系统创新成果，总结了基于风险的地下道路防灾体系；重点对网络化、多点进出类型的复杂地下道路防火灾技术创新进行了详细探讨；最后对地下道路防水灾技术进行了初步思考，提出了防治技术路线。

第5章论述了地下道路通风技术创新成果，针对城市地下道路风塔选址的实施难度，探讨了废气排放与空气净化技术，设置空气净化装置，将隧道内污染空气引至空气净化装置进行净化，净化后的空气能达到排放标准，可以直接排出隧道或重新注入隧道。针对长大地下道路温升问题，研究了不同降温措施的数值模拟计算，提出了相应解决方案。

第6章论述了地下道路智能化系统技术的创新成果，针对长大地下道路运营带来的新问题和新挑战，重点论述了5G、大数据等新技术与地下道路传统机电系统的融合，研究了地下道路智慧化体系架构和关键智慧化应用场景，重点对智慧化交通管控、智慧防灾以及地下定位与导航等新技术进行了详细介绍。

第7章论述了地下道路的绿色低碳新技术，探讨了地下道路建材生产及运输阶段、建造阶段和运行阶段等不同阶段的减碳重点和主要措施。

## 参考文献

[1] 俞明健. 城市地下道路设计理论与实践[M]. 北京：中国建筑工业出版社，2014.

[2] 中华人民共和国住房和城乡建设部. 城市地下道路工程设计规范：CJJ 221—2015[S]. 北京：中国建筑工业出版社，2015.

[3] 深圳市交通运输委员会. 深圳市高快速路网优化及地下快速路布局规划[Z]. 2018.

[4] 南京市人民防空办公室，南京市规划和自然资源局，南京市城乡建设委员会，等. 南京市地下空间发展报告[R]. 2022.

[5] 饭岛启秀. 中央環状山手トンネル(渋谷線~新宿線)の完成に向けて[J]. 基礎工，2010(3)：2-3.

[6] 刘艺. 城市地下道路交通组织模式研究[D]. 上海：同济大学，2012.

# 2

# 城市地下道路
# 总体设计创新技术

城市地下道路总体设计需要明确地下道路的功能定位，合理论证选择好地下道路的重要工程技术标准，包括设计速度、建筑断面的车道宽度、设计净空等关键指标。在此基础上，综合考虑各种因素开展地下道路选线，确定地下道路的线路走向和出入口布置，需要合理设置出入口间距和形式，以达到与城市路网的合理衔接，在关键节点上，需要进一步完善地下交叉的处理，选择合理的地下立交形式。

本章将重点围绕上述关键技术指标，探讨线路选线、设计速度、横断面设计、出入口设置以及地下交叉等总体设计的技术问题，并结合工程实际案例进行阐述。

## 2.1 城市地下道路分类

根据地下道路的服务功能，本章提出了系统型地下道路、连接型地下道路、节点下立交以及地下车库联络道四大类型地下道路，总结了不同类型地下道路的关键特征。此外，地下道路还可以从施工工法、长度、服务对象、横断面形式等角度进行分类。这些不同分类便于后续开展工程建设时选取相应技术标准。

### 2.1.1 按道路功能等级分类

根据城市道路功能等级分类，城市地下道路可分为地下快速路、地下主干路、地下次干路和地下支路。

### 2.1.2 按功能形态分类

1）系统型地下道路

通常距离较长，规模较大，设有多个出入口，与路网联系较为紧密，服务中长距离交通为主，自身在交通网络中承担了较强的系统性交通功能，通常采用城市快速路或主干路标准，是交通骨干网络的重要组成部分，对完善网络功能具有重要作用。上海市北横通道、日本东京中央环状线都具有此种功能。

该类型地下道路系统性强，可自成体系，可与城市道路等级标准相一致，也可采用专用标准，如采用小客车专用标准。其在功能定位、使用功能、通风、防灾应急救援设计等方面与其他类型的地下道路具有显著差异；因距离长，通常会像高架道路那样采用多个出入口布置，并可根据需要分段运营管理，这与“高架道路”概念相类似。例如，上海北横通道穿越上海中心城区，全线19km，是双向连续4车道加两侧集散车道或停车带规模的城市主干路，全线设置8对出入口匝道，并与中环和南北高架形成两处全互通立交。项目贯穿中心城北部5个行政区，是“三横”北线的扩容和补充，是中心城区北部东西向快速客运通道，通车后将有效缓解延安高架和内环北段交通压力。其利用深层地下空间穿越并实现多点进出的交通组织为国内首创，是国内首条在复杂环境下横穿市中心的长大地下通道，被誉为“地下穿越的百科全书”（图2-1）。

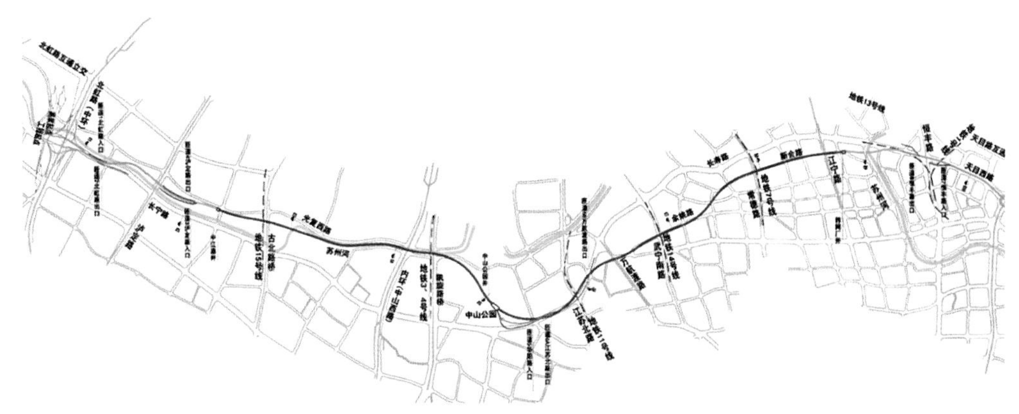


图2-1　上海北横通道（西段）

2）连接型地下道路——穿越江河、山体等障碍物

连接型地下道路主要是指穿越地形障碍、连接两端区域的地下道路。此类道路通常也具有一定长度，标准较高，在路网中通常是连接两端骨干道路。现有的联系两岸的越江隧道一般都属于此种类型。目前这种类型的地下道路应用较为广泛，是比较常见的地下道路类型之一，以上海市为例，目前已有多条越江隧道。从两端衔接路网情况看，可分为两类：一类是与快速路进行衔接的地下道路，如延安东路隧道、翔殷路隧道、外环隧道；另一类是与地面主、次干道进行衔接的地下道路，如大连路隧道、复兴东路隧道和打浦路隧道。在布置模式上，这些隧道都有明显的共同特点，即都是单点进出的布置模式，隧道中间不设出入口，内部没有必然的车流交织，交通功能较为单一。

广州南沙明珠湾越江隧道（图2-2）沿线串联慧谷、灵山、横沥以及珠江东四大组团，全长5.67km，通过设置出入口匝道为各组团提供高效的交通联系，越江段采用沉管法施工。

最近建成通车的上海周家嘴路隧道为全长4.45km、双向4车道的城市主干路越江隧

图2-2 广州南沙明珠湾越江隧道

图2-3 上海周家嘴路隧道

道，总投资约30亿元。过黄浦江段隧道采用外径14.5m单管双层盾构隧道，盾构段长约2.57km，是目前上海地区最深的大直径盾构隧道（图2–3）。

3）节点下立交——穿越一个或多个交叉口

这种类型的地下道路通常也称为下立交或地道，其功能是改善节点交通矛盾或改善区域景观环境。例如，上海东方路（穿世纪大道）下立交、徐家汇路（穿重庆路）下立交、黄兴路（穿五角场）下立交等，对改善重要路口交叉口交通矛盾、简化交叉口交通组织、提高交叉口通行效率效果明显。

从运营效果看，下立交的设置对提高交叉口服务水平效果明显，但部分下立交受路网间距影响，容易将节点交通矛盾转移至下游交叉口，同时由于仅解决直行机动车交通问题，非机动车和人行交通穿越路口问题依然难以彻底改善。

4）地下车库联络道——连接地下车库，整合车库资源

地下车库联络道是指位于道路下方并用于连接各地块地下车库且直接与城市道路相衔接的地下车行道路。主线布置于市政道路下方，并设有独立的出入口，且出入口位于道路红线范围之内，联系各地块地下车库的地下公共通道，纳入城市地下道路范畴。

地下车库联络道可作为城市支路的重要补充，在城市功能核心规划区域设置，联系各地块地下停车库，小客车在进入核心区附近区域即直接通过地下道路快速到达目的地，可实现静态交通与动态交通的转换，净化核心区的地面交通，也有利于提高停车效率。

一方面，随着机动车保有量的不断增加，中心城区停车问题日益突出；另一方面，停车设施利用率却有较大差异，进出停车库交通对地面道路的交通影响较大，因此则诞生了这种改善停车矛盾、提高停车效率、降低对地面交通影响的新型城市地下道路，即地下车库联络道。

汉口滨江国际商务区地下车库联络道（图2-4）位于武汉解放大道、209号路、分金街、206号路、沿江大道等市政道路下方，部分横穿核心区13号地块，首尾相连形成闭合车库联络道，单向3车道规模；采用逆时针交通组织，主线全长约1.8km，匝道全长2.1km，共设置“四进四出”8条接地匝道、11个地块出入口。

南宁五象地下车库联络道全长2.3km，单向3车道，共设置17个地块出入口，联系2.4万个停车泊位（图2-5）。

广州金融城打造地面“无车化”立体交通系统，构建“两横双环”全地下车行系统（图2-6），结合地下商业、地下停车、公交枢纽、地下城际铁路及综合管廊进行一体化开发，构筑立体5层地下综合交通系统，地下空间建设总量达200万$m^2$，成为国内乃至

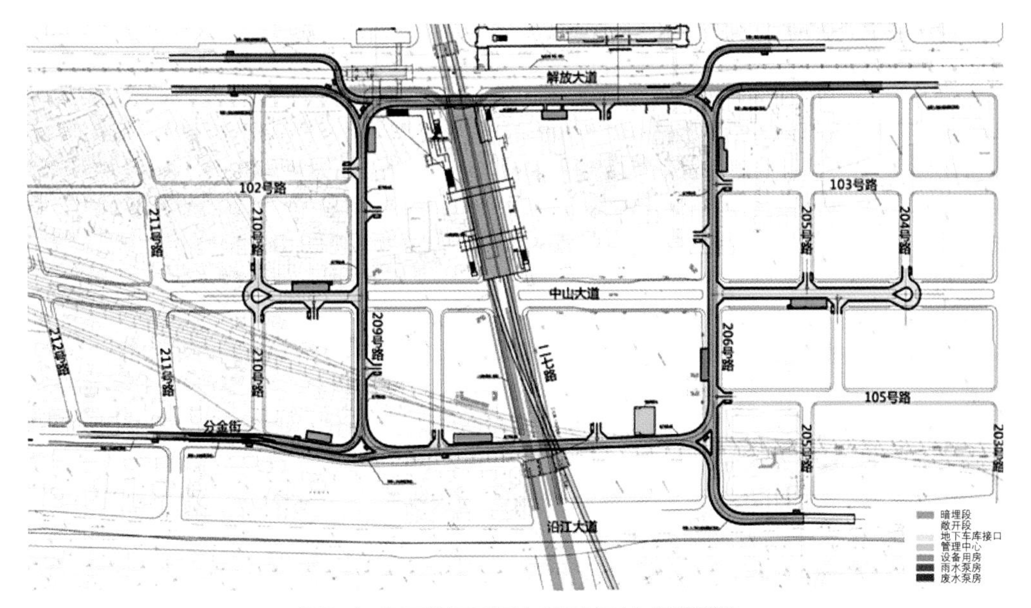


图2-4 汉口滨江国际商务区地下车库联络道

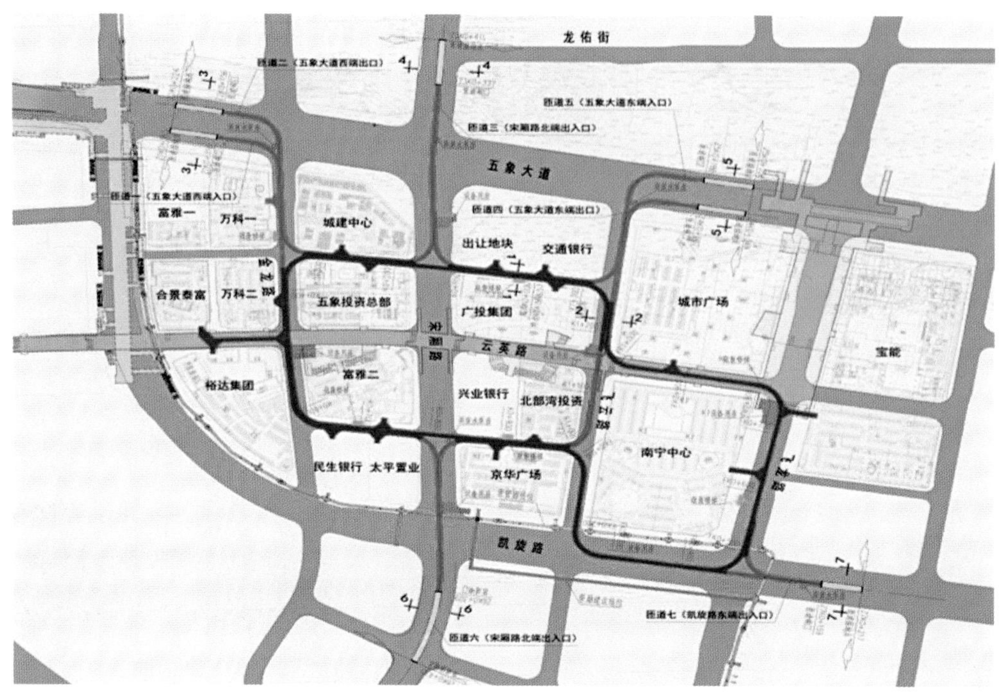


图2-5　南宁五象地下车库联络道

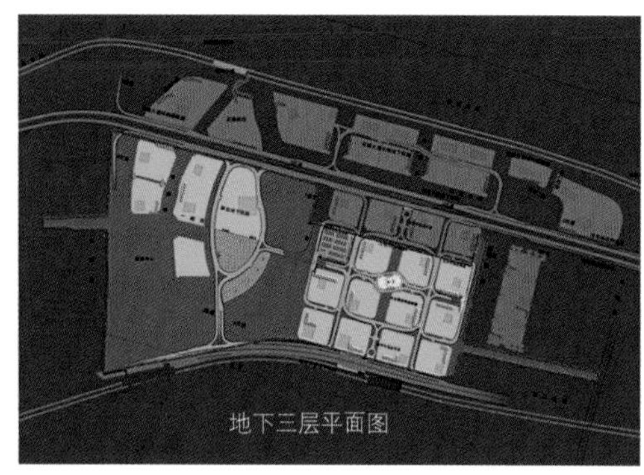


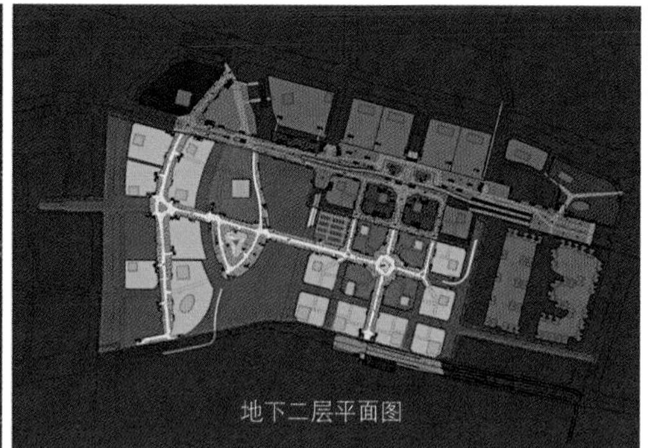


图2-6　广州金融城地下车库联络道

世界大规模、综合型地下空间开发的典范。

### 2.1.3　按服务车型分类

根据服务车型，城市地下道路一般可分为混行车地下道路和小客车专用地下道路，如图2-7所示。地下道路大多是大型车和小客车混合使用，由于城市道路服务车种以小客车为主，考虑到实施条件、工程成本、运行安全等因素，近年来小客车专用的地下道路越来越多，如上海外滩隧道等。对于小客车专用地下道路，道路设计的相关技术标准可以适当降低，以减小工程实施难度和降低经济成本，节约地下空间资源。

济南黄岗路穿黄隧道是下穿万里黄河最大直径的盾构隧道（图2-8），也是内地下穿江河的最大直径盾构隧道。工程线路全长约5.8km，其中隧道段长约4.7km，盾构段长约3.3km。该隧道采用单洞双层外径16.8m盾构隧道方案，双向6车道设计，设计采用混合车型，设计4m通行限高，能够满足公交车、消防车、救护车等更多车种的交通需求。

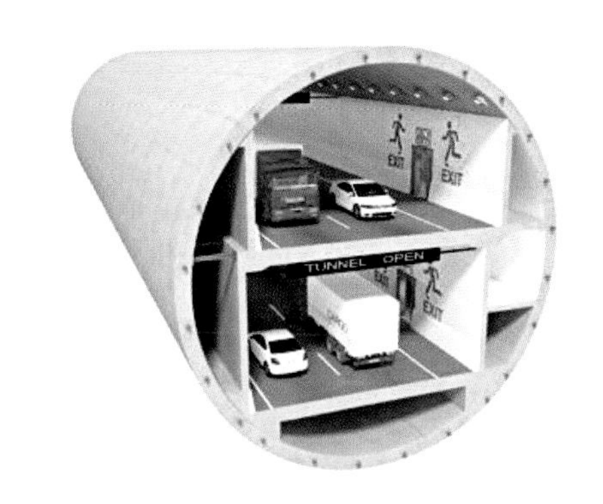


（a）混行车地下道路

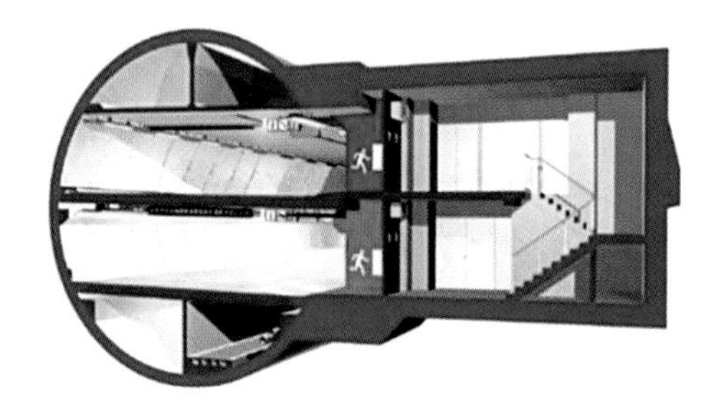

（b）小客车专用地下道路

图2-7 按服务车型分类的地下道路类型

### 2.1.4 按功能特点分类

根据地下道路功能组成可以分为单一功能隧道和复合型功能隧道。

随着地下空间开发的发展，道路红线的地下空间资源有限，需要统筹安排各种城市基础设施的布置，各种地下空间设施的整合一体化布置催生了地下功能复合型廊道。地下道路自身的功能越来越复合化，不仅承担服务机动车功能，而且可与轨道交通同孔布置，形成路轨共用格局，还可以与高压电缆、输水管道、通信光缆等市政管线共管承担城市生命线功能等。

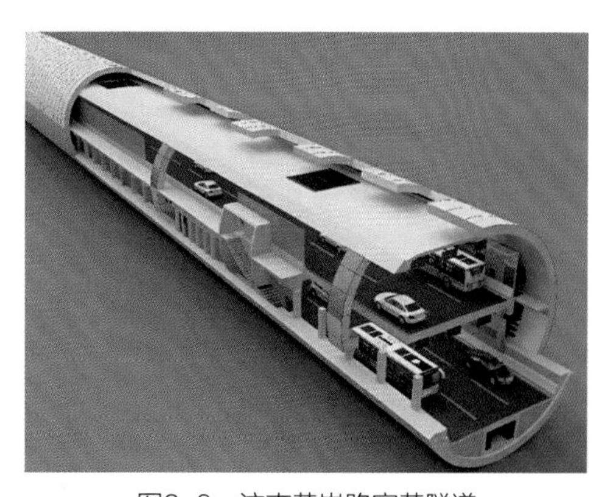

图2-8 济南黄岗路穿黄隧道

例如，马来西亚的SMART地下隧道（SMART Tunnel）与泄洪隧道共同布置，解决了交通与内涝的双重问题（图2-9）。

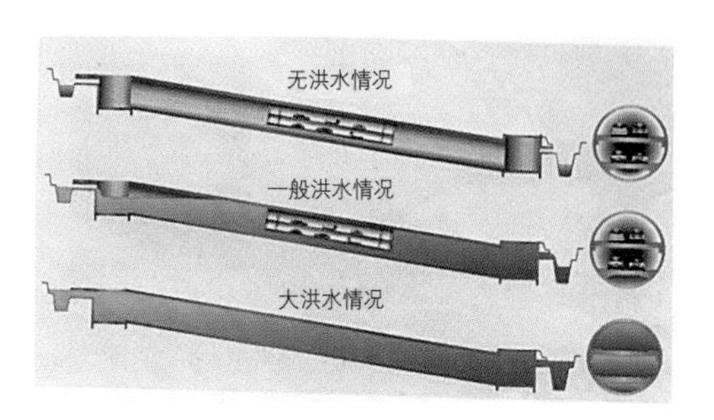


图2-9 马来西亚SMART地下隧道

上海东西通道是上海“井”字形地下通道的重要组成部分，工程全长约7.8km，其中地下道路全长约6.1km，设置11个出入口，项目总投资为82.85亿元，与轨道交通14号线上下叠层一体化布置，形成复合型的交通走廊，最大限度地集约了土地资源，是国内第一条与轨道交通长距离并线共建项目。与轨道交通14号线6站6区间在浦东大道上完全共线，采用竖向上下一体化布置形式的东西通道布置于地下一层，轨道交通车站布置于地下二层和地下三层。这可以最大限度缩小断面尺寸，减少实施影响，并减少工程代价。地下通道与轨道交通车站同断面布置如图2-10所示。

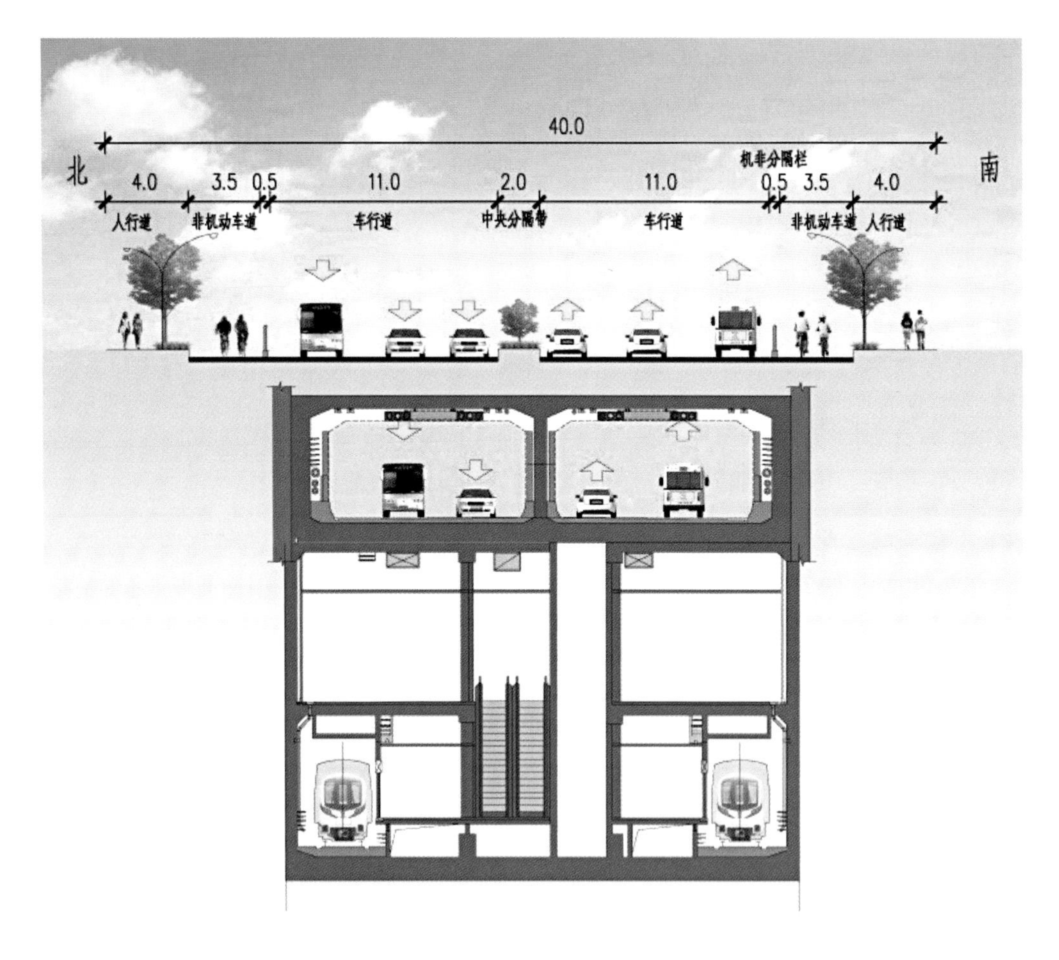


图2-10　地下通道与轨道交通车站同断面布置（单位：m）

规划研究中的上海南北通道浦东段，提出与轨道交通19号线共线的方案，经充分比选研究后，采用共线分建—左右平铺模式，开挖范围小，技术成熟可行，通道与轨道交通相互影响小，总体实施风险可控，如图2-11所示。

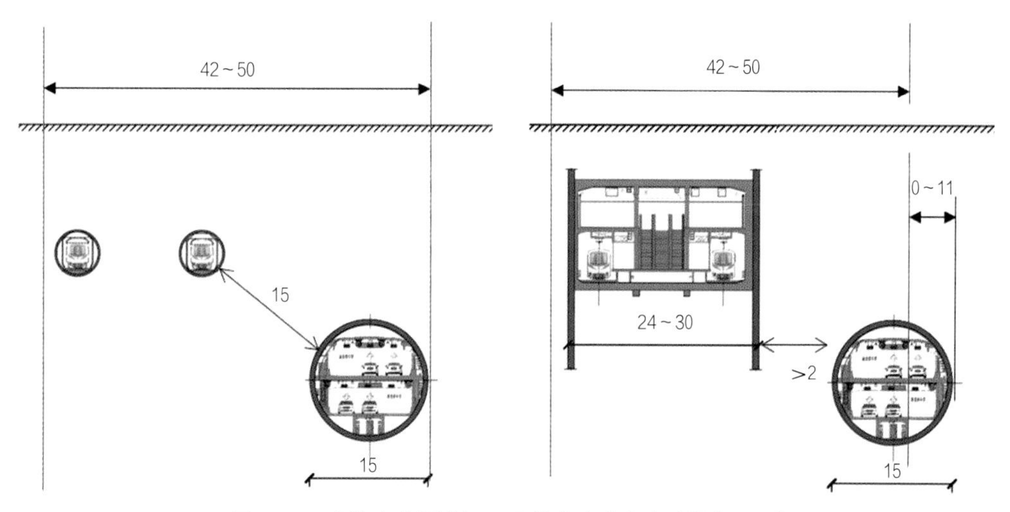


图2-11 上海南北通道与19号线共廊道方案（单位：m）

### 2.1.5 按长度分类

城市地下道路可按主线封闭段长度分为特长距离、长距离、中等距离和短距离地下道路，具体指标如表2-1所示。

城市地下道路长度分类 表2-1

| 分类 | 特长距离地下道路 | 长距离地下道路 | 中等距离地下道路 | 短距离地下道路 |
| --- | --- | --- | --- | --- |
| 长度$L$（m） | $L>3000$ | $3000\geqslant L>1000$ | $1000\geqslant L>500$ | $L\leqslant 500$ |

注：$L$为主线封闭段的长度。

国内外一般认为500m以下为短距离地下道路，大多是交叉口下立交，可采用自然通风，设施配置简单。

中等距离地下道路长度为500～1000m，通常为跨越几个交叉口或穿越较长障碍物的地下道路，设施要求相应较高。

长距离地下道路长度为1000～3000m，此类地下道路应充分考虑其交通功能和配套设施，尤其是地下道路出入口与地面道路的衔接以及内部交通安全配套设施。

特长距离地下道路长于3000m，一般为多点进出快速路或主干路，交通功能强，实施影响大，上海市的北横通道属于此类地下道路。该类型地下道路需充分考虑总体布置、通风、消防、逃生等系统设计。

### 2.1.6 按安全等级分类

根据《城市地下道路工程设计规范》CJJ 221—2015，城市地下道路可根据主线封闭段长度及交通情况按防火设计要求分为四类，如表2-2所示。

城市地下道路防火设计分类（单位：m） 表2-2

| 用途 | 一类 | 二类 | 三类 | 四类 |
| --- | --- | --- | --- | --- |
| 可通行危险化学品等机动车 | $L>1500$ | $500<L\leqslant1500$ | $L\leqslant500$ | — |
| 仅限通行非危险化学品等机动车 | $L>3000$ | $1500<L\leqslant3000$ | $500<L\leqslant1500$ | $L\leqslant500$ |

注：$L$为主线封闭段的长度。

上海市分类要求如图2-12所示。

国际上对隧道安全等级的划分除考虑长度因素外，主要还考虑交通量因素。隧道交通工程主要是为了隧道交通安全，特别是在隧道内发生交通事故或火灾等紧急事件时提高救助效率，因此隧道交通工程分级的划分准则是隧道内的年事故概率。概率越大，分级越高；概率越小，分级越低。事故概率的计算方式反映了隧道长度和交通量两个因素。

欧盟委员会在《欧洲隧道安全报告》中给出了隧道安全设施的建议。其中，隧道安全等级是根据交通量和长度划分的，如图2-13所示。

日本的隧道也是基于交通量和长度进行分类的，共分为五类，如图2-14所示。

其相应的事故概率对应隧道分级的划分范围为：概率≥66%为最高级，AA级；20%≤概率<66%，为A级；7%≤概率<20%，为B级；3%≤概率<7%，为C级；概

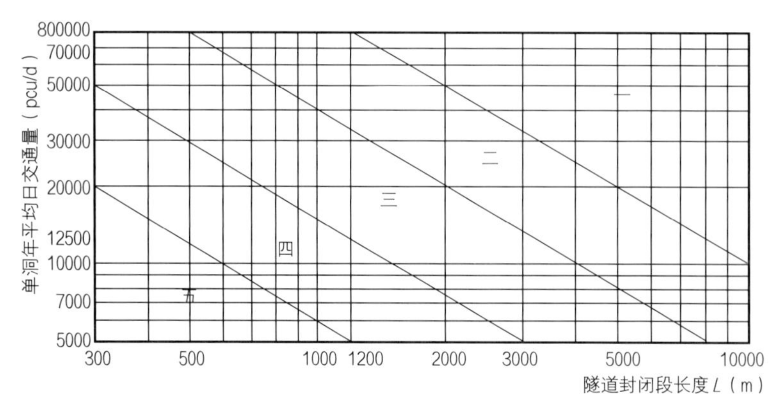


图2-12 上海市道路隧道安全分级标准

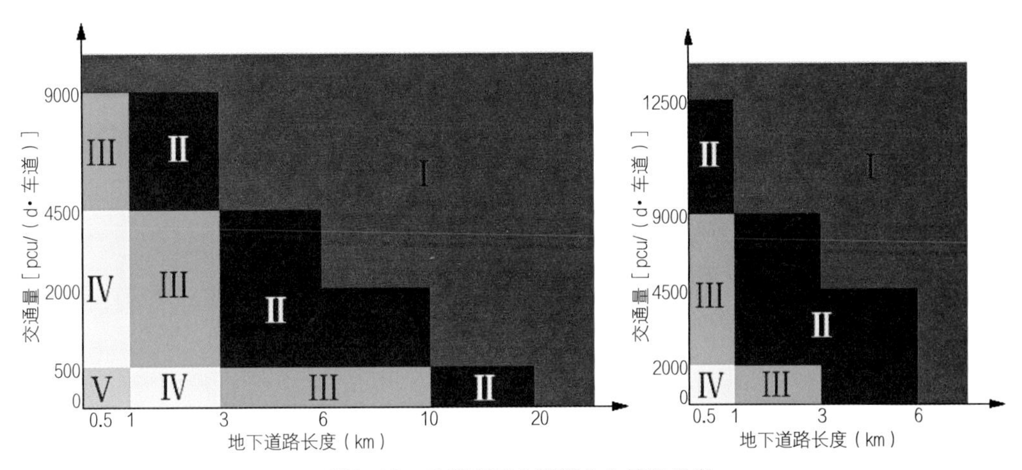


图2-13 欧盟委员会隧道安全等级分类

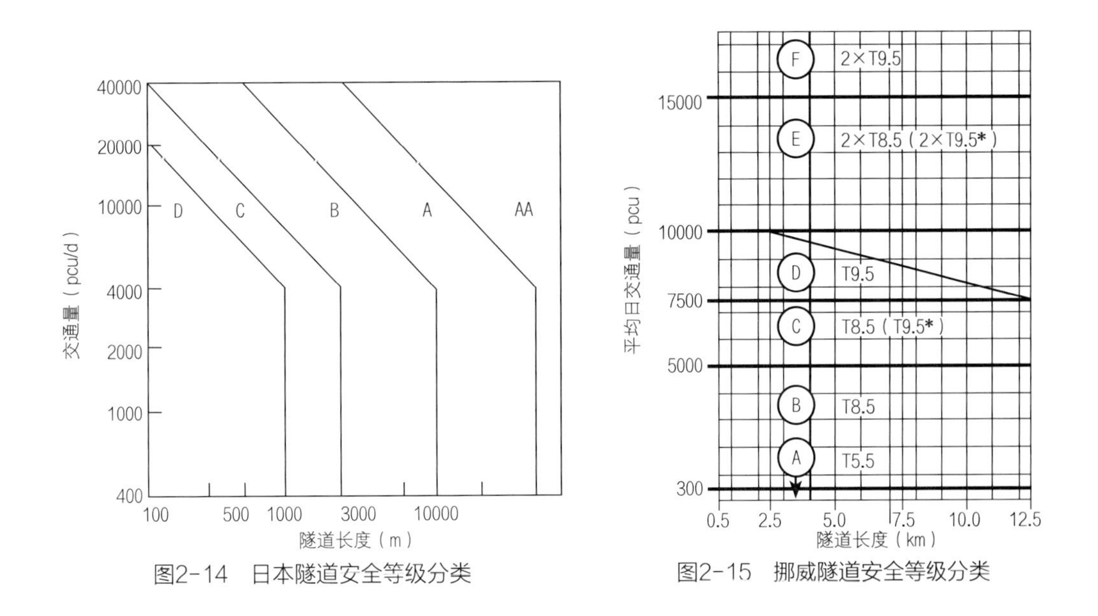


图2-14 日本隧道安全等级分类

图2-15 挪威隧道安全等级分类

率<3%，为D级。

挪威《道路隧道设计手册》中的隧道分类也是基于交通量和长度将隧道分为六类。该分类是隧道安全设施布置的基础，包括紧急停车带、隧道行人横道等设施。其分类情况如图2-15所示。T5.5表示单车道（所需道路及安全宽度5.5m），T8.5表示双车道对向行驶或同向行驶，T9.5表示货运车辆的双车道对向行驶或同向行驶。

## 2.1.7 按施工工法分类

根据施工工法，城市地下道路可分为明挖法、盾构法、浅埋暗挖法和沉管法等。

图2-16 矩形盾构法隧道

明挖法是地下工程建设中常用的施工方法，施工工艺简单，技术成熟，适用于各种不同的地质条件，具有施工作业面多、安全快捷、质量可靠、工程造价相对较低等优点。其缺点是对城市生活的干扰严重，施工时对地下管线、周围环境和交通影响较大，且造成的征地拆迁费用高昂。因此，明挖法一般适用于结构埋深较浅、施工场地开阔、建筑物稀少、交通及环境条件许可的地段。在基坑开挖范围内无重要的市政管线，以及城市道路交通流量不大的地段宜采用明挖法施工。

盾构法根据开挖面的稳定方式，分为土压平衡式盾构、泥水平衡式盾构、敞开式盾构和气压平衡式盾构。采用盾构掘进并拼装预制管片衬砌的圆形或矩形隧道为盾构法隧道（图2–16）。

盾构法由于众多的优点，在地下道路建设中得到广泛应用。盾构施工法除竖井以外，几乎没有地面上的作业，不受地面交通、建筑物、河流等条件的影响，可实现全天候施工。盾构施工是在钢壳的支护下进行的，因此可安全地进行开挖和衬砌等作业。施工对地面交通无影响，噪声、振动等危害小，对周围环境干扰小，横穿河底或在掘进中与地下设施、障碍物及地上建筑物的地下基础等交叉时，并不妨碍盾构的推进，同时也完全不影响通航和地面建筑物的正常使用。

浅埋暗挖法是以新奥法基本原理为基础发展出的、更适用于浅埋条件及松散土质、软弱围岩环境的隧道建设方法。浅埋暗挖法设计采用复合衬砌，由初期支护承受全部基本荷载，二次模筑衬砌作为安全储备，初期支护和二次衬砌共同承受特殊荷载。施工中遵循“管超前、严注浆、短开挖、强支护、快封闭、勤量测”的原则，采取多种超前支护、地层改良等辅助措施稳定围岩，调动部分围岩的自承能力，并采用不同的开挖方法及时支护、封闭成环，抑（控）制围岩变形，与围岩共同作用形成联合支护体系；同时，在施工过程中应用监控量测、信息反馈等手段，形成信息化设计、施工技术，以达到安全可靠、有效控制地表沉降的目的，如图2–17所示。

沉管法是一种修建水下隧道的工法，通过在预制场制作隧道管节，管节两端用临时封墙密封后下水或在坞内放水，使其浮在水中，再逐节管段拖运到隧道设计位置，下沉至预先挖好的水底基槽内，并用水力压接法将相邻管段连接，使各节管段连通成为整体

图2-17　浅埋暗挖法

图2-18　沉管沉放示意图

的隧道。其具有断面自由度大、埋深浅有利于接线、施工质量好、地质适应性强、水域行洪影响小等特点。沉管沉放如图2-18所示。

## 2.2　功能定位设计

在工程设计之初，首先要在规划的基础上进一步深化地下道路的功能定位，以确定具体的工程方案。上述分类体系中，根据地下道路宏观的服务功能将地下道路分为系统型地下道路、连接型地下道路、节点下立交以及地下车库联络道等类型，在此基础上，还应结合具体项目进一步研究功能定位。

1）系统型地下道路

系统型地下道路的交通功能较为复杂，通常自成系统，或作为大系统的一个重要子系统，一般采用主路加辅路的布置形式，主路通常为快速路或主干路，并根据需要设置出入口匝道，联系主要横向道路，服务重点区域，通常包含以下具体功能。

（1）完善城市骨干路网，分流干道交通，服务中长距离交通。随着我国城市的快速发展，交通需求越来越大，骨干路网的压力也越来越大，新的交通矛盾随之而来，因此骨干路网会随着城市的发展逐步完善。例如，上海中心城区最初有内环、外环和申字形高架快速路，此后又增加了中环和一些放射型快速路，在此基础上，又增加了外滩隧道、东西通道、北横通道等地下道路。其中，北横通道的主要作用之一就是完善中心城区路网，分流延安路高架的交通压力。要实现这种功能，意味着地下道路要与既有快速路有便捷的联系，能够与既有快速路网实现连续流的快快转换，从而实现路网的交通调

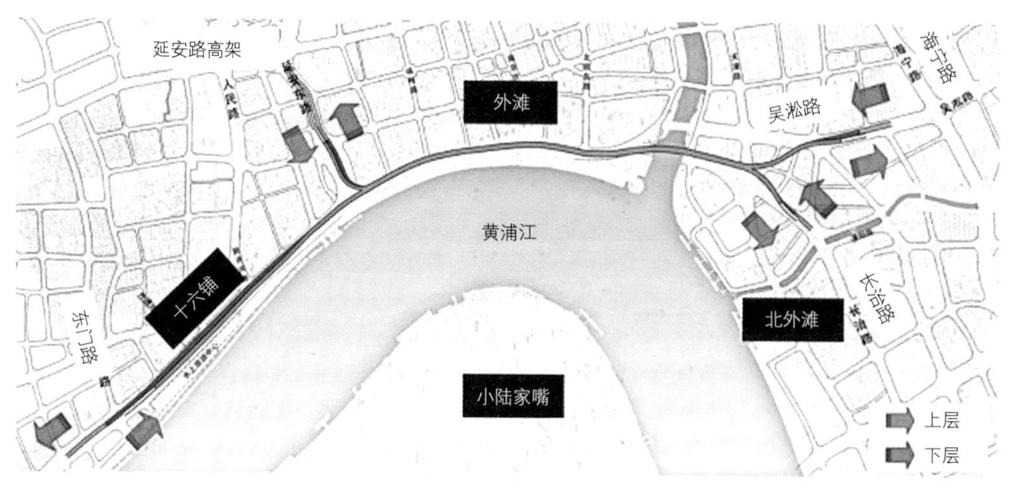


图2-19　上海外滩隧道

节，均衡路网交通压力。

（2）分离重点区域过境交通。在城市的部分核心区域，通常是在快速路或主干路穿越的城市核心区可分离过境交通。一方面，过境交通与到发交通矛盾突出，通过地下道路分离过境交通，可改善交通矛盾；另一方面，宽大的快速路或主干路穿越了城市核心区，对区域环境品质影响较大，对城市空间产生明显的割裂，地下道路分离了过境交通后，地面道路可以压缩车道规模，优先考虑地面公交和慢行交通。还有种情况是历史发展或特殊地形条件下，多条干道汇集于某区域，产生了明显的蜂腰交通，成为城市路网的瓶颈，这种情况下也可采用地下道路的形式提升瓶颈路段的通行能力，与两端路网相匹配，如上海外滩隧道（图2-19）。

（3）服务重点地区中长距离到发交通。城市核心功能区通常在地理位置上位于城市的中心部位，并集中了大量的商务商业功能，需要向外辐射，因此这些区域的可达性一定程度上决定了其核心竞争力。随着人们越来越重视城市环境品质，核心区的对外联系难以再通过高架或地面快速路实现，因此采用地下道路成了很好的解决对策。通过设置长距离地下道路，两端与快速路网衔接，在服务的重点地区设置出入口匝道，联系内部路网，便可实现重点地区的快速对外服务。有时这类地下道路还会与地下车库联络道进行直接或间接联系，更便捷地服务区域到发交通，如图2-20所示。

2）连接型地下道路

连接型地下道路用于穿越地形或功能区障碍，连接两端路网，往往是城市中最常见的地下道路形式。由于地下道路是连续流，通行能力较大，两端地面路网受交叉口通行能力限制，通常会成为瓶颈，因此为了更好地发挥隧道效用，两端接线可以采用多点进出的形式。此类地下道路通常可以分为以下两种具体功能。

（1）穿越江河、湖泊、山海等地形障碍，连接障碍地形的两侧，贯通城市路网。我国城市尤其是南方城市，通常水网密集，遇到大的江河湖泊，通常需要设置大跨径桥梁或采用隧道形式穿越，由于隧道工程技术的不断成熟，两端占地较小，对环境影响较小，因此近些年隧道穿越逐步成为主流。而山、海等作为城市特有的自然风貌，当路网绕行较远或无法跨越时，采用地下道路也是最好的形式。

图2-20　规划研究中的上海南北通道

（2）穿越机场、公园、铁路场站等管制或限制区。除了天然地形的障碍外，某些大城市还有些较为特殊的管制或限制区，如机场、公园、铁路和轨道交通场站等区域往往占地较大，功能无法切割，对两端路网通常有明显的割裂，通过设置地下道路连接功能区两端是最有效的解决途径。

3）下穿节点的下立交

下立交通常较短，工程措施简单，代价相对较小，应用较为普遍，具体也有以下几种功能。

（1）利用下立交下穿一个交叉口或相邻多个交叉口的主要流向交通。通过分离主流向交通并简化交叉口相位设置，改善交叉口或相邻交叉口交通矛盾。

（2）用于打通错位断头路。有些城市道路因各种原因受到建筑或用地控制，形成错位交叉口，导致交叉口通行效率较低，甚至无法贯通，通过设置下立交可以在地下连通错位道路，形成贯通性道路。

（3）简化多路相交交叉口的交通组织。城市路网中，由于特殊原因，往往会形成若干个五路、六路相交的路口，交叉口转向交通非常复杂，交通矛盾较大。通过设置主流向下立交后，可以明显简化交叉口相位设置，缓解地面交通压力，如图2-21所示。

图2-21　上海市徐家汇衡山路交叉口地道

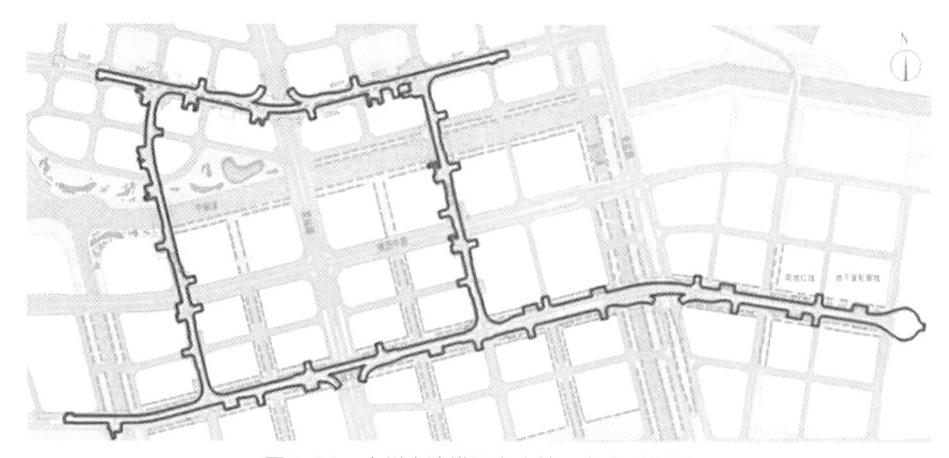

图2-22　广州南沙横沥岛尖地下车库联络道

（4）在单个节点下立交的基础上，形成若干个组合下立交，形成主干路的绿波交通，提升整条干路的通行能力。

（5）还有一种情况是快速路穿越节点的下立交，主要适用于以地面为主的快速路穿越横向节点需要，如上海中环西段多个节点都采用下立交的形式。

4）串联相邻地块车库，服务区域到发交通的地下车库联络道

此类地下道路较为特殊，服务进出车库的交通，便于车库交通快速集散，也便于相邻车库资源共享。地下车库联络道通常只服务小客车，特殊情况下，也可兼顾货运配送等车辆，因为服务车种不同，所需净空不同，因此需要在设计之前界定好。此类地下道路要与地下车库频繁联系，进出口较多，因此设计速度不宜太高，如图2-22所示。

5）功能组合型地下道路

为了便于交通出行，城市路网需要不同功能的道路相互组合，地下道路虽然很少成网，但在特殊区域也会采用多种类型地下道路相互组合的形式，其中最常见的是系统型地下道路或连接型地下道路与地下车库联络道相互组合，既能改善大路网的交通状况，又能解决局部区域交通矛盾。

## 2.3　设计速度选取

设计速度是指在气候条件良好、车辆行驶只受道路本身条件影响时，具有中等驾驶

技术水平的人员能够安全、舒适驾驶车辆的速度。设计速度是决定道路几何线形的基本依据，如平曲线、竖曲线的半径、超高、视距、车道宽度等技术指标都直接或间接与设计速度相关。

城市地下道路的设计速度、功能等级宜与两端接线的地面道路相同，具体设计速度的选择应根据交通功能、通行能力、工程造价、运营成本、施工风险、控制条件以及工程建设性质等因素综合论证确定。

短距离的城市地下道路应采用与两端接线地面道路一致的设计速度，否则需要车辆在短距离范围内改变运行速度，不利于行车安全。此外，距离较短给过渡段和交通标志的设置等也带来了困难。

除短距离的地下道路外，建设条件受到限制时，考虑到工程经济性和行车安全，可以采用与两端接线道路不同的设计速度，可降低一个等级，但之间应设置足够长度的过渡段，速度差不宜大于20km/h。目前国内外许多已运营的道路隧道，如接线道路设计速度在80km/h或以上，考虑到隧道内行车安全和后期运营成本等原因，地下道路的设计速度往往会比衔接道路的设计速度降低一个等级。世界道路协会（PIARC）认为，绝大多数国家的隧道设计速度比所在路段低10～20km/h，这有利于经济性和安全保障。

但考虑到地下道路内部通行条件较好，干扰较少，实际运行过程中往往车速较快，因此对于长距离、特长距离地下道路不宜采用过低的设计速度。如受限于两端地面接线道路设计速度，也可以在地下道路路段内采用高一等级车速，而到了出入口两端提前降速至与地面道路设计速度一致。例如，在与地面道路衔接的主、次干路越江隧道中，经常受限于两端地面道路而采用40km/h的设计速度，在实际运营过程中的车速往往会远超过设计速度，较难按设计速度进行管理，因此设计速度的选用还应考虑到实际运营情况和需求。

地下道路设计速度也不宜过高，过高的设计速度直接关系到地下道路的横断面大小、平纵线形标准、经济合理性以及施工风险和结构安全，将大大增加工程建设难度和造价，同时今后运营费用也将增加，如日本东京湾海底隧道曾做过详细比较，如其他参数相同，仅是车速由80km/h提高到100km/h，其结果为照明设备费提高60%～61%，营运电耗提高63%～66%。从目前国内外已运营的城市地下道路设计速度来看，一般都不大于80km/h。采用80km/h的设计速度能够满足未来一定时间内的交通需求，保证一定的服务水平。部分国家城市地下道路设计速度如表2–3所示。

部分国家城市地下道路设计速度 表2-3

| 国家 | 道路名称 | 设计速度（km/h） |
| --- | --- | --- |
| 新加坡 | KPE地下高速公路 | 70 |
| 澳大利亚 | 悉尼穿越城市线 | 80 |
| | 布里斯班机场联络线 | 80 |
| 马来西亚 | 吉隆坡SMART地下隧道 | 60 |
| 美国 | 西雅图阿拉斯加大道地下道路 | 80 |
| 瑞典 | 斯德哥尔摩环线南部地下通道 | 70 |
| 日本 | 东京中央环状线新宿线 | 60 |
| 法国 | A86西线隧道 | 70 |
| 德国 | 易北河隧道 | 80 |
| 中国 | 上海外滩隧道 | 40 |
| | 上海外环隧道 | 80 |

地下车库联络道具有实现车库资源共享、净化地面交通等功能。在连接地面道路和车库时，地面道路设计速度一般为30～40km/h（次干路、支路设计速度标准），而地下车库内部限速一般为5km/h，因此，地下车库联络道的设计速度应介于上述两者之间。

由于地下车库联络道上接入车库的出入口较多，过高运行速度会带来较大的行车安全隐患。此外，在具体布置连接地下车库的车行通道时，通常需要在有限区域空间内将各地块车库串联起来，设计速度过大会造成道路线形展线困难，难以满足工程建设需求。综合考虑行车安全和工程建设可行性等多方面因素，地下车库联络道的设计速度宜采用20～30km/h。我国北京金融街、无锡锡东新城高铁商务区以及武汉王家墩商务区等的地下车库联络道设计速度均为20km/h。

## 2.4 横断面设计

地下道路的横断面设计决定了结构的外尺寸，对工程建设难度和投资至关重要，横断面要综合考虑与交通需求相适应的车道规模、与设计速度和服务车种相适应的车道宽度和通行净空，以及与隧道安全运营配套的附属设施，并在此基础上对空间进行最合理的组合，以满足工法和建设条件的需要。

### 2.4.1 设计净空

《城市道路工程设计规范》CJJ 37—2012（2016年版）按车辆外廓尺寸将设计车辆分为小客车、大型车和铰接车三种类型。

《城市地下道路工程设计规范》CJJ 221—2015将城市地下道路根据服务车型分为混行车地下道路和小客车专用地下道路，混行车是指大、小型车混合行驶，即对服务车辆通常不作限制。

由于城市道路交通以小型车为主，同时考虑到工程经济性、安全性以及实施条件制约等因素，越来越多的城市地下道路采用专项技术标准，以小客车为服务对象，形成小客车专用地下道路，将超高车辆通过地面道路或者周边路网绕行分流。对于小客车专用地下道路，道路设计的相关技术标准可以适当降低，减小工程实施难度，降低经济成本，节约地下空间资源。

地下道路的建设规模直接影响建设投资成本，采用小客车专用形式，合理选取技术标准、因地制宜，可以有效减少投资、控制成本。采用小客车专用形式，可将双向交通布置于同一洞内，断面空间布置更紧凑、合理。

不同车型对应的技术标准选取对工程规模影响很大，以双层式地下道路为例，单向三车道，采用3.20m设计净空、3.00m宽车道，所需要的盾构直径约为13.95m；若采用3.50m的设计净空、3.25m宽车道，则所需要的盾构直径将达15.40m，如图2-23所示。

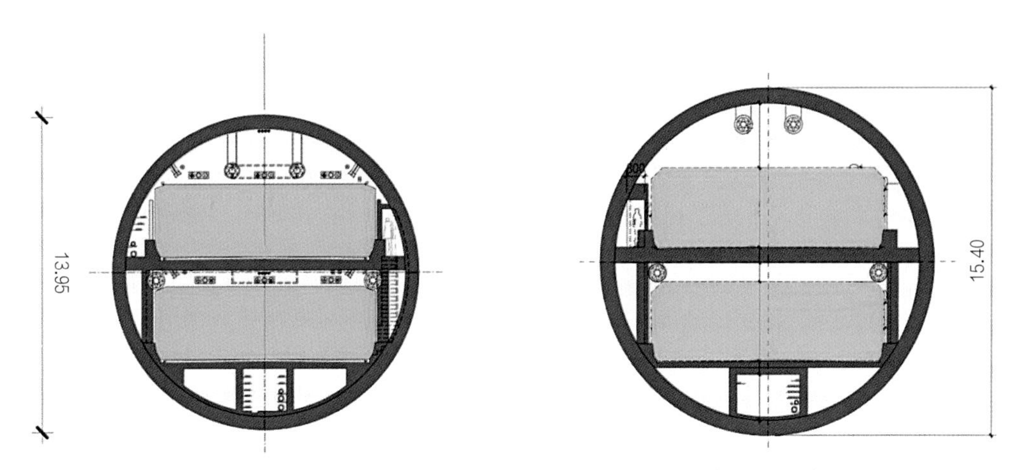


图2-23 不同技术标准的地下道路横断面规模比较（单位：m）

因此，根据服务车型，在满足地下道路行车安全的前提下，应合理选择技术标准，优化断面布置，这有助于控制地下道路建设规模，减少工程投资，有助于推进地下道路工程项目的实施。

《城市道路工程设计规范》CJJ 37—2012（2016年版）中规定设计车辆最小净高标准是根据设计车辆总高加上0.5m竖向安全行驶距离确定，不包括以后加铺、积雪等因素的影响。但小客车最小净高标准除了考虑设计车辆的车高要求外，同时还考虑了驾驶者视觉感受，以及结合城市消防和应急车辆特殊通行要求，因此最小净高规定高于一般原则。对各种道路最小净高规定如表2-4所示。

《城市道路工程设计规范》CJJ 37—2012（2016年版）规定的道路最小净高　　表2-4

| 道路种类 | 行驶交通类型 | 最小净高（m） |
|---|---|---|
| 机动车道 | 各种机动车 | 4.5 |
| | 小型车 | 3.5 |
| 非机动车道 | 自行车、三轮车 | 2.5 |
| 人行道 | 行人 | 2.5 |

世界道路协会认为隧道净高规定应包含以下三部分。

（1）隧道内最小净空要求是在设计车辆高度基础上，考虑其车辆竖向运动，加0.20m。

（2）为减少驾驶者的空间压迫感，增加行车舒适感，在最小值基础上可增加额外空间，通常为0.30m。

（3）为防止隧道上方设备受到破坏、施工误差，以及后期考虑到路面养护、重新铺装等因素，在此基础上，还可进一步留出一定竖向空间。

例如，欧洲货车最大高度为4.0m，因此最低设计净高为4.0+0.20＝4.20m，如需考虑到空间压迫感，可在此基础上增加0.30m，则设计净高为4.50m。隧道建造限界如图2-24所示。

以上设计净高较高，这与隧道所服务车型相关，上述净空标准针对服务混合行驶车辆的隧道类型。

综上所述，在条件允许的情况下，如明挖法隧道，可以按照相对充足的净空设计；在实施条件受限或代价较大的情况下，如增加净空富余量导致盾构尺寸明显增大，可以

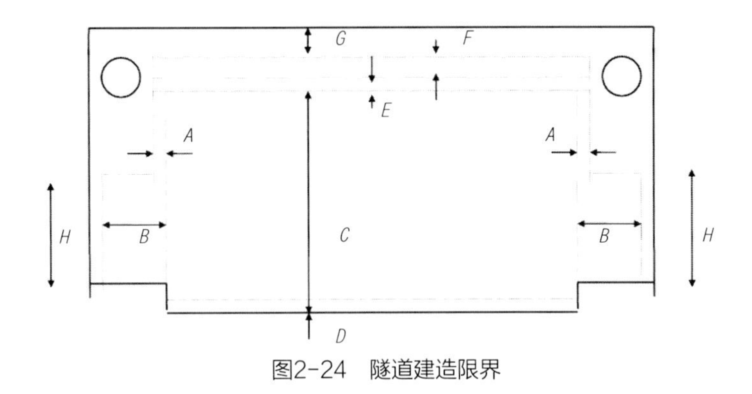


图2-24 隧道建造限界

按照在车辆尺寸（即通行限高）的基础上增加20cm的最小余量考虑净空。目前国内已建成的地下道路中，上海外滩隧道为设计速度40km/h的地下道路，在通行净高中综合考虑一般蓝牌车最大车高2.86m，救援车辆和消防车辆净高需要3m。因此，外滩隧道采取设计净高3.2m、通行限高3.0m的设计标准，目前交通运行状况良好。该标准已纳入《城市地下道路工程设计规范》CJJ 221。

马来西亚吉隆坡的SMART地下隧道特点是具有泄洪和交通双重功能，平时作为公路隧道，在洪水时期与其余部分共同作为泄洪隧道，总长9.7km，其中2.8km作为道路隧道。隧道最大纵坡1.53%，最小转弯半径250m。通过优化，道路隧道内径采用11.83m，单管双层布置双向交通，横断面如图2-25所示，设计净高较低，只有2.55m，在实际运营中，限速60km/h，限高2m。

为减轻巴黎和郊区之间的交通压力，A86西线隧道促使大巴黎环线的最终形成，大大减轻了现有道路网的压力并为车流顺畅提供了保障。其断面布置为单管双层双向2车道，另设一条紧急停车带，限速70km/h，车道宽度为10英尺（3.04m），设计净高为8英尺4英寸（2.54m），如图2-26所示。

相比于地面道路，由于城市地下道路建设条件复杂和工程建设成本高，若采用与地面道路相当的技术标准必然会造成一定资源的浪费和影响工程可实施性，同时随着城市规模扩大，在交通管理上，实行了区域化管理，在市区通常限定了大型车的行驶范围，城市快速路上中小型车占绝大部分，地下道路的设计净高应该在充分满足绝大部分车辆出行需求和行车安全的前提下，尽量降低设计净高，采用较低净空，这样可以采用单孔双层布置断面，将双向交通布置于一条隧道内，从而给工程建设带来很大便利。在北京、上海这些城市，一些地面道路已出现限高2.5m、3m、3.2m、3.5m等工程实例，同时通过调研国内外现有已运营地下道路的设计净高来看，在采取必要的交通工程和管理

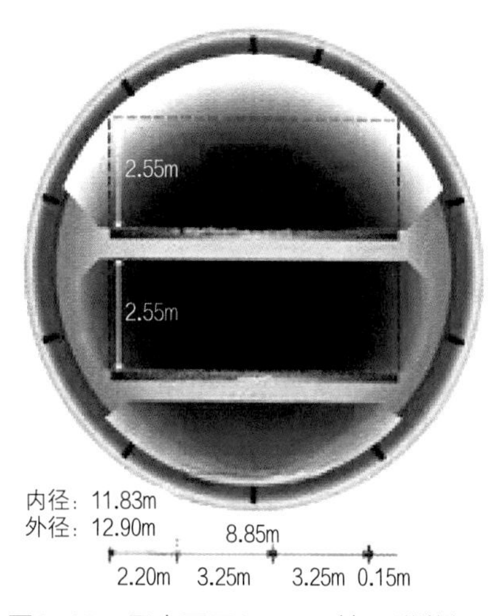


图2-25 马来西亚SMART地下隧道断面

图2-26 法国A86隧道断面

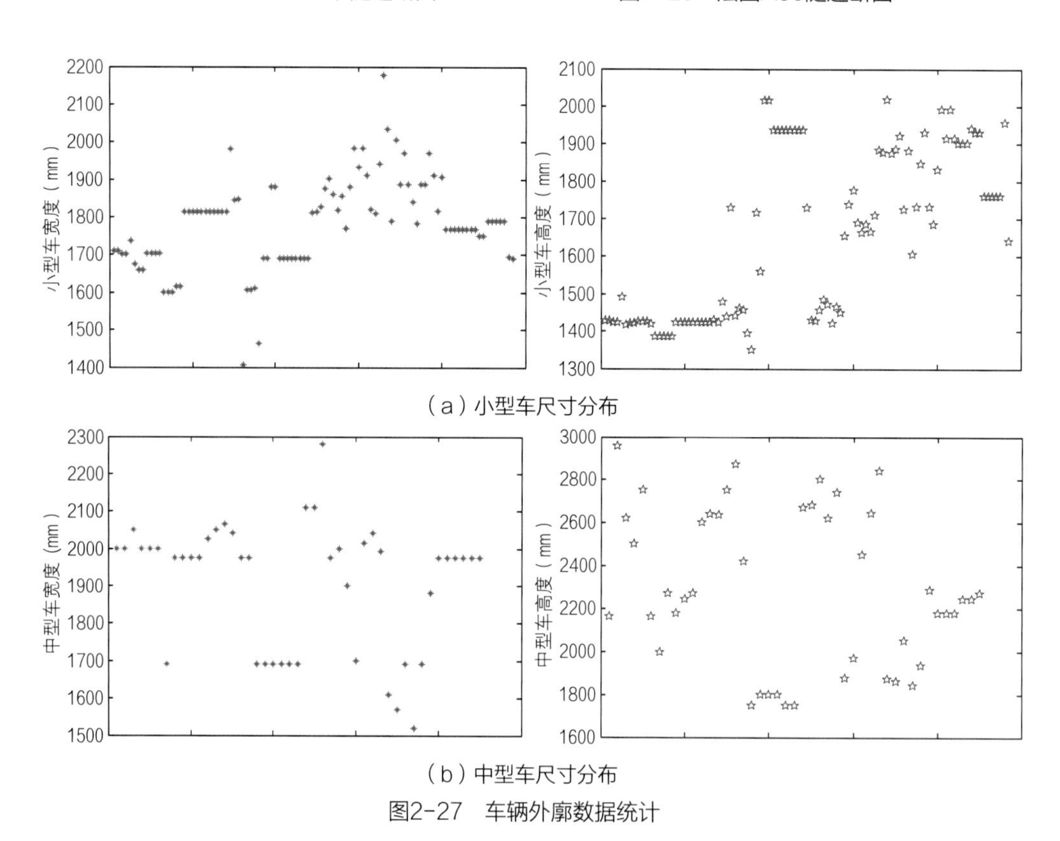


（a）小型车尺寸分布

（b）中型车尺寸分布

图2-27 车辆外廓数据统计

措施的情况下，限定净空、严格控制超限尺寸车辆驶入，可以实现低净空条件下的地下道路正常安全运营。

通过前文所述车型比例调研，中小型车的比例通常高达95%以上，因此通道项目设计服务对象为中小型车，应满足其通行需求，其他车型可利用地面道路通行。

中小型车以及救护、消防等车辆外廓统计数据表明（图2-27），小型车高度大部分在1.8m以下，部分SUV以及一些高级轿车车型高度在1.8～2m，中型车高度分布比较离散，总体都在3m以下，不含云梯的消防车辆高度也基本在3m以下，救护车和警车高度也不超过3m。综合考虑以3m作为车辆限高值，这样能保证中小型客车和应急救援车辆通行，同时隧道结构内部空间相对固定，不受雨雪等外部气候条件的影响，也不受隧道结构沉降影响，在此基础上主要考虑车辆竖向运动，增加0.2m，最终将设计最小净高确定为3.2m。由于3.2m为通道建筑限界的净高，在此之上还有风机等设备系统，因此实际空间高度远不止3.2m，因此不会给驾驶者造成空间压抑感。

此外，对于净空设计，应根据隧道整体限界条件布设，可因地制宜选择合理净空，尽可能满足更多车型需求。

《城市地下道路工程设计规范》CJJ 221—2015对地下道路净空要求中，小客车专用道最小净高应采用一般值，条件受限时可采用最小值，如表2-5所示。

城市地下道路最小净高 表2-5

<table>
<tr><th>道路种类</th><th>行驶交通类型</th><th colspan="2">净高（m）</th></tr>
<tr><td rowspan="3">机动车道</td><td rowspan="2">小客车</td><td>一般值</td><td>3.5</td></tr>
<tr><td>最小值</td><td>3.2</td></tr>
<tr><td>各种机动车</td><td colspan="2">4.5</td></tr>
<tr><td>非机动车道</td><td>非机动车</td><td colspan="2">2.5</td></tr>
<tr><td>人行道或检修道</td><td>人</td><td colspan="2">2.5</td></tr>
</table>

以济南穿越黄河的黄岗路隧道为例（图2-28），隧道采用单洞双层外径16.8m盾构隧道方案，双向6车道设计。本项目因地制宜，结合交通分析及功能需求，净空标准由3.2m提高至4.2m，可以满足客运车辆和大型消防车、救护车等的通行需要，有效提升了服务能级。

### 2.4.2 车道组成

城市地下道路的典型横断面宜由机动车道、路缘带等组成，根据需要可设置人行道及非机动车道，特殊断面还应包括紧急停车带以及检修道等。

1）检修道设置

城市地下道路是否设置检修道应综合考虑隧道横断面形式、工程造价、运营管养

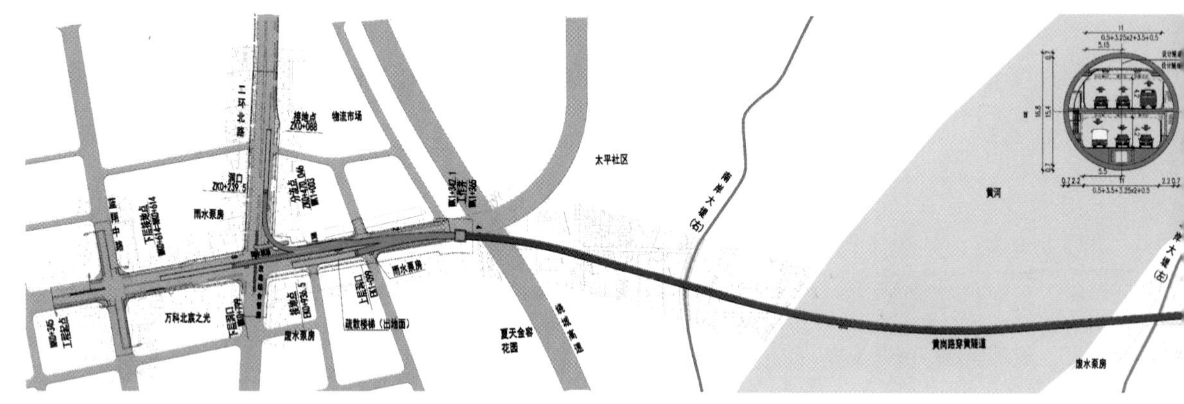

图2-28 济南市黄岗路穿黄隧道

模式以及施工工法等综合确定。一般情况下城市地下道路可不设置检修道，原因有：①城市地下道路以圆形或矩形断面形式为主，若设置检修道势必会增大横断面尺寸，从而对工程造价具有很大影响；②与其管养模式有关，城市地下道路由于交通量大、内部尾气等环境安全问题都不适合检修人员工作，所以一般通过夜间封闭交通进行集中养护检修，无须设置检修道。但对于穿越山岭等矿山法修建的城市地下道路，与公路隧道类似，其横断面轮廓主要采用三心圆等形式，形成偏平圆状断面，这样两侧具有一定的富余量，但此富余量又不能够为车行所用，可用于布置检修道，充分利用断面空间。因此，是否设置检修道应根据具体情况综合确定。

城市地下道路不设置检修道时应设置防撞设施，以避免失控车辆对结构以及侧墙内部布设的运营设备系统的破坏，防撞设施应保证一定的高度，目前工程上设置的高度一般在0.5～1m，不宜过低或过高。具体设置应满足现行国家标准《城市道路交通设施设计规范》GB 50688—2011（2019年版）以及现行行业标准《城市桥梁设计规范》CJJ 11—2011（2019年版）等的规定。

2）应急车道设置

综合国内外规范以及实际工程案例表明，地下道路内应急车道设计宽度应是一个灵活的值，因地制宜，根据设计速度、服务车型对象、工程造价以及应急车道预期发挥功能等综合确定。

应急车道具有多种复合功能，世界道路协会认为在隧道内设置应急车道的作用包括：①改善隧道行车安全和维持高服务水平；②让故障车辆能够安全停靠而不影响主线交通正常运行；③作为应急救援通道，使救援服务能够快速到达现场；④让正常车辆具有足够空间通过事故发生点；⑤平时用于隧道养护、内部设备维护等。

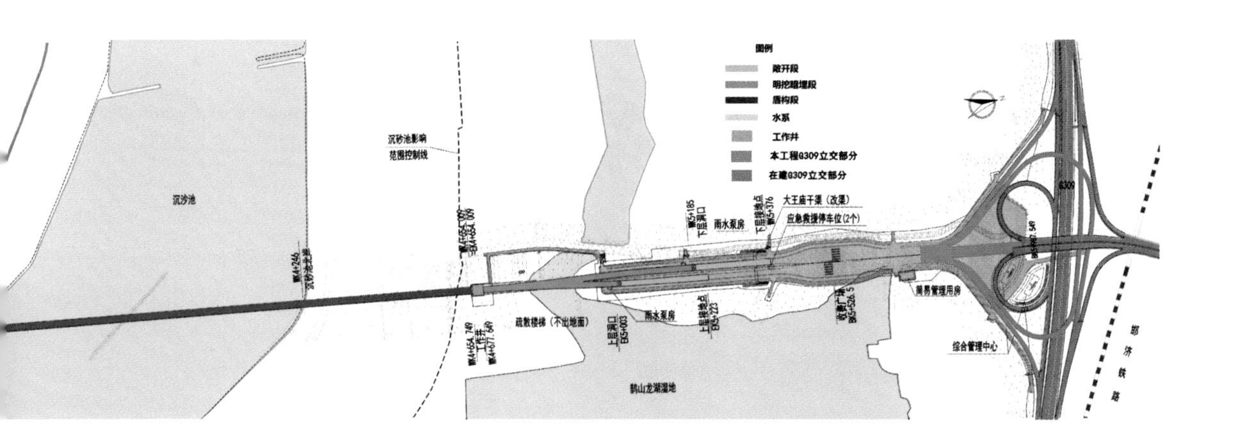


应急车道宽度设计应与其今后预期发挥的功能相关，当要求所设置的应急车道发挥的功能越多时，则宽度设置应越大。如当设置具有安全的紧急停车功能的应急车道时，即设计目标是保证车辆安全停车，且对主线交通没有影响，则应保证足够宽度，如需进一步考虑作为今后应急救援或养护通道等用途，则还需在此基础上进一步考虑预留宽度空间。反之，当要求应急车道的功能只是当事故发生后保证还有一定的空间供主线车辆通行，或保证火灾等特殊状况下人员迅速逃生需要，可适当降低设计标准，采用较窄的应急车道即可满足需求。

设置应急车道和不设置应急车道两种情况对今后隧道运营影响具有本质差别。但是对比宽带形式的应急车道（一般值）和窄带形式的应急车道（极限值）的功能表明，采用窄带形式的应急车道能够实现绝大部分功能，其不足主要表现在两点：①不能为故障车辆等提供安全的避难场所，容易与主线车辆发生侧面碰撞等事故；②不能在今后突发状况下作为应急车辆的救援通道使用。但是考虑到地下道路结构形式，以及内部一般都装备先进的交通监控设备，因此以上存在的两点不足可以之后通过其他工程措施来弥补，从而可以保障地下道路安全、高效运行。如通过隧道内部监控系统，采用交通事故等突发事件监测技术，对故障车辆、事故车辆及时诊断发现，并在第一时间通过车道控制系统关闭事故车道，并通过警报、广播等应急通信设施告知后方车辆避免二次事故发生。

## 2.4.3 横断面布置

相对于地面道路，城市地下道路的横断面组成更复杂，除满足交通通行空间外，还需为通风、照明、消防、监控等运营所需设施设备及在应急情况下的逃生疏散、救援等提供必要的空间，同时还须考虑施工实际水平，预留结构变形、施工误差、路面调坡等余量。城市地下道路横断面空间大致可分为交通通行空间、设施设备空间与安全空间。城市地下道路横断面设计的关键是如何在有限范围内合理布置这三种不同功能空间，既满足交通安全畅通的需求，又满足设备设施的安装以及人员安全疏散的要求。

根据不同的地质、地形等建设条件，城市地下道路横断面形式可因地制宜、合理确定，此外横断面形式还受施工方法影响。

1）单层式和双层式布置

城市地下道路横断面根据道路用地和交通运行特征可分为单层式和双层式两种布置方式。

单层式地下道路是指在同层布置供车辆行驶，设置单层车道板。下部和上部的空间用于设备布线、布置通风孔道和疏散逃生设施等。单层式地下道路的内部空间利用率相对较低，需采用双孔实现双向交通的通行，一定程度上对城市地下空间侵占较多。上海延安东路隧道、大连路隧道、南京长江公路隧道、武汉长江隧道、钱塘江隧道等均为单层式（图2–29）。

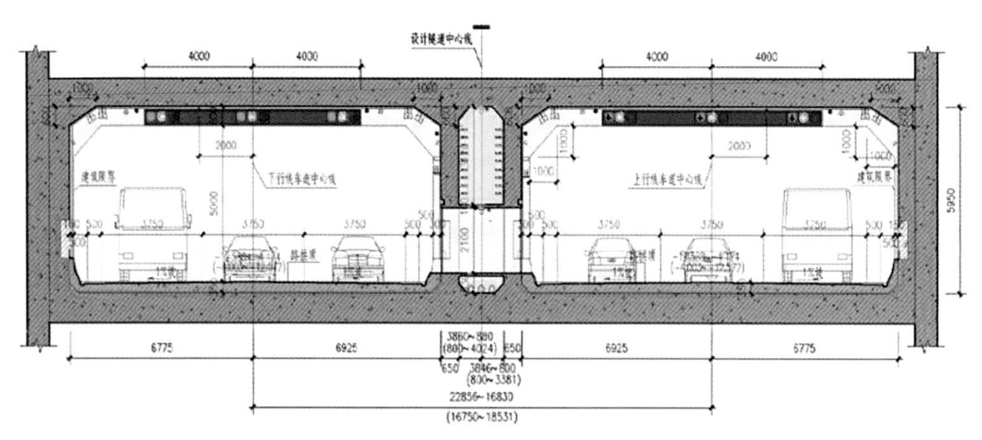


图2–29 上海长江隧道横断面布置（明挖段）（单位：mm）

双层式地下道路是指在同孔同一断面上布置两层车道板，分别满足上、下行方向交通通行。行车道的上、下部空间用于布置排风道，侧壁空间可布设管线和逃生设施等。法国A86隧道、马来西亚SMART地下隧道、上海外滩隧道等采用的是双层式（图2–30）。

从空间利用角度来看，采用双层式布置，平面布局更紧凑，占用地下资源更少。尤其是采用盾构法施工，双层断面可以大幅度节约断面总尺寸，用略大些的单管盾构替代传统的双管盾构，提高盾构的圆形空间利用效率，大幅度降低建设成本，如采用明挖

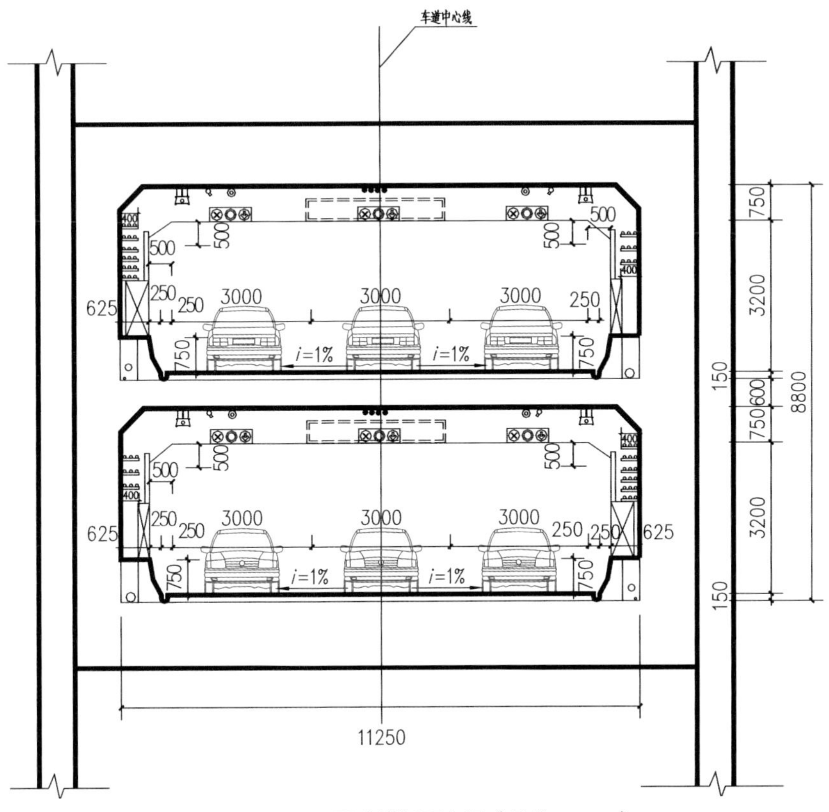


图2-30 双层式横断面布置（单位：mm）

法，则会增加基坑深度和围护成本，是否适用需要综合比选。

双层式地下道路还有设置出入口便利的明显优势，通过开挖一侧，便可同时设置两个方向的出入口，相比于单层双向地下道路，省去了两侧开挖和跨越主线的麻烦。此外，双层式盾构断面布置还有利于逃生，上下层互逃便可，避免了双管盾构需要设置逃生仓或横向联络通道的麻烦。

2）敞开式与封闭式布置

城市地下道路横断面根据地下道路的空间是否封闭，可分为敞开式和封闭式两种形式。

敞开式的地下道路是指交通通行限界全部位于地表以下、顶部打开的形式。其中，顶部打开包含两种形式：一种是顶部全部敞开，另外一种是顶部局部敞开。对于单层式地下道路，敞开式和封闭式分别如图2-31和图2-32所示。

敞开式和封闭式的地下道路在通风、照明等设计方面存在较大差异。对于顶部局部打开的地下道路，可利用敞开口作为自然通风口，利用地下道路外风压、内外热压差、

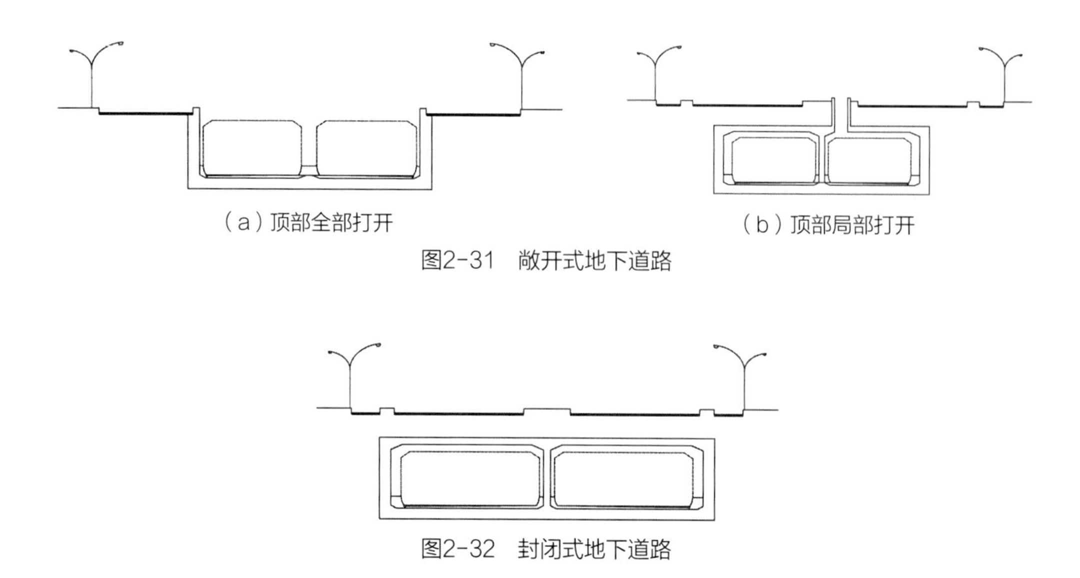


图2-31　敞开式地下道路

图2-32　封闭式地下道路

交通通风压力进行通风换气，火灾时结合机械系统排烟。合理设置开口的位置和面积，一般情况下能够满足正常运营时污染物稀释、分散排放的需要。

3）同孔单向与双向交通横断面布置

为保障地下道路运营安全，不宜在地下道路同一孔内布置双向交通，地下道路双向交通应尽可能分孔隔离，采取分孔隔离也可节约地下道路的结构跨度，断面更为经济，通风排烟可利用活塞风，降低运营成本和风险。

当受道路红线或障碍物控制导致断面分孔隔离布置确实受限时，对于设计速度大于或等于50km/h的短距离地下道路，可在同一通行孔内布置双向交通，但必须采用中央防撞设施（如中央防撞墩等）进行安全隔离。对于中距离以上（含中距离）的地下道路，考虑到运营安全和成本，仍应采用分孔隔离双向交通。

对于设计速度小于50km/h的中低速地下道路，条件困难时可采取包括隔离反光柱、双黄线等中央安全隔离措施进行隔离。当在同一通行孔内布置双向交通时，必须充分考虑运营管理的安全可靠，以及通风、消防逃生等特殊要求。

## 2.5　选线设计

城市地下道路选线总体原则如下。

（1）应优先选择道路规划红线控制范围内的道路下方地下空间，尽量选择路幅较宽的主、次干路，并尽量避免穿越开发地块。

（2）主线两端和通道中间的出入口应具有良好的路网衔接条件，便于交通疏解。

（3）工作井和开挖段应具备良好的实施条件，减少施工期间对地面交通和周边建筑的影响。

（4）需要统筹处理好与不同地下设施的关系，地下空间设施复杂，地下空间资源宝贵，开发具有不可逆性，需要协调发展、统一规划。

在城市地下道路选线设计时，应重点处理好与其他地下设施的关系。同时，合理开发地下空间，做到资源节约化，在城市地下空间资源的综合开发利用中统一协调形态关系，使之处于平面上不同的位置和垂直层面上的不同层次，最终形成一个整体性强、与城市形态协调性好、综合性强、社会综合效益最佳的地下空间开发利用形态。

在此基础上，为避开障碍物或其他设施，地下道路选线需要十分灵活，充分利用城市可利用的地下空间资源满足线路敷设要求。

1）可利用城市深层地下空间布设，并结合地下非开挖工艺灵活设置出入口

1980年日本启动了大深度（50～100m）地下空间开发的规划、地质评价、施工方法等方面的讨论与研究，形成了一些论文著作等文献成果，对日本深层地下空间开发利用实践起到了重要的引领和支撑作用。

尾岛俊雄教授在20世纪80年代提出用工程手段将多种循环系统有机地组织在一定深度的地下空间中，并在这一思想下，提出了一个建设大深度的城市基础设施复合干线网的建议。网络覆盖东京23个区，为地下大深度公用设施复合干线网，设想埋深50～100m，干线为直径10～15m的管廊，所有物流系统的运送、处理以及回收都在这个大循环系统中进行，用以释放地面空间，达到还原自然生态平衡的目的。在尾岛俊雄教授方案基础上，日本清水公司的构想为：在地下50m深处建造覆盖全市区的方格状基础设施复合干线网及敷设铁路、道路和各种管线，并提供防灾空间。在交叉点位置上建造椭球形大型地下综合体，大小相间布置，大的直径100m、高50m，并在其中布置各种业务办公设施和文化设施以及地铁站厅；小的直径30m、高25m，其中容纳各系统的处理和回收设施。

韩国首尔着手通过深层地下空间的开发利用来缓解地面用地资源紧张，以及区域交通联系不畅等问题。韩国为解决首都圈交通困难问题，正在推进地下40～50m深层地下交通的建设。

图2-33 上海南北通道规划方案

规划研究中的上海南北通道北起大柏树立交（中环路/逸仙高架路立交），南至成山路，全长约14.3km（图2-33）。其工程技术标准按规划道路等级为主干路，按“双向4车道+两侧多功能车道”进行规划控制，小客车专用，设计速度为60km/h，全线共设置2处互通立交和8对半出入口匝道。相比于上海北横通道等其他隧道，南北通道地下连续段距离长达13km，盾构段一次性掘进长度5.5km，穿越黄浦江及众多地下设施、与轨道交通长距离共线，隧道长度和深度远超既有隧道，建设难度极大。

2）条件受限时，可利用江河海湖底的地下空间资源展线

受城市地下空间设施制约的影响，部分线路难以按规划红线实施，需要改线或绕行，城市江河海湖底的地下空间为城市地下道路选线实施提供了有效途径。国内上海、武汉、深圳等地的地下道路项目已有相关实践。

上海北横通道线位采用规划批复方案（图2-34），西接中环（北虹路），沿长宁路—光复西路—苏州河—余姚路—新会路—天目西路—天目中路—海宁路—周家嘴路，东至内江路，全长19.1km。上海北横通道主线的线位设计在对实施条件与实施影响进行深入分析的基础上，进行线位充分优化，中山公园段及长寿路段均因已建、在建轨道交通因素而局部改线。双流路—江苏路段（4.8km），改线光复路、苏州河，穿越中山公园（图2-35）。

武汉两湖隧道位于武昌中心城区南北向中轴线位置。现状武昌片区受东湖、南湖、铁路走廊及一大批高校、大型企事业单位分隔，形成多个“封闭型”片区，南北向沟通不畅，区域出行受阻。而武昌片区地面骨干路网已基本建成，但高峰期拥堵仍十分严重，为应对持续增加的交通压力，从地下工程入手，选择一条既能顺接过江交通又能分担二环线交通压力的南北向交通干线迫在眉睫。为解决武昌片区南北向沟通问题，两湖隧道工程应运而生。

工程北起秦园路和东湖路，分别下穿东湖后在卓刀泉北路合并，在卓刀泉北路设置约450m地面道路后，向南依次下穿珞喻路和南湖，在三环线采取立交互通，隧道主线全长19.25km。该项目为城市主干路，设计速度50km/h，采用“隧—路—隧方案”，以

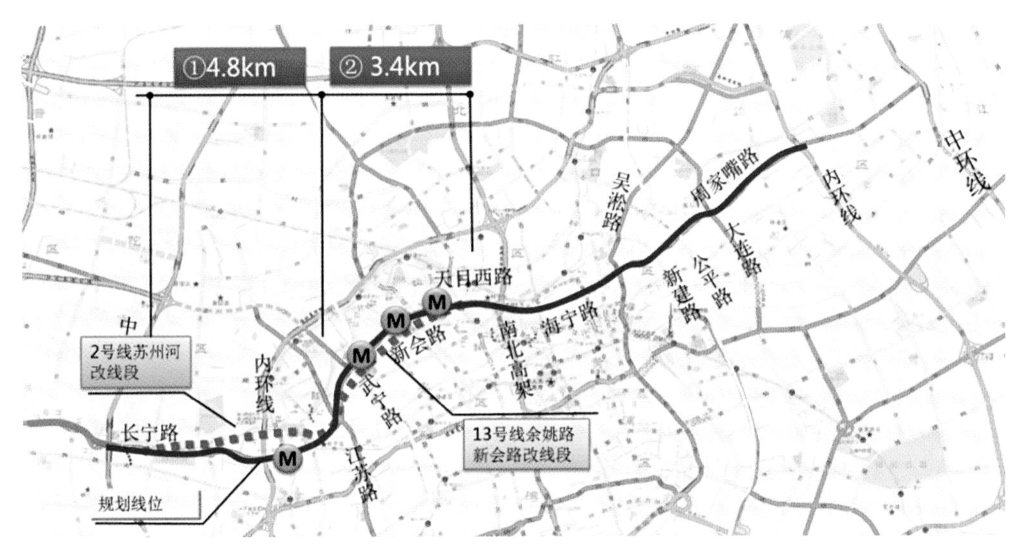


图2-34　北横通道选线调整方案

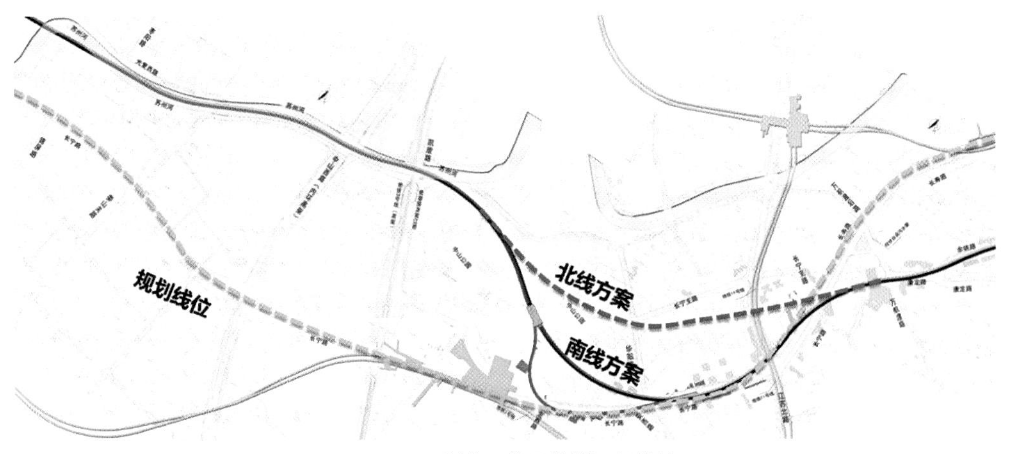


图2-35　北横通道沿苏州河段线位

珞喻路为界划分为东湖段和南湖段，东湖段为双向8车道，南湖段为双向6车道，均为小汽车专用地下道路（图2–36）。

3）在条件受限时，也可与其他地下设施共廊道，集约化利用地下空间

在沿重要交通走廊带选线布置时，两种不同交通方式通常会出现线位重叠共线，由于地下空间资源制约，甚至存在一定冲突，如何协调二者关系，需要综合规划、统筹考虑，以达到最优经济、社会效果。

日本东京中央环状线部分路段与都营大江户线（12号线）共线（图2–37、图2–38），采用复合型地下廊道，共线段全长约3.2km。

图2-36 武汉两湖隧道位置图

图2-37 与轨道交通区间共线断面布置

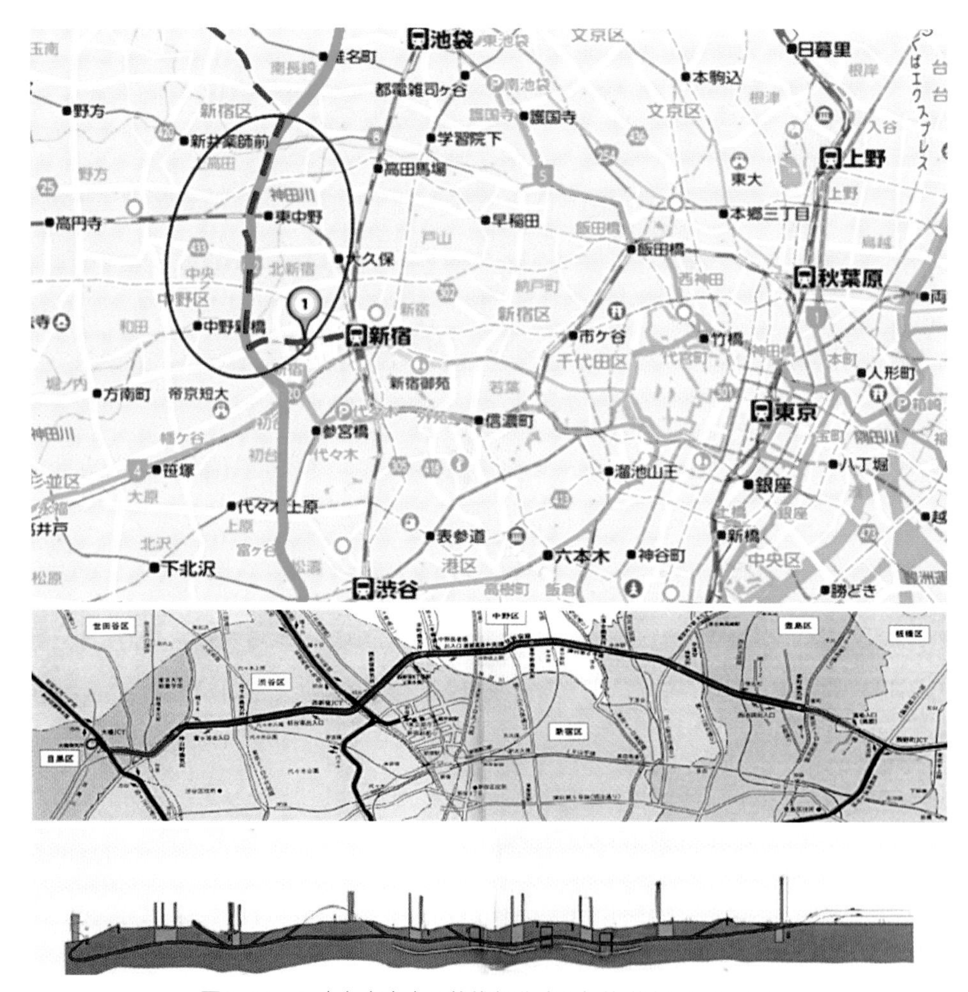


图2-38 日本东京中央环状线部分路段与轨道交通区间共线

上海东西通道工程总体选线，作为延安路高架在浦东的延伸，是浦东地区重要的东西向交通走廊，主要服务城市客运交通，其主要功能是分离核心区过境交通，服务沿线重点地区中长距离到发交通，与轨道交通区间共线断面布置。

在选线上，可有浦东大道、世纪大道和昌邑路三种线位方案。

浦东大道选线与东西向交通走廊定位最为贴切，浦东大道红线宽50m，实施条件较好。其不利之处在于，浦东大道也是规划轨道交通14号线的选址，此外，还需在东方路穿越已建的4号线车站。

世纪大道选线则加剧了世纪大道交通负荷，而且在杨高中路便断头，无法形成系统。从建设条件上看，世纪大道已布置有地铁2号线，平行布置东西通道难度极大，因此并不合适。

昌邑路虽然总体走向与浦东大道相仿，但红线宽度只有24～32m，实施条件较差，且过于靠近江边，对区域交通服务水平不如浦东大道选线。

综合考虑，推荐东西通道走浦东大道方案，通道西起延安东路隧道浦东出口，沿世纪大道、陆家嘴东路、浦东大道，向东延伸至中环线。

东西通道沿世纪大道、陆家嘴东路、浦东大道走向，相关的轨道交通主要有4条线。规划14号线与东西通道共有6站6区间平行，6座车站分别是浦东南路站、东方路站、源深路站、民生路站、罗山路站和居家桥路站。2号线区间和4号线车站分别在世纪大道和东方路与东西通道相交，规划的轨道交通18号线在民生路与东西通道相交，并与14号线设置十字换乘站（图2–39）。

由于东西通道与轨道交通14号线6站6区间在浦东大道上完全共线，通道与轨道交通车站同断面布置如图2–40所示，而浦东大道红线只有50m，并布有大量管线，东西通道与轨道交通车站和区间不可能在平面上分开，因此采用竖向上下一体化布置形式，最大限度节约断面尺寸，减少实施影响。由于东西通道需设置多个出入口，因此考虑东西通

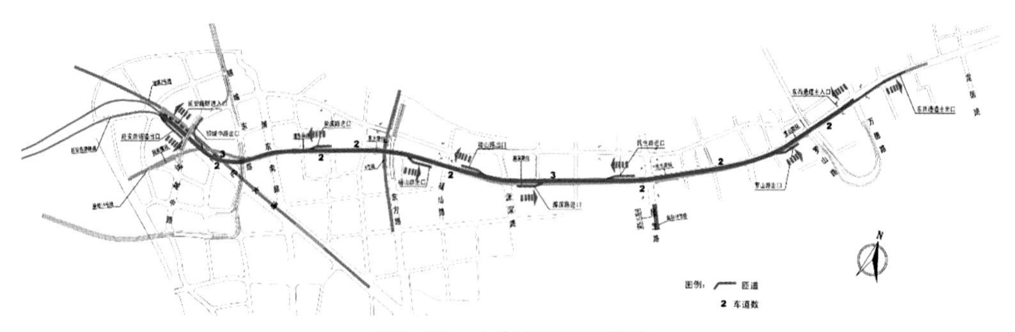


图2–39 上海东西通道线路

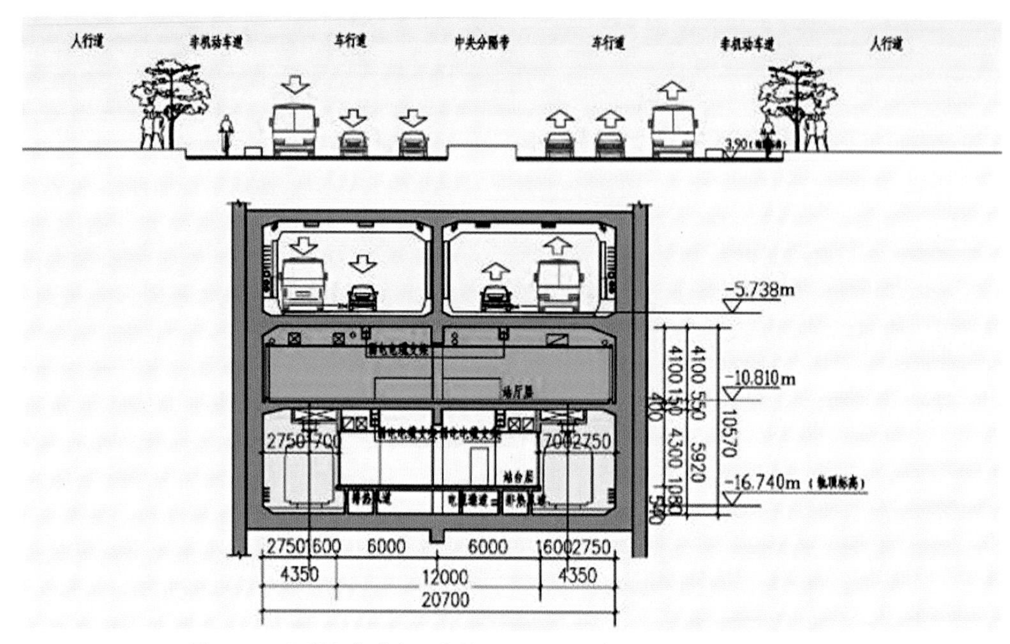

图2-40　通道与轨道交通车站同断面布置（除标出外，单位为mm）

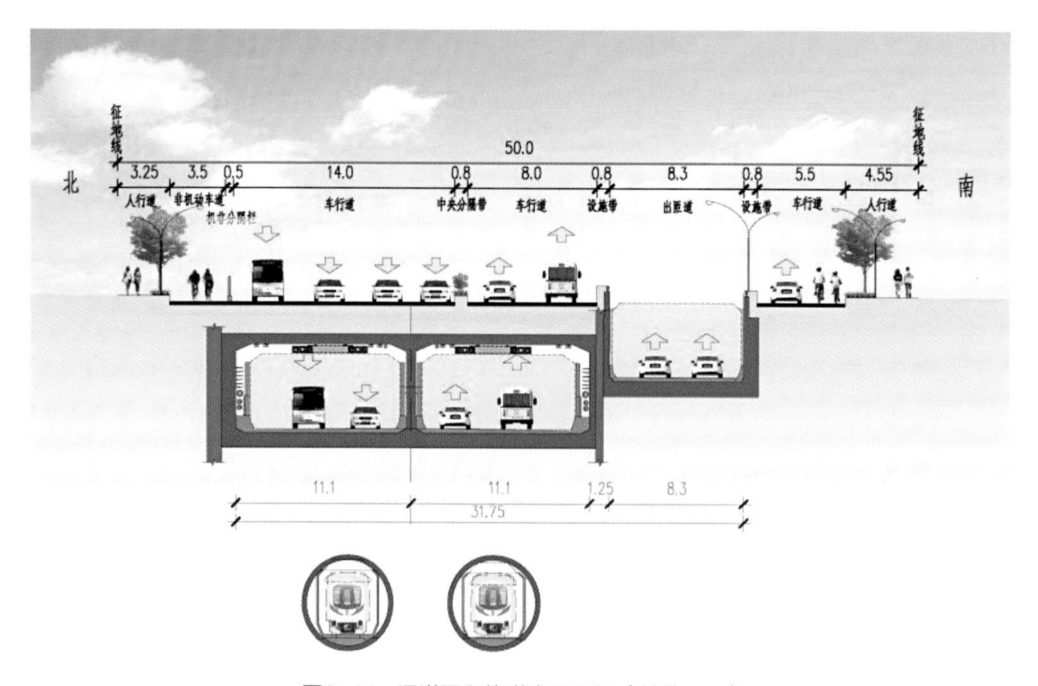

图2-41　通道预留轨道交通区间（单位：m）

道布置于地下一层，轨道交通车站布置于地下二层和地下三层，也便于轨道交通区间预留。通道预留轨道交通区间如图2-41所示。

## 2.6 平纵线形设计

道路线形是道路交通安全主要影响因素之一，如长直线接小半径曲线、大纵坡、不连续线形、平纵组合不合理等路段均是交通事故多发段。作为道路平面线形的基本要素，直线、缓和曲线和圆曲线对地下道路的舒适性、标准等级等具有很大影响。

曲线长度也会影响道路的安全性，曲线过短会使驾驶者操作失误，曲线过长会对车辆安全行驶产生不利影响。美国华盛顿州调查数据显示，曲线曲率变化一致时，事故率随着曲线长度的增加而增加，当曲线长度增加4倍时，事故数约增加3倍。

平曲线对道路交通安全具有很大影响，曲线半径越小、长度越长、转角越大，交通事故发生的概率则越大。对此，我国对各等级公路平曲线最小半径、长度以及转角都作了相应的规定。

道路纵坡对交通安全的影响很大，且随着坡度的增加，事故率显著增大。道路纵坡主要包含两个参数，即坡长和坡度，二者均会影响道路的安全性。德国学者比兹鲁对纵坡坡度和交通事故的关系进行研究后认为：事故率随着坡度的增大而增大，当坡度大于4%时，事故率急剧增加。坡度与事故率统计如表2-6所示。

坡度与事故率统计　　表2-6

| 坡度（%） | 2 | 3 | 4 | 5 | 7 | 8 |
|---|---|---|---|---|---|---|
| 事故率（次/百万车公里） | 1 | 1.5 | 1.75 | 2.5 | 3 | 10 |

对于长大纵坡，车辆上坡时，车速下降很快，容易造成发动机熄火，引起溜车；车辆下坡时，车速增加较快，遇到突发事件时难以制动，易引发交通事故。可见，坡度对交通安全的影响很大。

平、纵曲线组合对道路交通安全的影响远大于平曲线或竖曲线单个因素的影响。国外有研究表明，多种不良线形组合路段（曲线、交叉口、纵坡等）一般会比单个线形路段的事故率高6倍，在设计中应尽量避免不良的线形组合出现。

线形组合不良的影响主要体现在以下方面。

（1）平纵组合的不协调会影响驾驶者的视觉和心理状态。

（2）同向圆曲线间夹入短直线会形成断背曲线，容易使驾驶者对线形走向产生错觉。

（3）凸曲线顶部与凹曲线底部存在小半径平曲线时，前者存在视距问题，后者易导致驾驶者急转弯，该线形组合危险性较大。

为了确保车辆行驶的安全性，线形组合的各部分应该协调，基本的线形组合要求宜符合下列规定。

（1）平、竖曲线应相互对应，平包纵是比较合理的线形组合。若平、竖曲线的半径较大，二者的位置可以灵活设置；若平、竖曲线对应困难，可适当地将平曲线与竖曲线错开一定距离。

（2）平、竖曲线半径的设计应尽量均衡，一般情况下，平曲线半径小于1000m时，竖曲线半径可为平曲线半径的10～20倍。

（3）坡度较小时，大半径平曲线中可设计多个竖曲线。

（4）合成坡度应适当。

城市地下道路封闭的空间构造使得行车视距受到道路及环境的影响更强烈。在平曲线路段，侧墙是遮挡视线的主要障碍物。在竖曲线路段，对于凸型竖曲线，由于凸曲线的最小极限半径是按满足停车视距的要求确定的，一般来说凸型竖曲线通常能够满足停车的视距要求。但对于凹型竖曲线，地下道路顶部可能会遮挡行车视线，尤其是小半径的凹型竖曲线或净空较低的小客车专用地下道路，顶部对行车视距的影响更明显。视距不良路段容易成为事故多发点，地下道路设计应严格进行停车视距验算，保证具有足够的行车视距，提高行车安全性。

## 2.7 出入口

### 2.7.1 出入口布置原则

地下道路出入口的设置以及与地面道路衔接的交通组织的重要性不言而喻。不合理的出入口设置和交通组织会使地下道路交通对周边地区路网产生冲击，导致交通瓶颈产生，影响地下道路与周边道路交通功能发挥。地下道路出入口的设置需综合考虑周边地面路网情况，做好出入口的交通组织，最大限度地保证出入口与周边路网的交通顺畅。

地下道路出入口布置一般原则如下。

（1）与地下道路衔接的外部地面道路，其等级宜与地下道路相同或相近，地下道路也可与等级相差比较大的低等级道路相接，但要采取设置过渡段等措施，保证低等级道路的疏散能力。

（2）最大限度地保证地下道路的交通通畅，发挥地下道路应有的交通功能。

（3）出入口交通组织设计应满足周边地区交通的需求，减少地下道路交通对周边地区的交通冲击，保证地区交通畅通。

（4）出入口处的车道划分遵循车道平衡原则。

（5）一对进出匝道宜采取先出后进的布置方式，如因周边路网设置等条件的限制而采取先进后出的布置方式，则进出口之间的间距应满足最小距离要求，必要时还应设置辅助车道。

### 2.7.2 出入口设置形式

城市地下道路出入口形式和设置位置，除应满足主线车流稳定、分合流处行车安全要求，还应考虑围岩等级、地质条件等。此外，地下道路的出入口设置还与施工工法有关，对于明挖法出入口布置相对简单，但对于盾构法建设，分合流端设计是难点，需根据地下道路匝道设置的具体要求，综合考虑沿线地面道路、交通状况、地上地下建（构）筑物分布、施工工艺、施工进度、投资大小及风险控制等。

当前我国城市道路、快速路设计规范等都规定出入口应布置在主线行车道的右侧。出入口在右侧设置符合我国驾驶者的驾驶习惯，有利于行车安全。一般情况下，城市地下道路的出入口也设置在右侧。受地下的空间限制，为便于施工、降低工程成本和节约空间资源等，城市地下道路也有将出入口设置在左侧的情况。

城市地下道路出入口设置在左侧时，主要是单管双层式情况。在布置出入口匝道时，为便于施工、降低造价，上下行双向交通的出入口通常布置在同一位置，匝道也采用双层式，因此当主线某一层方向的交通出（入）口设置在右侧时，则另一层方向交通的入（出）口将不可避免地设置在左侧，形成“左进右出”或“右进左出”两种情况。如图2-42所示，假设当主线上层为由东向西、下层为由西向东时，匝道①为上层“右进”、下层“左出”，匝道②为上层“右出”、下层“左进”，匝道③为上层“左进”、下层“右出”，匝道④为上层“左出”、下层“右进”。

“左侧式”出入口的设置通过变速车道或直接设置辅助车道与地下道路主线衔接，分为分流和合流两种情况。不同形式的出入口对交通运行效率和安全具有直接影响。

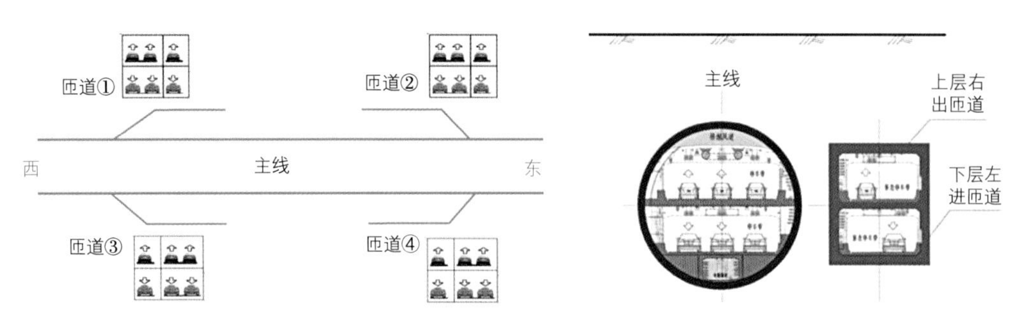


图2-42　双层式地下道路进出口匝道布置模式

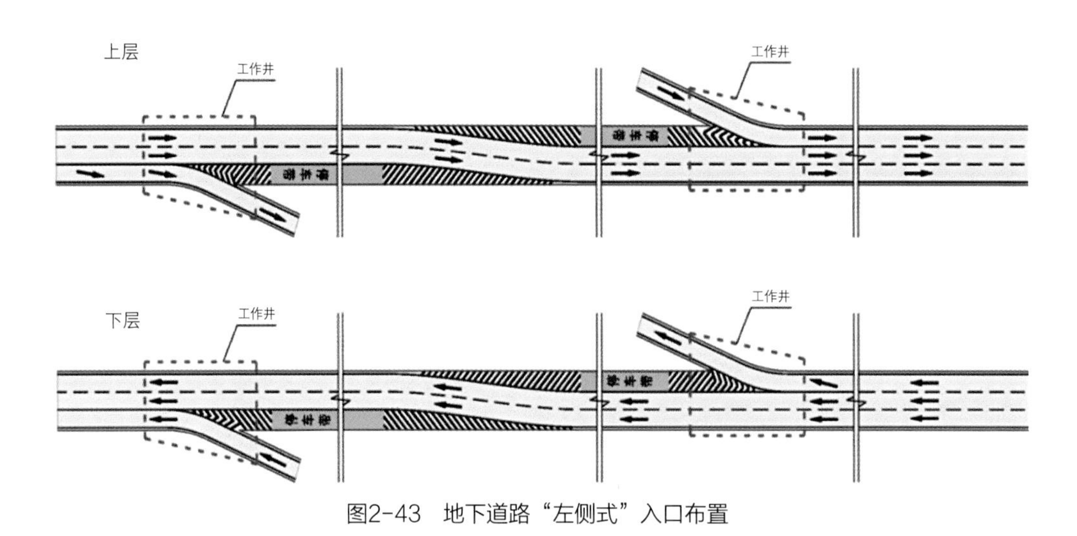


图2-43　地下道路“左侧式”入口布置

从提高行车安全角度看，城市地下道路的出入口布置一般情况下应设置在车行道的右侧，条件受限时，也可采用“左侧式”入口，但在地下快速通道中应慎重采用“左侧式”出口，因为左侧驶出不符合高速状态下的行驶习惯，需要认真评估交通安全风险，并采取完善的配套管理措施。

地下道路采用“左侧式”入口时应保证主线和匝道行驶车辆的视距，如速度差较大还需满足加速段的长度要求，通常采用两种方式：一是必须设置辅助车道，并需要采取必要的交通安全和引导措施保证行车安全和有序；二是采用加速合流车道，需额外符合视距要求。常用的安全改善措施如增加合流段的照明；完善入口预告标识设置，通过反复设置提醒告知驾驶者前方左侧汇流，注意变换车道，标识牌采用自发光形式；指路标识、地面分流标识标线配合使用，必要时可采用不同颜色路面区别显示，增强出口匝道的识别性（图2-43）。

### 2.7.3 “左侧式”出口交通组织与安全保障

在国内部分高速公路建设中立体交叉也存在左侧出口的情况。从运营效果来看，左侧出口区域容易出现走错路、停车观望、倒车等问题，存在较大安全隐患，易成为事故多发区域。一般情况下地下道路出口应设置在道路右侧，当条件受限时，在确保安全的前提下，可慎重采用左侧出口，同时应做好交通组织，通过设置辅助车道以及完善的交通指引措施和安全措施等手段来提高左侧出口区域的行车安全性。例如，设置长度足够的辅助车道，增加地下道路定位系统服务精准导航，增加入口识别视距，增加分流段的照明亮度，设置出口多级提醒和警告标志，提醒告知驾驶者前方匝道靠左侧分流，交通标志采用发光形式等。

### 2.7.4 盾构法双层隧道的出入口匝道设置创新

为减少对地下空间资源的占用、降低建设成本，通常在同孔同一断面上布置两层车道板，分别满足上下行方向交通通行需求，形成双层式隧道。从空间利用角度来看，双层式一定程度上优于单层式，尤其是对于城市地下空间有限的情况，采用双层式布置，布局更紧凑，占用地下资源更少。当前设置出入口匝道一般通过盾构工作井形式实现，一般设计是采用一个工作井布置一组匝道，由于受土地和空间资源的制约，出入口匝道应尽可能减少开挖，降低对现状城市的影响。

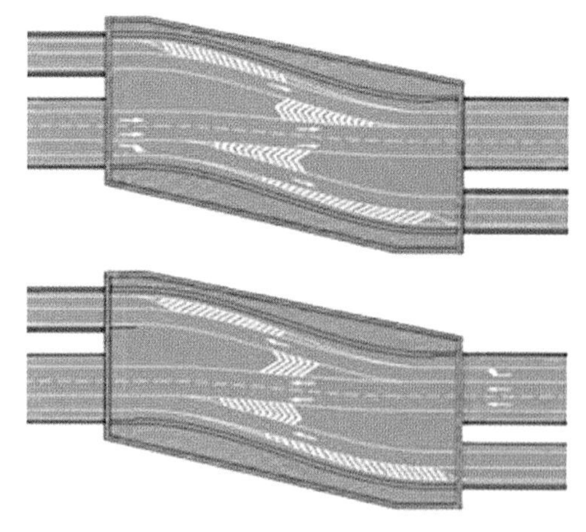

图2-44 盾构工作井区域的上下层平面布置图

针对上述问题，提出了一种利用盾构工作井的空间设置出入口匝道的方法，通过一个工作井设置两组出入口匝道，相比于传统设计，大幅度减少了开挖。出口匝道也采用双层式断面形式，实现在同一个工作井内布置进出四组匝道，满足地下道路与地面道路不同方向的交通组织转换需求。这种集约化的布置方法大大减少了隧道施工中对城市地面的影响，同时也降低了建设成本。为了实现在一个盾构工作井内不同方向交通进出，应发明设计一种非常规形状的工作井，除满足盾构始发和接收以及施工作业空间需求外，形状根据设置变速车道的空间需要综合考虑，具体工作井形状布置如图2-44所示。

通过工作井段，采用车道渐变形式，工作井前后路段的车道相互匹配，工作井长度主要由渐变段长度确定，车道渐变段长度根据主线和匝道的设计速度综合确定，一般设置50m。其宽度根据主线和匝道的车道数、车道宽度综合确定。车道宽度根据相关规范要求确定。匝道与主线汇入时，通常设置交通弹性柱等隔离设施，隔离长度为主线一倍的停车视距长度。

## 2.8 地下道路交叉

随着城市地下道路的建设发展，其数量和类型越来越多，不同的地下道路相交或地下道路与地上道路相交，有可能需要进行合理衔接，进行交通转换，以形成网络结构，强化路网功能，这就需要形成地下交叉。

任意两条地下道路之间不同方向的交通流转换可以平面交叉或立体交叉形式实现，平面交叉通常是右进右出，立体交叉则主要通过专用匝道实现。交叉形式的选择应根据相交道路的功能等级、交通量、道路网规划、周边地面路网交通、地质地形、用地条件、施工技术难度及工程造价等综合确定。

### 2.8.1 地下交叉分类

1）通过设置地面出入口形成的软连接模式

地下道路通过设置与地面道路衔接的匝道，并利用地面道路实现地下道路与相交骨干道路（通常是地上快速路或其他地下道路）的连接。软连接布置较为简单，实施难度较小，但服务水平较低，会给地面道路带来较大的交通压力，因此在地面道路的转换节点需作交通影响分析，并建议采用工程手段提高地面路网与转换节点的通行能力和可靠性。利用接地匝道通过地面道路实现软连接如图2-45所示。

2）地下平面交叉

地下平面交叉是指两条地下道路直接相交，直接形成地下平面交叉口。由于地下道路空间环境封闭，该类平面交叉口的识别视距以及三角形区域通视很难保证，地下平面交叉交通安全隐患大。此外，交通流不连续，在平面交叉口，车辆的频繁启动、制动会增加大量尾气排放，从而对地下道路的通风产生不利影响。

在欧洲一些山岭隧道中有采用地下平面交叉口的情况存在，一般都是功能等级、设计速度低的道路（图2-46）。我国北京金融街地下交通环廊部分节点也采用了信号控制的平面交叉口形式。总体上，采用地下平面交叉口的工程很少。为保障行车安全，地下道路应尽可能避免设置地下平面交叉口。

图2-45 利用接地匝道通过地面道路实现软连接示意图

对于地下车库联络道等低等级的道路，设置平面交叉口时必须采用信号控制形式，且在地下平面交叉口之前必须保证足够的识别距离，并通过采取限速、结构挖洞或采用柱式结构形式保证三角形视距范围内的视距要求，进入交叉口前提前设置交叉口提醒警告标志。

图2-46 地下平面交叉—环岛形式

3）地下立体交叉

与普通地上互通式立交相比，地下互通式立交最大特点是主线和匝道的部分或全部路段位于地下，由环境变化引起的驾驶者反应时间和视距、驾驶负荷等变化会对停车视距、平面和横断面设计指标以及出入口设计指标造成影响。地下互通式立交工程的最大特点是工程复杂，并需要协调与多种地下线性工程的关系，平纵设计难度较大。

另外，在地下设置立交的运营风险和管控难度也较大。这是因为交通的识别性较差，出现事故产生的风险较高，一旦发生重大事故救援较难，即使是正常情况下，地下立交也很容易产生堵塞，任何一条匝道拥堵，都会影响主线通行，而堵塞又会导致地下道路内部空气环境恶化，不利于运营。此外，设置地下立交的工程难度也非常大，实施代价极大。

因此，系统型地下道路与相邻、相交地下道路如何联系等问题，需进行充分论证分析，在具体工程应用中，往往选择一些特定方向进行联系，以满足主要交通方向的联系，并简化立交形式。

### 2.8.2 地下立体交叉分类

地下立交根据立交的互通形式可分为全互通模式和半互通模式。

1）全互通模式

全互通形式是在地下实现两条道路不同方向的交通转换，与地上立交类似，具有较强的立交功能，通行效率高。

2）半互通模式

地下道路采用全互通方式的实施难度和实施代价都很大，通常难以实现。但半互通方式或某两个方向的互通实现起来较为容易，也更有现实意义。

半互通布置实际上是互通布置的简化，通过设置定向匝道便可实现。为节约地下空间，降低实施难度，依然推荐地下道路采用双层布置方式，从而与相交道路较为方便地实现局部互通。

### 2.8.3 地下立体交叉案例

近些年在我国许多大城市，尤其是一些受江河、山岭分隔形成“一市多城”发展格局的城市，穿越江河、山岭的地下道路越来越多。为了减少征地拆迁，减少对城市环境景观破坏，能够让地下道路更好地融入城市路网，争取与现有高等级路网交叉衔接的最有利条件，采用地下立体交叉形式的工程越来越多。例如，大连湾海底隧道疏港路互通、汕头湾海底隧道中山路互通、重庆两江隧道、厦门万石山地下立交、长沙湘江水下隧道、重庆渝中区地下快速通道、南京青奥线地下立交等（表2–7）。

国内典型地下立交基本情况　　表2–7

| 名称 | 相交道路情况 | 地下立交类型 | 立交等级 | 实施阶段 |
|---|---|---|---|---|
| 大连湾海底隧道疏港路互通 | 大连湾海底隧道与疏港路相交 | 变异的喇叭形（B型） | 立交A类：枢纽立交 | 方案 |
| 厦门万石山地下立交 | 机场路万石山隧道段与钟鼓山隧道衔接，万石山隧道为快速路，设计速度60km/h | 苜蓿叶变形 | 立交A类：枢纽立交 | 已运营 |
| 长沙湘江水下隧道 | 主线主干路，设计速度为50km/h | 半互通 | 立交B类：一般立交 | 已运营 |

续表

| 名称 | 相交道路情况 | 地下立交类型 | 立交等级 | 实施阶段 |
|---|---|---|---|---|
| 南京青奥线地下立交 | 青奥轴线主线隧道与滨江大道下穿隧道相交（设计速度80km/h） | 半定向Y型 | 立交A类：枢纽立交 | 施工完成 |
| 厦门机场路东坪山地下立交 | 厦门火车站南广场地下环道与厦门机场路梧村山隧道（主干路，设计速度80km/h）相交 | 半定向Y型 | 立交B类：一般立交（服务型立交） | 在建 |
| 深圳东部过境高速公路连接线地下互通立交 | 东部过境高速公路与连接线（城市快速路，设计速度60km/h）相交 | T型 | 立交A类：枢纽立交 | 在建 |
| 苏州新港街地下互通 | 苏州中心地下环道与新港街隧道（主干路，设计速度50km/h）相交 | 喇叭形（A型） | 立交B类：一般立交（服务型立交） | 设计 |
| 武汉黄海路隧道地下互通 | 王家墩地下环道与黄海路隧道（主干路，设计速度50km/h）相交 | 半互通 | 立交B类：一般立交（服务型立交） | 设计 |

### 2.8.4 地下立体交叉布置原则

地下立交在节约土地资源、减少征地拆迁、保护环境景观、快速实现交通转换等方面具有无可比拟的优势。但地下立交也存在一定的局限性：位于城市区域，地表建筑物密集，地形地质条件复杂，选址受限制多；此外，建设难度与施工风险大、经济成本高；未来运营的防灾安全要求高，行车隐患较大。

在地下立交规划设计中，重点需考虑地下互通立交自身特有的影响因素，设计的基本原则如下。

（1）地下立交选型上应尽量选择结构形式简单、分岔数量少、交叠层次少、视距良好的洞室组合。

（2）在地下立交总体平、纵线形布置时，充分协调控制与地下管线、桩基等控制物以及不同洞室之间的关系，尽可能一次进行跨越，避免出现多次交叉穿越。

（3）地下立交分合流交叉除满足交通通行需求外，还结合围岩等级等地质条件，合理设置位置、确定鼻端曲线线形参数等，合理控制隧道大拱跨度和长度等，避开不良地质地段，为实施创造有利条件。

（4）线形技术标准较低的地下匝道应充分考虑平、纵横组合效应对行车视距的影响，保证视距要求。

（5）地下立交的通风设计应考虑地下匝道与主线的夹角、断面、风速、车流产生的交通风等对地下立交运营通风的影响，统筹考虑。

（6）地下立交应考虑导向标识设置的可能性，保证足够的识别距离，标识信息量简单、适当、醒目。

（7）地下立交应在分流三角端及匝道路侧等设置完善的安全防撞设施，满足地下立交的交通安全需要。

（8）地下立交的运营安全也是规划设计必须考虑的重点问题，对于火灾、交通事故等紧急突发情况，地下道路主线及匝道之间应能够协调联动控制，快速进行车流和人流的疏散，降低灾害损失。

（9）地下立交建设宜近远期结合考虑，既能满足当前交通需求，又为远期修建或扩建大型地下立交预留相应空间和接口，满足远期的交通发展需求。

（10）地下立交选型是对各种可能立交方案进行综合比选分析，优先选出既能够满足交通功能、适合地下建设条件，又经济、适用，尽可能降低施工技术风险的立交形式。

### 2.8.5 地下立体交叉典型形式

1）单层与单层组织模式

单层地下通道间的全互通主要通过定向匝道来实现。为了实现较高的服务水平，需进行空间上的分离，往往需要占用近四层的地下空间。其实施难度相对较大，且工程造价较高，难以采用。

在地下道路的互通节点中，需要牺牲一定的交通功能换取实施的可行性，可能的互通形式是采用大环岛的方式。即主线各占一层空间，分离式布置，另单独在一层布置一环岛，为便于与不同方向的主线联系，环岛可布置于主线的夹层中。为确保交织区的有效长度，并满足视距要求，环岛直径和周长都需较大。

2）单层与双层组织模式

单层与双层间的互通组织和单层间组织类似，主要也是通过定向匝道进行直接联系。在具体方式上可采用双层上下分开供单层从中穿越的形式，便于各定向匝道空间上错开。

由于需联系的方向较多，匝道也将占用四层左右地下空间。虽然本组织模式较单层间的互通实施难度相对要小，但一般情况下也不推荐采用。

3）双层与双层组织模式

双层与双层地下道路间的互通相对于以上几种模式而言最为方便（图2-47）。由于双层布置，上下行流向两侧均可引出转向匝道，且空间上主线各向交通分离，为匝道的设置也提供了便利。其中，两相对方向可设置双层匝道，另两相对方向的匝道由于连接的层位交错，因此需从平面上进行错开。此类联系方式共需占用地下四层空间，但布置最为便捷，可满足较高线形要求。

4）螺旋线模式

采用螺旋线的形式同样出于节约地下空间的考虑，通过设置一个圆筒形的结构，将不同转换流线通过圆筒外围螺旋式布置实现各流线的合理转换，这种布置类似于南浦大桥浦西引桥立交的布置。

螺旋线的形式在日本东京中央环状线新宿线中已采用，通过地下互通立交实现各方向快速转换；环形匝道为双回旋结构，实现了将所有转向容纳在一个象限内的紧凑型规划目标。中央环状线的主线品川线还处于建设之中，目前仅开通由中央环状线的主线北方向通向3号快速路的东西两个方向，以及由3号快速路的东西两个方向通向中央环状线的主线北方向（图2-48、图2-49）。

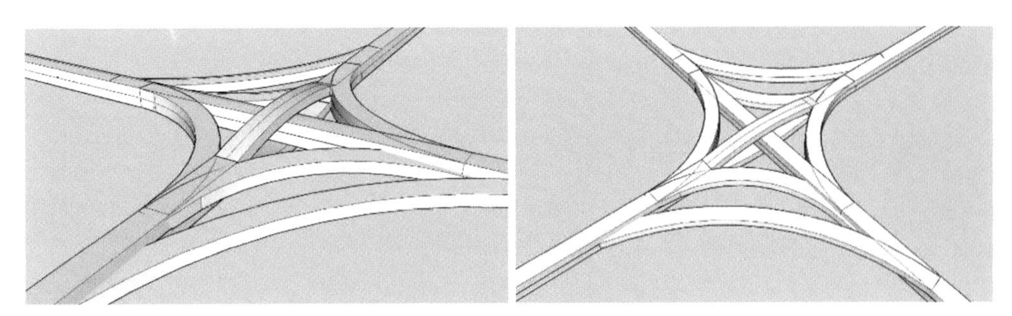

图2-47　双层与双层组织模式

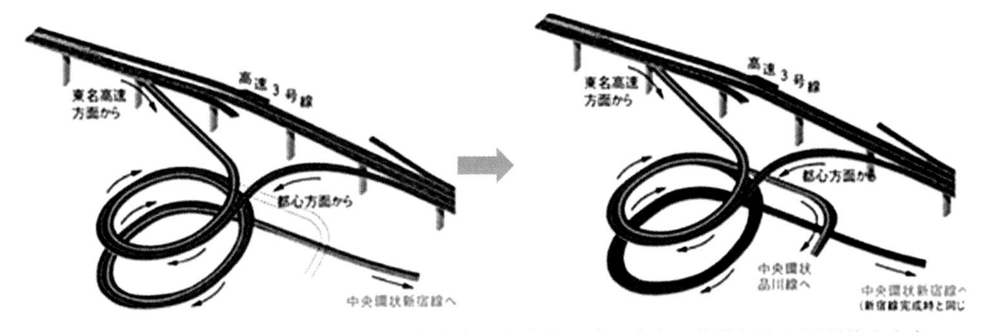


图2-48　中央环状线立交节点螺旋线模式（东名高速公路至中央环状线新宿和品川线方向）

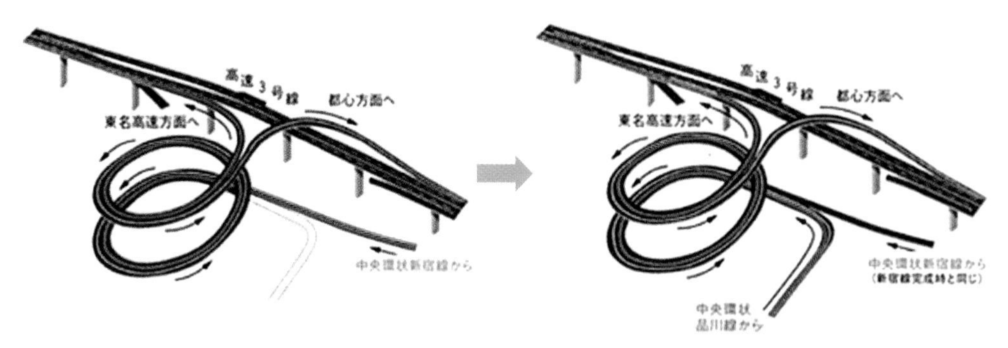


图2-49 中央环状线立交节点螺旋线模式（中央环状线新宿和品川线至东名高速公路方向）

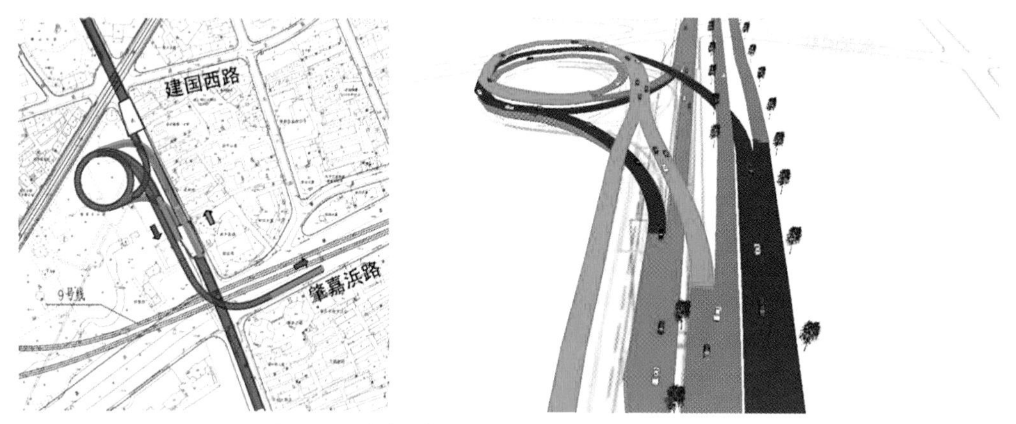


图2-50 上海西纵通道规划线路的螺旋式地下立交

规划研究中的上海西纵通道线路在考虑与肇嘉浜路的联系时，节点方案中南向北、北向南两个方向均可联系肇嘉浜路，出入口段道路红线拓宽至40m，设置左转匝道开挖上跨9号线（图2-50）。

## 本章小结

本章论述了城市地下道路的总体设计技术，系统提出了地下道路分类体系；提出了地下道路功能定位设计、设计速度选取等建议和原则；从设计净空、车道、横断面组成等方面阐述了地下道路横断面设计，并从选线、平纵线形设计、出入口等方面进一步展开，突出地下道路线形设计差异和重点。最后，针对地下道路交叉，阐述了地下立交布置原则和典型形式，并结合案例进行了说明。

## 参考文献


[1] 刘艺. 城市地下道路分类体系研究[J]. 城市道桥与防洪，2016（7）：266–268.

[2] 李素艳，杨东援，杨扬，等. 城市地下道路横断面设计研究[J]. 地下空间与工程学报，2007（1）：114–117，123.

[3] 俞明健. 城市地下道路设计理论与实践[M]. 北京：中国建筑工业出版社，2014.

[4] 张天然，赵娅丽，刘艺，等. 地下道路功能定位及其在上海市的适用性分析[J]. 地下空间与工程学报，2007（3）：22–26.

[5] 俞明健，刘艺，孙巍. 上海市东西通道与轨道交通一体化工程总体方案[J]. 城市道桥与防洪，2012（8）：42–47.

[6] 秦云，董丕灵，俞明健. 城市轨道交通线路规划与城市空间综合开发利用的思考[J]. 城市轨道交通研究，2006（3）：9–11，17.

[7] 半野久光. 中央環状線山手トンネルの事業概要[J]. 基礎工，2010（3）：4–9.

[8] 上海外滩地区交通综合改造工程项目管理部，等. 上海外滩综合改造工程后评估研究总报告[R]. 2012.

[9] 张剑涛. 首个欧洲“绿色之都”斯德哥尔摩的环保发展[M]//屠启宇，苏宁，张剑涛. 国际城市发展报告. 北京：社会科学文献出版社，2013.

[10] 上海市政工程设计研究总院（集团）有限公司. 北横通道工程研究报告[R]. 2015.

[11] 上海市政工程设计研究总院（集团）有限公司. 上海南北通道工程方案研究报告[R]. 2021.

# 3

# 城市地下道路结构创新技术

## 3.1 概述

城市地下道路系统复杂，时常需要在建筑物密集的区域进行穿越，施工技术难度高，在规划设计过程中不断面临新的技术难题。本章结合国内多项地下道路重大工程，根据项目在设计施工过程中面临的难题，总结了关键技术，如超大直径盾构小半径曲线转弯设计与施工关键技术，近距离穿越既有轨道交通设计与施工关键技术等。例如，上海北横通道盾构实施方案中，在城市建筑物密集区域为了尽量减少对相邻地块的影响，采用了半径为540m的小半径曲线，曲线长度约为277m，隧道覆土厚度为33m，并下穿7幢6或7层的多层建筑。这在上海软土地区尚属首次进行同等直径的盾构隧道施工。北横通道直径15m左右的大断面盾构隧道的推进对地层的扰动更大，这对既有轨交隧道的保护提出了新的挑战。从设计与施工两个方面对超大直径小半径曲线盾构隧道的相关技术进行研究，以满足当前设计与施工技术的需求，解决小半径曲线盾构隧道中所出现的技术难题以及近距离穿越既有轨道交通问题。

与此同时，异形盾构技术也逐步发展应用，相比于传统圆形盾构技术，具有独特的优势和适用场景，本章系统开展了矩形盾构技术研究，并结合上海虹桥商务区核心区（一期）与中国博览会会展综合体地下人行通道工程进行了示范应用分析。

此外，预制拼装隧道技术也是近年来城市地下道路结构工程的研发新方向和攻关重点，采用预制装配式工艺，有利于大幅度降低隧道工程施工过程中的能源资源消耗，有利于减少隧道施工造成的环境污染影响，以及提高劳动生产率、解决劳动力不足矛盾。

## 3.2 超大直径盾构小半径转弯设计与施工关键技术

城市地下道路障碍物较多，为减少施工影响、便于选线，通常以盾构形式为主，近些年随着盾构技术的不断发展，盾构机直径越来越大，可设计的盾构断面也越来越大，大盾构在选线过程中受制于各种控制物需要采用小曲线避让。

从已建的地铁盾构隧道施工质量来看，在小半径曲线段管片出现开裂、漏水等不良施工质量现象的概率变大。随着盾构隧道直径的增大、盾构机推力的增加，出现这些不良现象的概率会增加。另外，随着在建筑物密集城区盾构工程项目的增多，在考虑与周围环境建筑物的关系时，采用小半径曲线施工的工程实例不断增加。这些新项目的出现引发了对超大直径盾构隧道小半径曲线转弯设计与施工关键技术的研究。

在超大直径盾构管片设计方面，目前多采用通用管片，通过不同的管片拼装方式来拟合直线与曲线，即在曲线段与直线段采用相同的管片来拼装。为了更好地拟合小半径曲线与满足曲线隧道管片的受力要求，需要对管片的种类、环宽、楔形量进行论证。管片楔形量多依据最小转弯半径来确定，而在超大直径隧道小半径曲线区段还需在综合考察盾构机的外径、盾构间隙、盾尾刷的密封止水能力的基础上来合理确定。小半径曲线段盾构机每掘进一环，则管片端面与该处轴线的法线方向在平面上将产生角度，在千斤顶的推力下产生一个侧向分力。管片出盾尾后，受到侧向分力的影响，隧道向圆弧外侧偏移。为了减少偏移，在设计中需要对管片的纵向刚度进行加强设计。由于盾构隧道在直线段与小半径曲线段的受力和变形特性不同，在设计中需要对管片的配筋、注浆孔的布置、防水措施进行合理化设计。

在小半径曲线施工区间，由于盾构机本身为直线型刚体，圆曲线段掘进只能形成一段连续的折线来拟合圆曲线。为了使盾构隧道轴线与设计轴线相吻合，掘进过程中需要进行连续纠偏。圆曲线半径越小，盾构机直径越大，拟合就越困难，掘进单位距离的纠偏量也越大，纠偏精确度越低，因此超大直径小曲线盾构隧道的轴线控制难度更大。线路转弯弧度大，需要左、右侧推进油缸形成一个较大的推力差才能满足盾构机的转弯要求，致使姿态调整的推力可调范围更小，从而加大质量控制难度。需要使用不等的推进千斤顶分区油压来实现盾构机沿设计轴线掘进，管片出现崩缺、错台等质量问题的概率增大。

大直径盾构隧道在小半径区间的千斤顶推力分布图如图3-1所示。在小半径曲线施工区间，由于盾构机的超挖，同步注浆液容易渗入土仓或刀盘，漏浆较严重，致使管片背后的空隙充填不密实，降低了防水效果，砂浆提供不了足够的束缚力，管片在流体上浮力的作用下通环上浮，对于超大直径盾构隧道，这种上浮现象更加

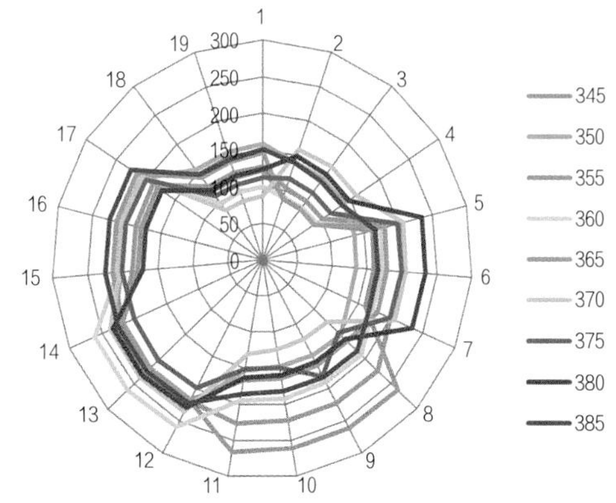


图3-1　千斤顶推力分布示意图（单位：kN）

明显。在小半径曲线区间，已拼装隧道的轴线与盾构的中心线之间存在着夹角，导致盾构密封刷与管片之间的空隙不相等，需要根据盾构刷的性能、盾构机的外径、管片的外径来论证在大深度地层下盾构机掘进时盾尾刷的密封性能。

对上海地区已经施工的具有代表性的盾构隧道线路设计参数进行统计，如表3-1所示。可以看出隧道平曲线的最小转弯半径与隧道外直径比的最小值为35，为打浦路隧道复线工程（图3-2）。该工程的*R*/*D*值是目前国内同规格盾构隧道中最小的，在小半径曲线段采用了1.5m环宽的常规管片与0.75m的小环宽管片组合的模式拟合曲线，施工过程中未出现异常，结构使用状况良好。

上海已施工的代表性盾构隧道最小平曲线半径统计表　　表3-1

| 序号 | 隧道名称 | 最小平曲线半径*R*（m） | 隧道外径*D*（mm） | *R*/*D* | 楔形量（mm）及管片类型 |
|---|---|---|---|---|---|
| 1 | 上中路隧道 | 1000 | 14500 | 69 | 40双面楔 通用管片 |
| 2 | 人民路隧道 | 550.25 | 11360 | 48 | 双面楔 左转+直线+右转 |
| 3 | 军工路隧道 | 1370 | 14500 | 94 | 40双面楔 通用管片 |
| 4 | 外滩隧道 | 600 | 13950 | 43 | 40双面楔 通用管片 |
| 5 | 翔殷路隧道 | 2045.2 | 11360 | 180 | 双面楔 左转+直线+右转 |
| 6 | 复兴东路隧道 | 500 | 11000 | 45 | 66双面楔 左转+直线+右转 |
| 7 | 大连路隧道 | 500 | 11000 | 45 | 双面楔 左转+直线+右转 |
| 8 | 长江西路隧道 | 910.8 | 15000 | 61 | 40双面楔 通用管片 |
| 9 | 崇明越江隧道 | 4000.1 | 15000 | 267 | 40双面楔 通用管片 |
| 10 | 打浦路复线隧道 | 380 | 11000 | 35 | 66双面楔 左转+直线+右转 |
| 11 | 西藏南路隧道 | 700 | 11360 | 62 | 36单面楔 通用管片 |
| 12 | 仙霞西路隧道 | 950 | 11360 | 84 | 36单面楔 通用管片 |
| 13 | 新建路隧道 | 2500 | 11360 | 220 | 15.49双面楔 左转+直线+右转 |
| 14 | 龙耀路隧道 | 750 | 11360 | 66 | 21.3双面楔 左转+直线+右转 |
| 15 | 迎宾三路隧道 | 700 | 13950 | 50 | 40双面楔 通用管片 |

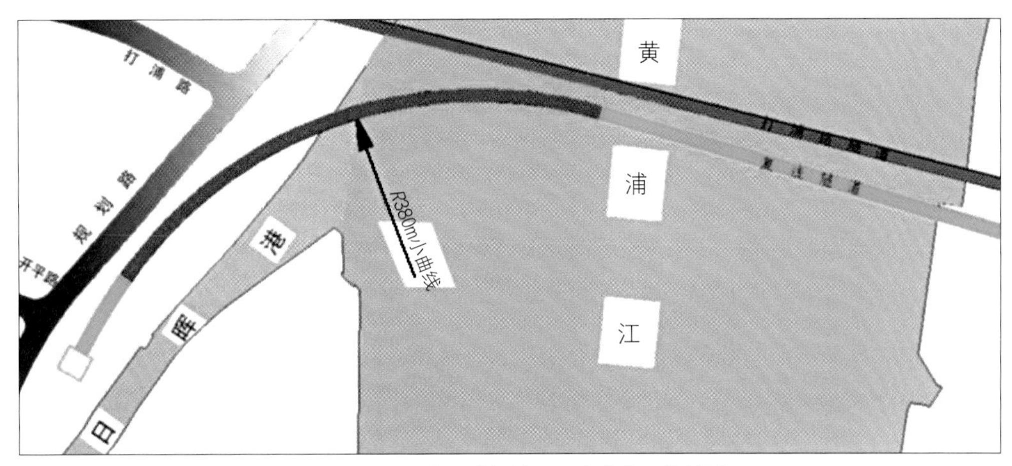


图3-2 打浦路隧道复线工程小曲线盾构推进

根据国家技术标准《盾构法隧道施工及验收规范》GB 50446—2017中的定义：地铁隧道平面曲线半径小于300m、其他隧道小于40*D*（*D*为盾构外径）的曲线为小半径曲线。上海典型隧道平曲线施工案例如表3-2所示，小半径曲线的施工案例多集中于地铁隧道建设中。

小半径曲线盾构隧道施工案例 表3-2

| 序号 | 工程名称 | 隧道外直径*D*（m） | 最小转弯半径*R*（m） | 小半径曲线判断 | 最小管片宽度（mm） | 管片类型与楔形量（mm） | 盾构是否有铰接 |
|---|---|---|---|---|---|---|---|
| 1 | 上海长江隧道 | 15 | 4000 | 非 | 2000 | 通用管片，40 | 无 |
| 2 | 上海上中路隧道 | 14.5 | 1000 | 非 | 2000 | 通用管片，40 | 无 |
| 3 | 迎宾三路隧道 | 13.95 | 730 | 非 | 2000 | 通用管片，40 | 无 |
| 4 | 复兴东路隧道 | 11 | 500 | 非 | 1500 | 左右转弯楔形环，直线环拟合，66 | 无 |
| 5 | 上海打浦路隧道复线工程 | 11 | 380 | 是 | 750 | 左右转弯楔形环，直线环 | 无 |

根据上海北横通道工程设计，隧道直径15.0m，转弯半径*R*=500m，建立如图3-3所示“直线段+转弯段”计算模型。模拟直线段与圆曲线段的组合曲线，使用ANSYS软件进行分析计算。盾构纵向千斤顶共分为19组，每组的最大推力约为10000kN，在小半径

曲线段，推力取为最大推力的80%，力的偏心距为5m。

在小半径曲线段选取“S”形曲线，曲线的半径$R$为500m，每段的线路长度为393m。计算模型的平面曲线如图3-4所示，采用ROBOT进行建模分析。计算模型如图3-5所示。

根据曲线拟合拼装的结果及上海地铁小半径曲线的施工经验，在小半径曲线区间采用较小的管片宽度，从而使管片的拼装更容易，也有利于减少管片碎裂和提高隧道的整体防水性能。管片楔形量应根据管片种类、管片宽度、外直径、曲线半径、盾尾间隙的大小而确定，大多数混凝土类管片的楔形量在75mm以内。在管片纵向拟合分析中，首先依据线路设计参数提出隧道的平曲线与竖曲线。通过排版模拟分析，若采用通用管片，管片宽度为1500mm、楔形量为70mm时可进行拼装，可适用于最小转弯半径约为350m的区间。

在采用小环宽时，单位长度范围内管片的环缝增多，增加隧道的漏水概率。当采用较大楔形量时，混凝土管片角部的锐角变小，更容易导致管片碎裂。在考虑过去使用实绩的基础上，提出采用管片宽度1500mm、楔形量70mm的管片，如图3-6所示。

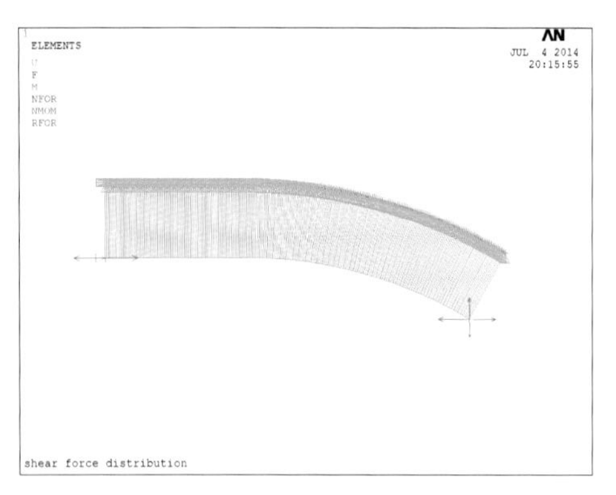


图3-3 小半径曲线隧道有限元模型

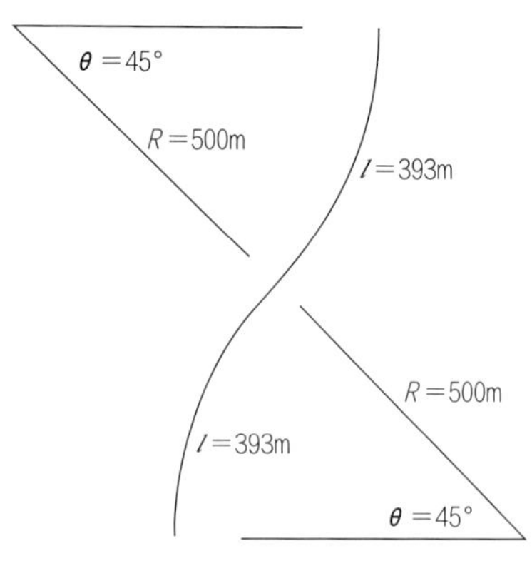


图3-4 “S”形曲线段

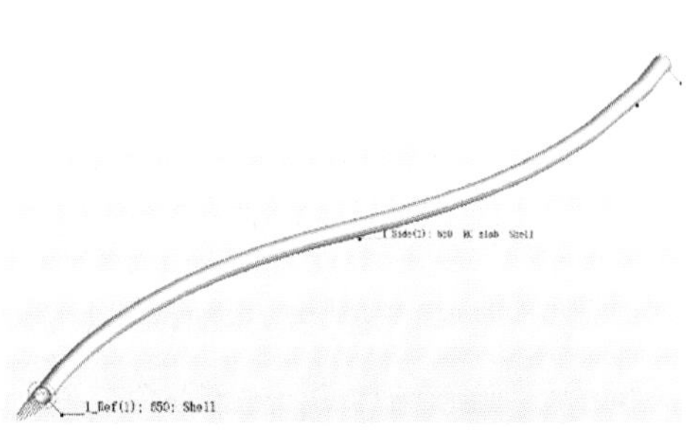

图3-5 “S”形曲线段的隧道模型

图3-6 小半径曲线拼装拟合（管片宽度1500mm，楔形量70mm）

## 3.3 超大直径盾构近距离穿越地铁设计与施工关键技术

轨道交通安全运营所允许铁轨、道床和隧道结构的变形很小。轨道结构的差异沉降控制值为2mm，隧道结构整体沉降的控制值为4mm，轨道高低和横向位移的控制值为2mm，轨距允许偏差为-2～4mm。在目前盾构隧道弹性橡胶密封垫的防水指标设计中，一般情况下当盾构隧道管片环间错台量与张开量超过6mm时，隧道防水功能失效，易出现漏水和漏砂情况。盾构隧道之间相互穿越的工程案例增多，有研究基于上海明珠二线地铁隧道穿越既有上海地铁2号线工程，分析了盾构施工对周围土体及构筑物的扰动影响机理，利用实测数据定量分析了穿越扰动影响和既有隧道对盾构施工参数的敏感性。其研究成果为：盾构穿越扰动影响以沉降变形为主，在盾构机推进过程中，隧道结构沉降变形呈上下波浪状变化，波浪峰值沿盾构机前进中线移动。

由于直径15m左右的大断面盾构隧道的推进对地层的扰动更大，这对既有轨交隧道的保护提出了新的挑战。

以上海北横通道为例，通道需要3次明挖上跨轨道交通盾构区间，2次下穿已建轨道交通区间，2次下穿规划中的轨道交通区间。在调查以往的盾构穿越施工案例中，以中等直径盾构隧道的相互穿越为主。针对北横通道盾构断面大（外径15m左右）、线路转弯半径小（最小转弯半径约500m）、中心城区地基条件较差、近距离穿越既有轨交和民房的环境变形控制难度大等特点，对地下快速路近距离穿（跨）越既有轨交隧道控制设计标准展开研究。

大直径盾构隧道穿越既有线路时，对地层的扰动在很大程度上影响着既有线路的安全性状。如何预测既有线路的允许变形值和评价在穿越工程的施工扰动下既有线路的安全性状，给出相应的控制指标，并对其进行安全分级以便采取相应的措施，将工程对地铁结构及运营的影响降低到地铁可以接受的范围内，对于大直径地下道路的建设显得尤为迫切和重要。

近距离穿越既有轨交隧道控制设计标准的确定直接关系到既有轨道交通线路的正常运营，同时也影响着北横通道隧道工程的施工安全、工期和工程造价。根据北横通道与既有轨交隧道的位置关系，分析北横通道施工过程中对既有轨交盾构隧道的影响范围，然后对穿越区间隧道的现状进行调查、评估，在考虑地铁隧道结构的允许承载力、设计允许变形基础上，提出中心城区大断面地下快速路近距离穿（跨）越既有轨交隧道变形控制标准；解决大断面盾构机掘进过程中对既有轨交隧道保护的指标控制问题，为大直径地下道路的设计提供依据。

在北横通道工程实施中，盾构穿越地铁11号线的过程可划分为三个阶段：第一阶段，盾构切口到达11号线投影范围前20m；第二阶段，盾体穿越11号线投影范围，从切口进入到盾尾离开（44m）；第三阶段，盾尾离开11号线投影范围到影响完全消失（30m）。盾构于2018年11月16日正式开始穿越，至2018年11月19日成功穿越地铁11号线保护区。本次穿越过程中，刀盘进入11号线投影范围前采用每天2.5～4环的速度推进，盾构机穿越11号线投影范围内采用每天5～7.5环的速度推进，盾尾离开11号线投影范围后采用每天3～6环的速度推进。地铁隧道结构隆沉情况：自盾构进入11号线影响范围内开始，距离穿越区域较近的上行线表现为下沉趋势，最大下沉量0.38mm，随着盾构继续推进，至隧道正下方时，11号线隧道开始抬升，随着盾构的一直推进，11号线上行线最大上抬9.60mm，随着推进距离上行线越来越远，上行线也随之开始下沉，下沉量达到3.02mm；下行线趋势与上行线趋势基本一致，下行线在推进过程中最大上抬量达到12.58mm，随着盾构机的远离，隧道结构逐渐开始下沉，最大下沉量2.20mm。地铁隧道结构收敛变形情况：在盾构推进过程中收敛变化表现为先增大后减小，穿越过程中上行线收敛值最大变化量为4.80mm，穿越后收敛值又减小为0.70mm；下行线穿越过程中收敛值最大变化量为6.40mm，穿越后收敛值又减小为1.10mm。在穿越过程中收敛数据变化比较明显。

穿越7号线实施情况为：盾构于2019年6月21日正式开始穿越，至2019年6月24日成功穿越地铁7号线保护区。自盾构刀盘进入7号线影响范围，距离穿越区域较近的上行线表现为上抬趋势，最大上抬量1.18mm；自盾构刀盘进入7号线正下方，7号线隧道开始下沉，最大下沉量2.08mm；根据监测数据，通过进一步优化注浆技术参数，7号线上行线开始上抬，最大上抬量6.80mm。随着盾构推进，盾尾脱出7号线正投影段，上行线开始下沉，并逐步趋于稳定，3个月后累计沉降量为0.80mm。下行线趋势与上行线趋势基本一致，下行线在推进过程中最大上抬量达到6.52mm，随着盾构推进，盾尾脱出7号线正投影段，下行线开始下沉，并逐步趋于稳定，最大下沉量1.55mm。穿越完成3个月后，上行线下沉最大值0.20mm，下行线下沉最大值2.10mm。在盾构推进过程中收敛变化表现为先增大后减小，穿越过程中上行线收敛值最大变化量为4.10mm，穿越后收敛值又减小为2.70mm；下行线穿越过程中收敛值最大变化量为5.00mm，穿越后收敛值变化较小，为5.10mm。次变化量均小于1.00mm，下行线累计变化量大于5.00mm。

## 3.4 超大直径盾构匝道非开挖设计与施工关键技术

随着世界人口不断增长并向城市迁移，一大批超大城市涌现，同时也有一大批新的问题出现。其中，城市核心区交通问题严重掣肘城市发展，影响城市环境，降低城市活力。早先，城市建设者们受限于技术手段，多采用高架快速路形式缓解交通压力。但该方法不仅影响城市的自然景观和人文景观，还会造成污染，降低居民的生活质量。城市地下快速路能够有效地解决交通需求问题，降低对景观和环境的影响，在新一轮城市更新与改造中受到建设者们的青睐。

巴黎是世界上最早规划地下道路系统的城市之一，但其区域性快速地下公路网（LASER）工程一直停留在规划阶段。20世纪末，波士顿中心城区采用新建地下快速路代替已有的中央大道高架，腾出大量用地用于改善城市环境。日本是较早采用地下快速路系统的国家，东京都多条地下快速路系统已投入运营，如新宿线、品川线等，成功缓解中心地区拥挤、污染等问题。

随着中国城镇化发展加速，城市核心区交通条件难以满足日益增长的出行需求。多座城市开始规划建设地下快速路，如上海CBD核心区地下井字形通道、南京快速内环、深圳前海地下道路等。

地下快速路通常需沿主线设置多个匝道与地面道路相接，服务重点区域的到发交通。匝道与主线隧道连接区域往往会成为制约项目的关键因素。地质条件较好的区域，采用全暗挖工法实现主线隧道、匝道隧道以及分合流处的施工。软土地区通常分别采用盾构法和明挖法施工主线隧道与匝道段，分合流处设置大型异形工作井。在城市中心区设置超大尺寸工作井，不仅阻隔地面交通、地下管线，还会对周边建（构）筑物产生较大影响。因此，有必要开展软土地区城市核心区盾构法地下快速路匝道非开挖技术的研究。

以上海地区的地质条件为例，该地区是典型的三角洲沉积平原，区内第四系覆盖层巨厚，地层主要由软黏性土与粉、砂性土组成，不同地区地层结构差异性明显，且承压水水头高，给地下空间开发利用带来诸多问题。上海地下快速路主线多采用大直径盾构法修建，在匝道分合流处设置超大异形工作井。为了满足地下道路相关规范要求，此类工作井占地面积和所需施工场地较大。例如，上海北横通道中山公园工作井位于上海市中山公园内，为北横通道主线中间过站井。工作井的平面尺寸为82m乘以25～34m，面积约为2000m²，周长约200m，如图3-7所示。上海地区典型土层及相关描述如表3-3所示。在上海中心城区寻觅大面积空地难度很大，施工工作井前还需进行拆迁、交通疏导、管线搬迁等工作，占用大量人力物力，制约项目推进。

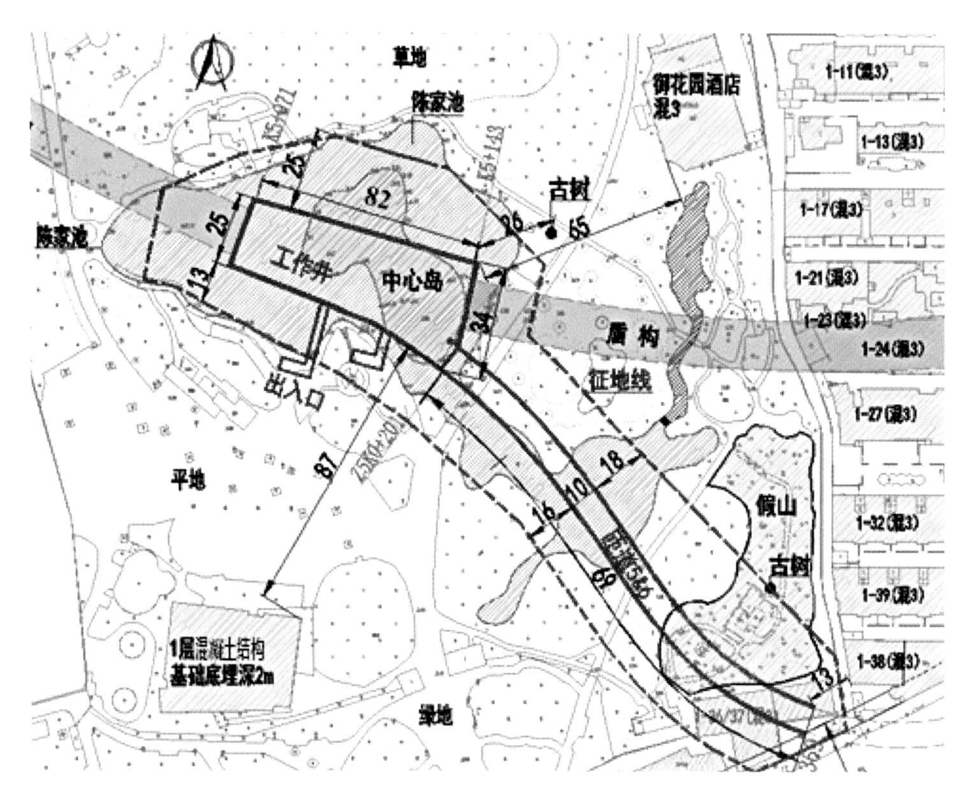


图3-7 中山公园工作井平面布置

以中山公园工作井为研究对象，若采用全暗挖方案或局部明挖方案取代现有异形工作井方案，可以有效降低明挖法的不利影响。另外，采用盾构法或顶管法代替明挖法，施工部分暗埋段匝道，可进一步压缩明挖施工比例，降低对地面交通、环境、管线的影响，实现绿色、低碳化建造。

上海地区典型土层　　表3-3

| 序号 | 土层名称 | 土层描述 |
|---|---|---|
| ①$_1$ | 填土 | 含砖块、碎石，局部地段为素填土，该层结构松散，均匀性较差 |
| ①$_2$ | 淤泥 | 土质差，含大量有机质腐殖物等，分布在水底 |

续表

| 序号 | 土层名称 | 土层描述 |
| --- | --- | --- |
| ②$_1$ | 褐黄～灰黄色黏土 | 含氧化铁斑点、铁锰质结核 |
| ②$_3$ | 黄～灰色砂质粉土 | 含云母，夹黏性土，土质不均，局部缺失 |
| ③ | 灰色淤泥质粉质黏土 | 含有机质，局部夹砂较多，土质不均 |
| ③$_T$ | 灰色砂质粉土 | 含云母，夹黏性土，土质不均，断续分布 |
| ④ | 灰色淤泥质黏土 | 夹薄层粉砂，含有机质 |
| ⑤$_1$ | 灰色粉质黏土 | 含有机质、腐殖物、钙结核 |
| ⑤$_{1T}$ | 灰色粉砂 | 土质不均匀，局部夹较多黏性土，仅局部出露 |
| ⑤$_3$ | 灰色粉质黏土夹粉砂 | 含有机质、腐殖物，局部夹粉砂较多，古河道分布 |
| ⑤$_{3T}$ | 灰色粉砂夹黏土 | 土质不均匀，局部夹较多黏性土，古河道分布，仅局部出露 |
| ⑤$_4$ | 灰绿色粉质黏土 | 含氧化铁斑点、铁锰质结核，古河道分布 |
| ⑥ | 暗绿色粉质黏土 | 含氧化铁斑点、铁锰质结核 |
| ⑦$_1$ | 草黄～灰色粉砂 | 含云母，夹薄层黏土 |
| ⑦$_{1T}$ | 灰色粉质黏土夹粉砂 | 土质不均，局部夹粉砂较多 |
| ⑦$_2$ | 草黄～灰色粉细砂 | 含石英、长石、云母等矿物，土质较均匀致密 |
| ⑧$_{1-1}$ | 灰色黏土 | 夹薄层粉砂，含有机质 |
| ⑧$_{1-2}$ | 灰色粉质黏土夹粉砂 | 含云母、腐殖物，具交错层理，局部夹粉砂较多，土质不均 |
| ⑧$_2$ | 灰色粉砂与粉质黏土互层 | 含云母、腐殖物，具交错层理，黏性土与砂互层，呈千层饼状，局部以黏性土为主 |

城市核心区大型地下道路附属设施体量大、功能复杂，设计方案中通常将其布置在匝道分合流处。若分合流处采用全暗挖方案（图3-8），单点难以实现附属功能，需另行开辟结构空间，施工难度大。图3-9所示局部暗挖方案中，沿隧道轴线平行设置小型明挖工作井，施工阶段作为暗挖作业场地，运营阶段作为附属设施布设区域，可满足地下道路所需的基本功能。

匝道分合流处局部暗挖方案相较于明挖方案，能够有效降低施工对交通、管线、环境的影响；相较于全暗挖方案，不削弱附属功能，且在软土地区施工难度较小。本节主要针对局部暗挖方案开展研究。以上海北横通道中山公园工作井作为研究对象，采用局部暗挖（小工作井+冻结暗挖）方案，替代现行超大异形工作井方案，如图3-10所示。

图3-8 分合流处全暗挖方案示意图

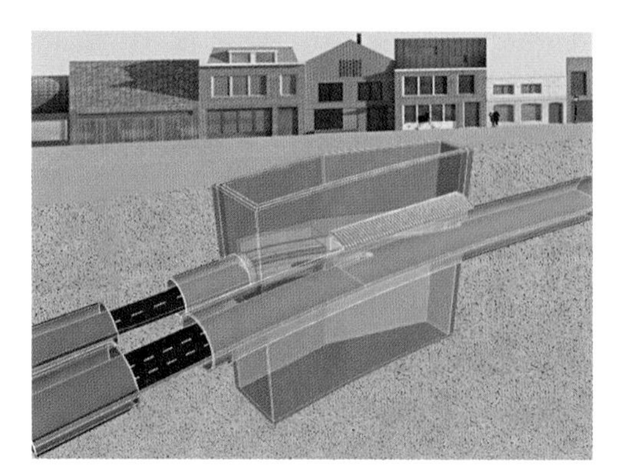
图3-9 分合流处局部暗挖方案示意图

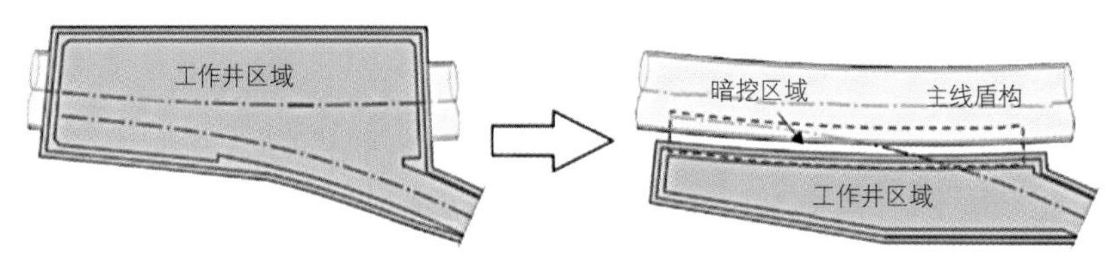

图3-10 上海北横通道中山公园工作井优化方案

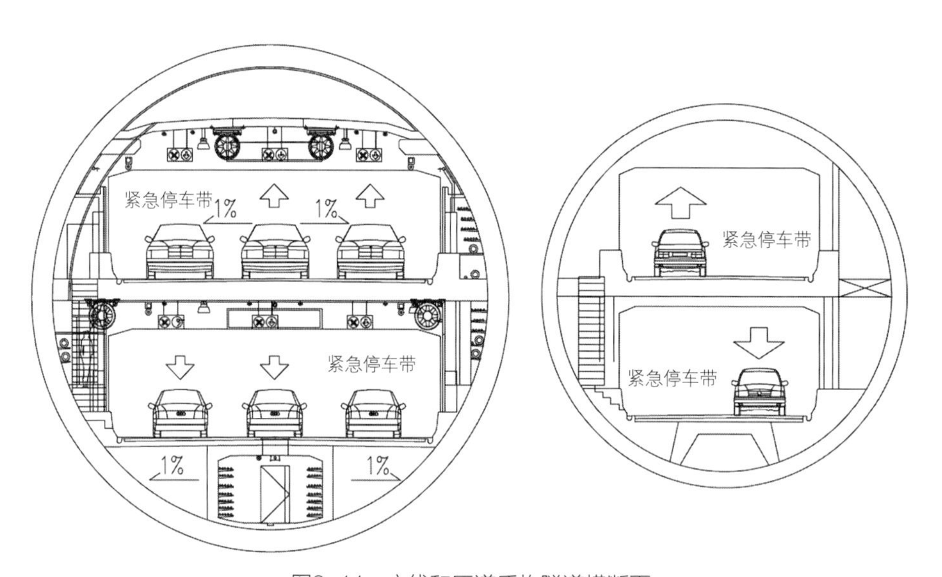

图3-11 主线和匝道盾构隧道横断面

另外，明挖暗埋段叠层匝道也可采用盾构法实施，进一步减少明挖区域。

局部暗挖方案中，采用盾构法施工15m外径主线隧道，双向6车道，上下叠层布置。匝道暗埋段拟推荐采用外径为11.36m的盾构施工，双向4车道，上下叠层布置（图3-11）。小工作井既需满足匝道分合流点接线段暗挖长度需求，又需满足匝道盾构施工需求，其平面尺寸约为77m乘以12～19m，面积约为1500m$^2$，具体如图3-12所示。

明挖工作井和主线盾构隧道结构近距离施工会相互影响，推荐先施工工作井后推进主线盾构。明挖工作井的一侧地下连续墙与主线隧道轴线平行。可采用水平全方位高压旋喷注浆MJS工法预先加固盾构开挖区域土体。主线盾构隧道在连接段区域内采用特殊的钢管片衬砌。

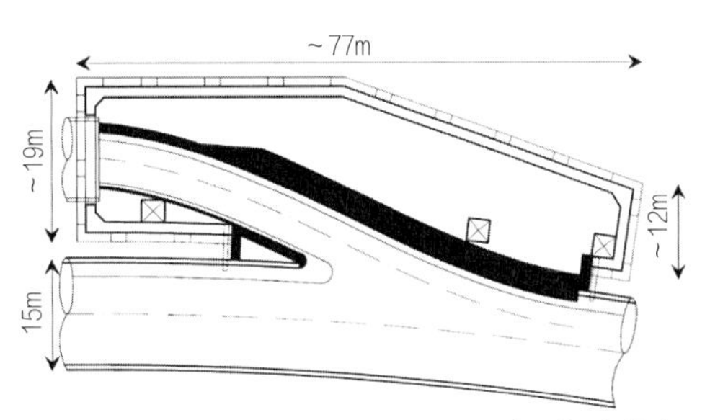

图3-12　局部暗挖工作井平面图（~指大约）

主线和匝道盾构隧道都采用上下叠层形式，且满足道路建筑限界要求，分合流处横截面结构净空不小于9m，如图3-13所示。

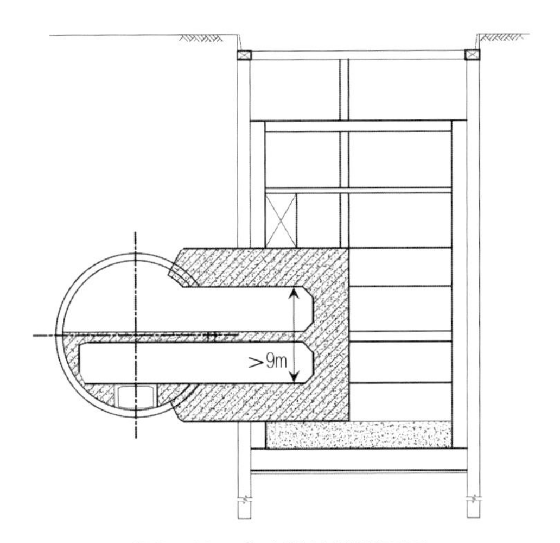

图3-13　分合流处横断面图

由表3-3可知，在主线盾构埋深范围内多为软黏土，天然强度偏低，含水量较高，采用暗挖工法需同时考虑承载要求和防水措施。上海地区暗挖预支护通常采用冻结法（AGF），如地铁旁通道施工，其具有加固强度高、水密性好、适应能力强、可控性好等优点。

相较于常规联络通道施工，局部暗挖法采用冻结法存在一些问题：①暗挖区域体量大（超过3000m$^3$），单一冻结圈的受力性能难以保障；②开挖全断面时间长，开挖热扰动影响冻土封水性能；③浅覆土、长时间冻结条件下，冻胀会改变主线盾构隧道、工作井的受力情况，影响结构安全。

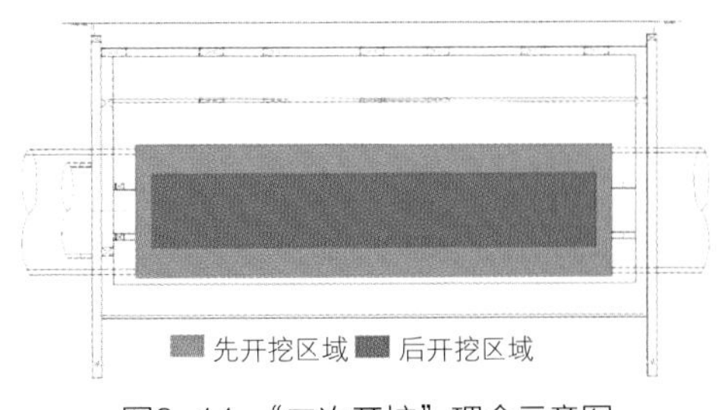

图3-14　“二次开挖”理念示意图

因此，本节提出“二次开挖”理念（图3-14），将暗挖区域分为两部分，其中外圈（浅灰色）为主体结构，内部范围（深灰色）为建筑限界空间和中间车道板区域。大体上施工步骤如下。

（1）利用冻结法开挖主体结构区域（即图3-14中先开挖区域）。

图3-15 山手隧道大桥交通枢纽分合流处示意图

（2）分步开挖、浇筑混凝土并预留与相邻区域连接工艺，最终建立主体板壳结构体系。

（3）开挖内部区域（即图3-14中后开挖区域），并及时形成内部墙柱。

（4）最后割除主线隧道侧部钢管片，实现主线隧道与匝道连通。

由于后开挖区域施工时外部主体板壳受力、防水体系已形成，可不借助其他预支护体系，有效缩短冻结持续时间，降低冻胀融沉的影响。

日本的地下工程建设处于世界领先水平，特别是长大地下道路领域。日本东京都中央环状线快速路系统中，已采用多种匝道分合流处的暗挖方案。其中，中央环状线大桥交通枢纽北连接线采用局部暗挖方案，如图3-15所示。主线盾构隧道（山手隧道）由两条外径12.65m的盾构隧道组成，在大桥交通枢纽区域为上下叠层形式，采用钢管片衬砌。山手隧道位于地面道路下方且在连接线建造前已投入运营，难以采用明挖方案施工。日本建设者提出在新宿线盾构单侧修建长度约250m、宽度为5～8m的明挖基坑，采用“逆作+暗挖”方案浇筑主体结构，形成分合流处结构空间。

与日本东京都中央环状线山手隧道大桥枢纽相比，上海北横通道的局部暗挖方案具有如下四点差异性。

（1）山手隧道上层埋深约25m，下层隧道最低点大致位于地下55m，位于上总层群泥岩中。该土层单轴抗压强度$q_u$为1800kN/m$^2$，变形模量$E_b$为190MN/m$^2$，远高于上海地区典型的黏土层。

（2）山手隧道上部存在相对不透水层，而上总层群泥岩含水量和渗透性都较低。上海地区土层含水量高，多层土体中含有承压水。

（3）山手隧道钢管片开口率越小，受力性能越好。北横通道采用单洞双层隧道，同时实现上下层匝道接入，侧向开口率高于山手隧道。

（4）山手隧道及其联络线都为双车道，在分合流处最大跨度约为17m。上海北横通道分合流处单跨长度最大为24m，结构受力性能更复杂。

# 3.5 矩形盾构法隧道技术

在隧道暗挖施工技术发展方面，圆形隧道结构由于受力以压弯为主、施工性能良好等优点，得到了大力发展。但随着地下空间资源的紧缺，对地下空间利用的再认识，暗挖矩形隧道施工技术必将得到更多应用与推广。矩形隧道具有如下显著优势。

（1）空间利用优势。圆形隧道与矩形隧道的面积对比概念如图3-16所示。根据地铁隧道A型车双线、公路隧道大型车双线、公路隧道小型车双线通车限界的需求，进行面积对比分析（图3-17～图3-19）。三种类型隧道的面积使用对比如图3-20所示，矩形断面所占用的面积比圆形隧道分别节约了34%、30%、45%。相比于双圆断面，矩形断面节约了35%左右（图3-21）。

（2）浅覆土施工优势。在同样使用面积的条件下，圆形隧道需要较大面积。为了满足隧道的抗浮需要，圆形隧道需要较大埋置深度。在目前提出的互通设计理念影响下，诸如地块之间地下车库的连通，需要隧道进行浅覆土施工。在地下二层车库的联络通道及过街通道工程中，隧道顶部的覆土厚度一般为3～4m，矩形盾构法隧道可很好地满足这些工程需求（图3-22）。

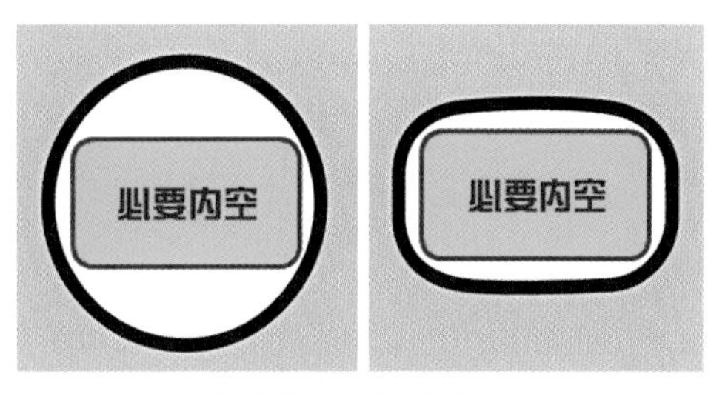

图3-16 圆形隧道与矩形隧道面积对比概念图

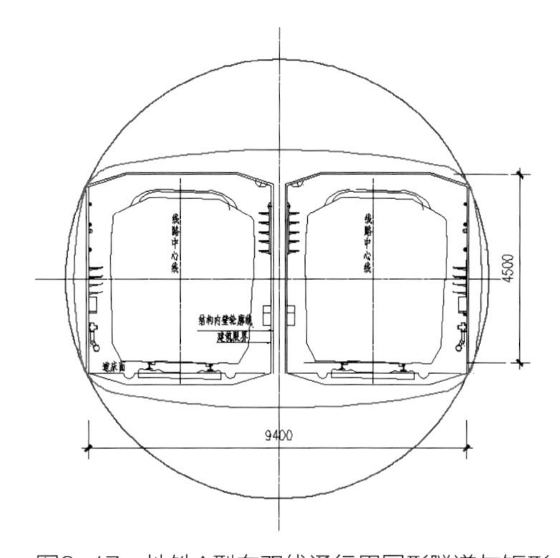

图3-17 地铁A型车双线通行用圆形隧道与矩形隧道所需尺寸对比（单位：mm）

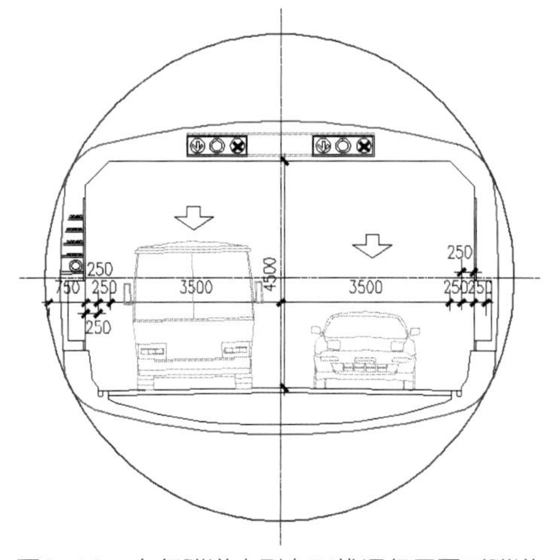

图3-18 车行隧道大型车双线通行用圆形隧道与矩形隧道所需尺寸对比（单位：mm）

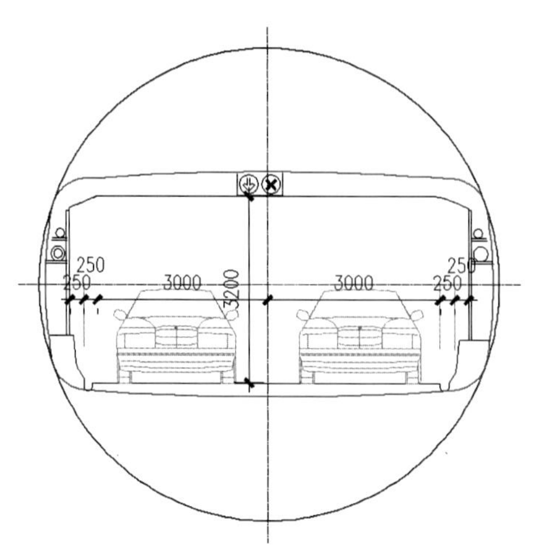


图3-19 车行隧道小型车双线通行用圆形隧道与矩形隧道所需尺寸对比（单位：mm）

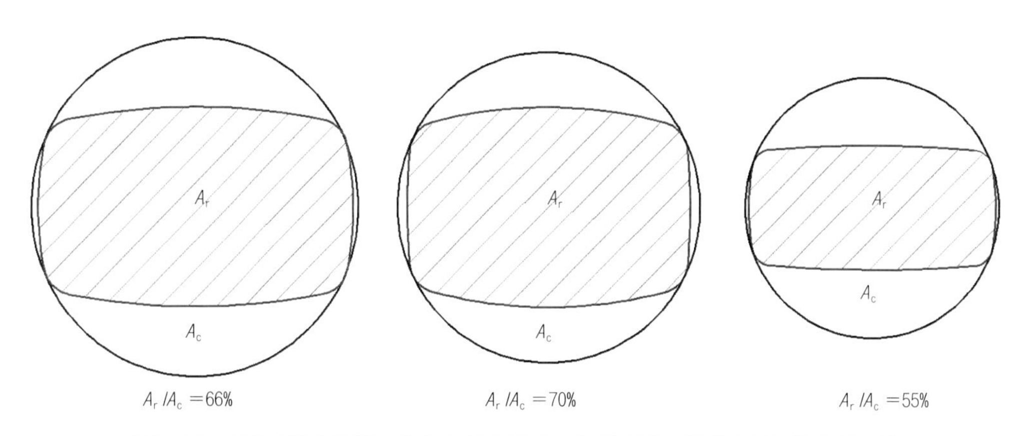


图3-20 地铁A型车双线、车行大型车双线、车行小型车双线专用通行面积对比

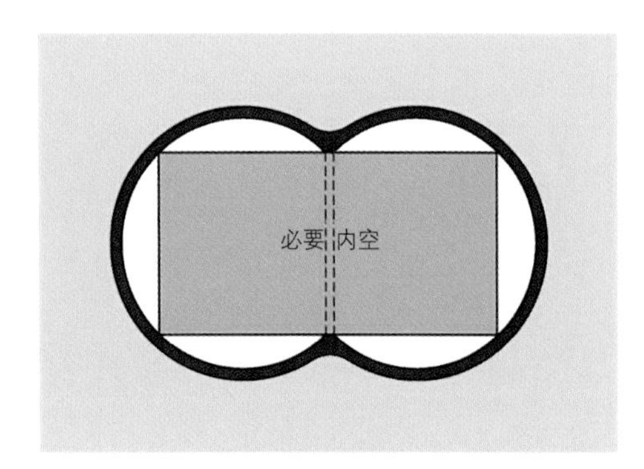


图3-21 矩形盾构隧道与双圆盾构隧道有效使用面积对比图

由于采用浅覆土施工，出入口的引道布置较短，两边工作井的深度降低，工程施工成本也降低。也有采用矩形盾构法实现无工作井盾构隧道施工的情况，如图3-23所示。

（3）施工环境友好的优势。相比于圆形断面，类矩形断面切削量小，排出泥浆体积小，对环境影响小，施工更为环保，能充分体现“资源节约，环境友好”的施

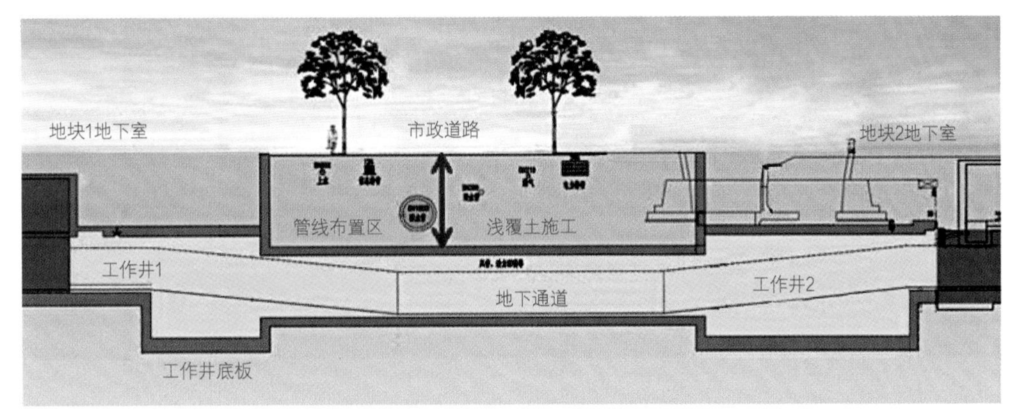

图3-22 地下通道浅覆土施工示意图

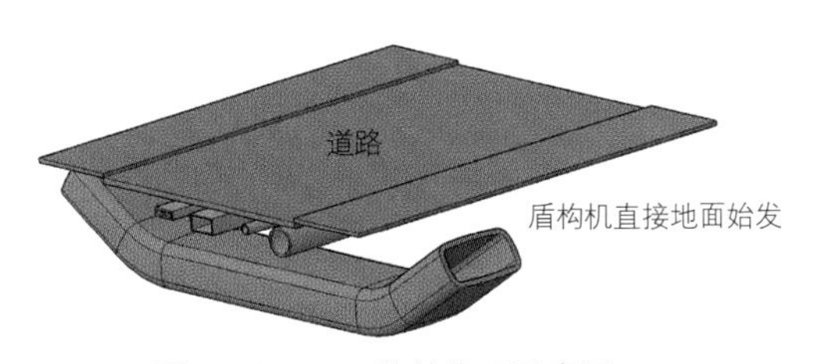

图3-23 无工作井施工示意图

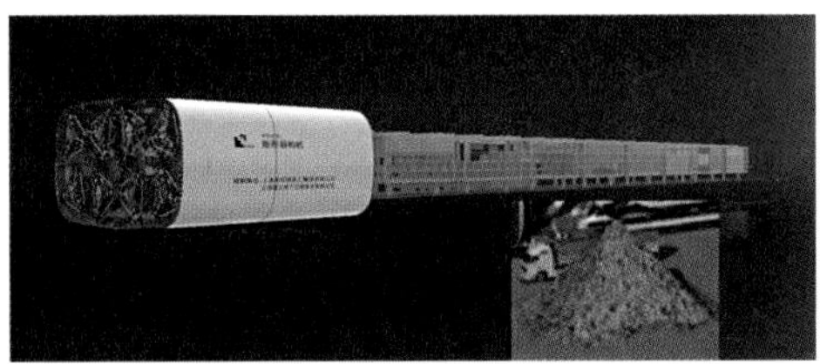
图3-24 矩形盾构开挖排土少

（a）盾构隧道衬砌

（b）顶管管节

图3-25 盾构隧道衬砌与顶管管节

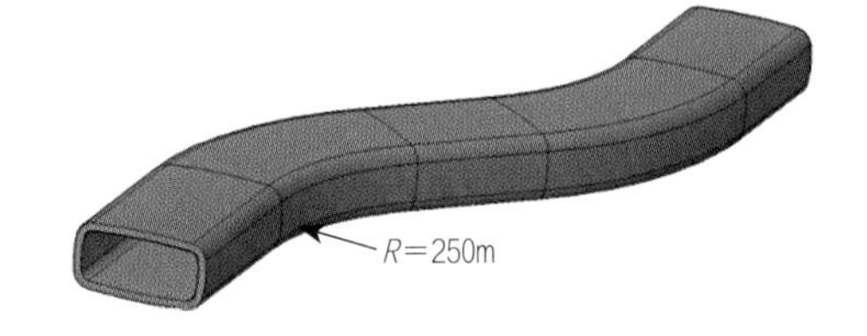

图3-26 急曲线施工的需求

工理念（图3-24）。

（4）易运输、易转弯的优势。矩形盾构法将衬砌由整化小，采用管片进行运输，减小了对道路交通的压力。矩形顶管法一般采用整体管节，在管节运输时需要占用多条车道，同时需要大型起吊设备。

盾构隧道的分块与顶管的整体管节对比如图3-25所示。顶管施工法采用管节逐个顶进的施工方式，无法完成急曲线的施工，而矩形盾构法可以很好地满足急曲线施工的工程需求（图3-26）。

（5）未来开发优势。地下空间资源是有限的，圆形断面的盾构隧道会占用过多的地下空间。矩形盾构隧道能为将来的地下开发预留更多空间，另外，浅覆土矩形盾构法隧道是地下空间资源有序开发、节约利用的必然途径，可在地下管线密集区域，以及有限的地下空间中实现穿越。如图3-27所示，当已有的圆形盾构隧道与上部管线之间的空间狭小时，采用矩形盾构法隧道可实现穿越。

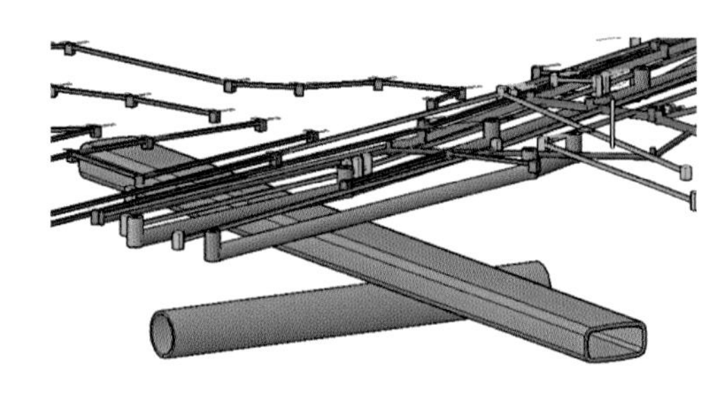

图3-27　地下管线密布区域施工

矩形盾构法隧道以其较高的断面使用率，较浅的安全埋置深度，较低的地下空间占用率，在“寸土寸金”的大城市具有显著的经济和社会效益，更能适应都市核心区大断面地下通道的施工要求，在城市建设中必将得到广泛应用。同时，矩形盾构法隧道也作为国内一种较新的施工方法，以其可长距离、曲线掘进的特点，填补了国内地下空间施工方法的空白，在诸如跨越路口、地下管线搬迁区域等特殊节点处理方面，表现出强大的生命力。

上海虹桥商务区核心区（一期）与中国博览会会展综合体地下人行通道工程（以下简称“会展通道”）位于虹桥商务区核心区与中国博览会会展综合体之间，东接虹桥商务区核心区（一期）地下空间中轴，西至中国博览会会展综合体东出入口，全长约693m，会展通道线路图如图3-28所示。

经综合考虑，该区段采用矩形盾构法进行施工。下穿嘉闵高架盾构段长度为

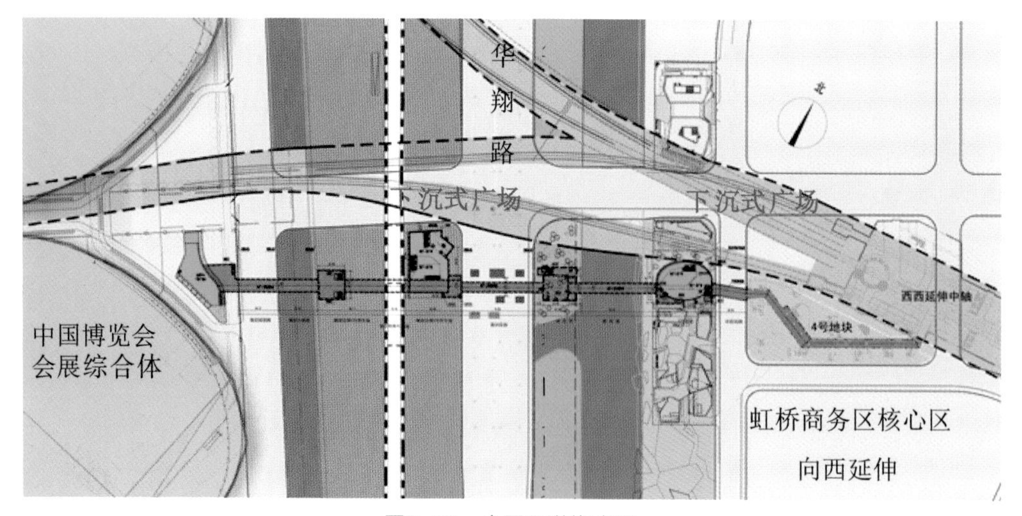


图3-28　会展通道线路图

83.95m，隧道内部净空尺寸宽为8.65m、高为3.85m，衬砌厚度为0.55m，与试验工程中所采用的断面尺寸相同。隧道平面图如图3-29所示。隧道的最大覆土厚度为8.00m，推进方向为由虹桥商务区推向中国博览会会展中心。目前已完成工程施工。

嘉闵高架桥墩桩基与矩形盾构法隧道平面位置关系如图3-30所示，穿越桥梁桩基区段，矩形盾构顶板埋深8.30~9.20m，矩形盾构侧墙距桩基中心4.50~6.30m。

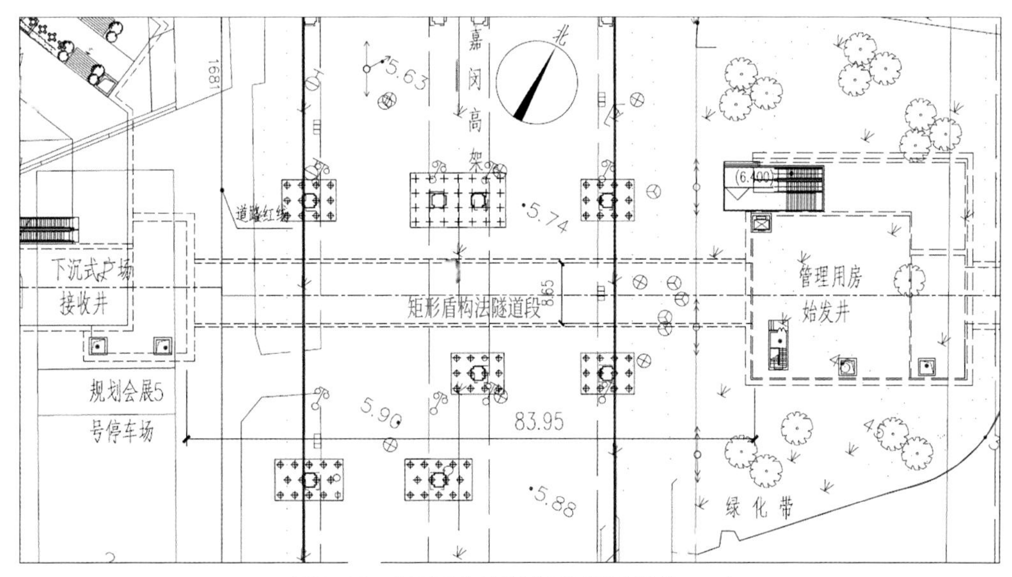


图3-29　矩形盾构法隧道平面图（单位：m）

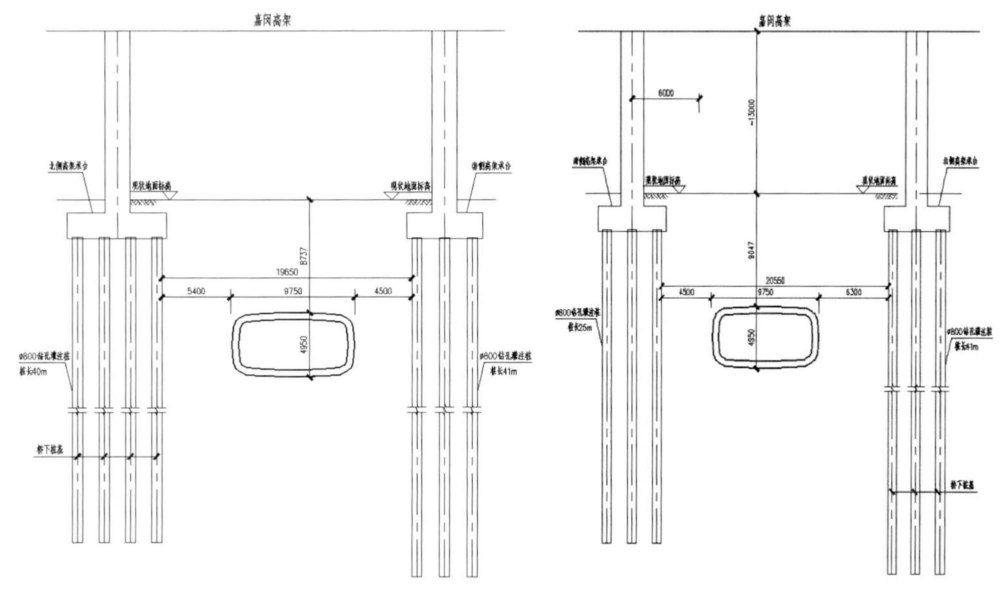


图3-30　隧道与嘉闵高架横向关系图（单位：mm）

## 3.6 地下道路预制拼装技术

### 3.6.1 概述

随着城市化的不断发展，地下结构工程逐年增多，如单建式地下车库、综合地下商业开发、隧道工程以及地铁车站等。与地上结构相比，地下结构在设计、施工中普遍存在造价较高、施工质量难以保证、对环境影响较大等问题。同时，在城市既有城区环境条件下挖掘和建设地下空间，既要不影响或少影响地面的正常使用功能，有效保护周边环境安全，又要具有文明、环保的施工现场，做到真正的快速绿色施工。

在此趋势下，地下工程工业化建造方面国内外也有了一定的研究和应用。目前应用预制装配式结构的地下工程主要有盾构法施工隧道、分节预制明挖隧道、预制拼装地铁车站及分节预制地下共同沟等。主要的技术手段有：先施工明挖法基坑，然后对主体结构采用预制装配式进行施工；采用预制地下连续墙的形式作为围护结构和内衬墙，顶板或中板采取现浇或预制装配施工；采取盾构推进、预制混凝土管片拼装施工等。从现有工程来看，这些技术主要集中在结构规模不大、构件容易标准化的领域，而在大空间地下工程中的应用并不多。在地下工程结构中，抗侧力构件占有很大比例。随着理论认识的不断深化和工厂预制技术的提高，预应力技术自20世纪70年代起逐步引入地下结构抗侧力构件中。该类构件由于采用了预应力工艺，在满足受力性能的前提下，很大程度上节省了钢筋用量，减小了截面尺寸，降低了结构自重，同时也降低了工程造价。由于是工厂化预制，一般预制构件接头处可设置凹凸接口并预埋止水材料，克服了现浇围护结构止水性能差的弱点。这类构件的使用克服了传统围护形式使用材料造价高、受力性能差、施工方式有限、成型后质量不稳定等缺点，耐腐蚀性显著提高。同时，一些实际工程的长期监测结果和较为成熟的施工工艺为预制装配式建筑的发展提供了充分的可行性保障。例如，1983年建成的天津南郊的一个预制装配整体式曝气池，安全运行至今，池壁及底板均未发生渗漏现象，底板也没有发生不均匀沉降变形。又如，盖挖下的预制装配式施工，采用预制连续墙的形式作为围护结构和内衬墙，结构盖板或中板可采取现浇也可采取装配方式，能够体现建筑工业化的意义；预制叠合墙板技术则将两层预制混凝土板与格构钢筋组装，格构钢筋作为拉结筋剪式支架，提高结构的整体性和抗剪性等。

目前的隧道工程，在盾构法、顶管法、沉管法隧道中，实现了较大程度的预制装配，而在明挖法、矿山法隧道中预制装配技术应用较少。从实际应用效果中可以看出，隧道工程采用预制装配式工艺具有以下意义。

（1）采用预制装配式工艺，有利于大幅度降低隧道工程建造过程中的能源资源消耗。相对于传统的隧道现浇施工，预制装配可达到节水、节省水泥、减少模板及台架使用量等效果，显著降低施工能耗。

（2）采用预制装配式工艺，有利于减少隧道施工造成的环境污染影响。传统隧道现浇施工工艺，存在着扬尘、噪声、废水等污染；而采用预制装配式工艺，隧道结构构件均由工厂完成，避免或减少了现场钢筋绑扎焊接、混凝土浇筑养护等过程，能够显著降低环境污染。

（3）提高劳动生产率、解决劳动力不足矛盾。目前中国基建领域劳动力供给下降趋势越发明显，现场工人老龄化情况愈发严重。采用预制装配式工艺，隧道施工现场劳动人员需求将大幅度降低，缓解劳动力不足矛盾；工程实践证明，采用预制装配式工艺，现场综合施工工期可缩短20%～30%，与原始施工工艺相比，生产效率明显提高。

（4）有利于显著提高工程质量和安全。以工厂式的工业化作业替代传统现场手工作业，由于预制件生产过程在工厂内完成，其管理精细化与生产机械化程度优于现场作业，既能确保隧道结构构件施工质量，大幅度减少地下工程质量通病，又能减少事故隐患，降低劳动者工作强度，提高施工安全性。

### 3.6.2　隧道工程预制拼装实践案例

预制装配式结构解决了工程中的速度、质量和效益问题，因此其应用也从地上结构逐渐扩展到地下结构。欧美和日本都在地下结构的装配式技术上有较大发展，预制技术已经被广泛应用在明挖法隧道、地铁车站结构以及其他地下结构中。

从国内外预制技术的发展现状看，隧道及地下工程的预制技术主要应用在盾构法施工的工程中。隧道结构预制技术已经有了一定发展，其带来的经济、技术效益也是明显的：①大幅度缩短工期；②构件工厂化预制，保证并且提高了结构质量，如强度、耐久性、防腐、防水等性能；③工厂化施工，为施工标准化、模式化提供了条件；④经济指标与现浇持平或者略有降低，体现在可采用高强度等级混凝土以减小结构厚度方面。

地下道路预制装配技术的系统化研究和应用相对较少，在厦门疏港路、成都磨子桥、上海武宁路等地的工程中都开展了相关研究及示范应用。

1）厦门疏港路预制拼装下穿隧道

疏港路下穿仙岳路通道工程位于厦门市（图3–31），工程范围全长1660m，是厦门市出岛的主要交通要道之一，地处城市核心区，周边人口密集，车流量大，东西两侧均无其他南北向市政道路，各种材料进场困难。

该工程首次在下穿隧道中采用大断面预制拼装技术，下穿隧道框架预制分单孔预制框架段和双孔预制框架段，均采用两块U形或M形加W形上下拼装，单孔纵向分块长度为3m，双孔纵向分块长度为2m，最大单块质量达到105t。纵向采用临时预应力（精轧螺纹钢）张拉，环缝用环氧树脂胶粘接，全段拼装完成后施加永久预应力；水平缝采用环氧树脂胶粘接以及预埋钢板焊接。该下穿通道的建成对缓解疏港路及仙岳路两条城市主干道的交通拥堵效果明显。

2）成都磨子桥隧道工程

成都市一环路磨子桥装配式下穿隧道起于科华北路西侧，终于红瓦寺街东侧，全长1280m，隧道包括西部地区首次尝试的130m建筑工业化预制装配式结构。采用双孔框架结构，外尺寸为22.3m×8.2m；框架结构纵向1.5m为一节段，水平向上、下分成两块，顶板为M形，底板为W形；水平接头同时设置精轧螺纹钢和抗剪钢筋，环向缝采用永久预应力结合环氧树脂胶粘接。成都市磨子桥隧道施工现场如图3-32所示。

图3-31 厦门疏港路隧道施工现场

图3-32 成都市磨子桥隧道施工现场

3）上海武宁路快速化改建工程

武宁路快速化改建工程位于上海市普陀区，西起大渡河路西侧，东至东新路，隧道为双向4～6车道断面，总长2.8km。该工程在预制装配示范段中采用了两种工艺模式：全预制拼装结构与叠合装配整体式结构。

全预制拼装结构段位于大渡河东侧的A04～A05段，总长45m，节段横断面尺寸为20.2m×6.65m，顶板覆土约2.3m，采用上、下水平分块形式，顶板为M形，底板为W

形，每环宽度为2m，单块构件最大高度为3.825m，单块构件最大质量约为140t（图3-33）。

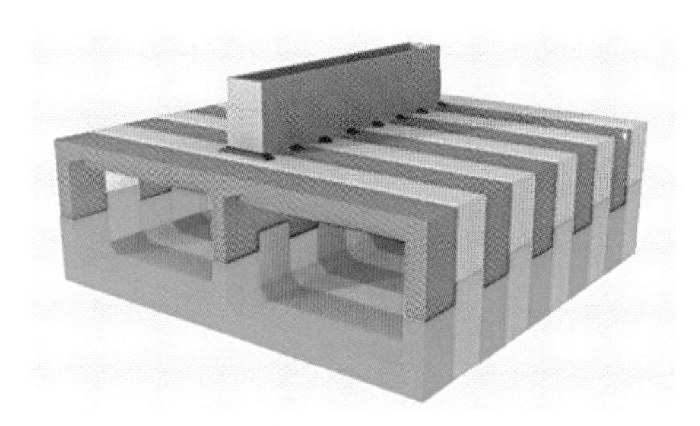

图3-33 全预制拼装地下道路结构

叠合装配整体式结构段位于中宁路匝道E02～E01节段，共207m。匝道结构净宽7.3m，暗埋段结构净高4.7m，埋深0～5.1m。敞开段采用现浇底板、单面叠合侧墙板的结构体系，暗埋段采用现浇底板、单面叠合侧墙板、单面叠合顶板的结构体系。

### 3.6.3 拓展方向

（1）需要加强预制装配式结构计算设计理论研究。隧道工程预制装配式结构可供借鉴的案例比较少，设计人员往往会基于现有规范，一律将预制装配式结构等同于现浇结构来分析，而仅从构造上体现“装配”的概念。这样设计的结果不仅在受力、变形上与实际情况有较大偏差，在承载力上由构造引起的构件有效截面的削弱使设计结果偏于不保守，而且由整体性的差异引起的沉降、裂缝等情况也将无法准确估计。同时，地下结构在特殊荷载与环境下，应采取怎样的构造措施以实现防水等要求，结构预制外墙如何控制温度作用下的拼接缝隙等，都是非常重要的问题。在建筑工业化大发展的前提下，预制装配式结构计算设计理论研究的发展就显得格外有必要。

（2）需要加强对预制装配式构件多样化、轻量化方向的研究。当前地下道路预制装配方案研究及实践主要包含双跨上下分块全预制装配式及叠合装配整体式。但由于隧道工程与预制装配技术相对成熟的地下管廊工程有着显著的结构差异，即隧道工程结构断面较地下管廊要庞大许多，采用大分块技术会对预制构件的加工、运输、拼装带来较大难度。加之对于软土地区的隧道工程，基坑围护结构的复杂性更加大了隧道预制装配的难度。因此，需要进一步开展单跨、多跨地下道路的预制装配式结构分块多样化、轻量化方向的研究，以适应复杂多变的环境、工期和造价等多方面的需求。

（3）需加强隧道预制装配配套机械及新材料的研发。预制装配式隧道结构的进步，离不开相关配套机械设备的发展。目前传统的机械设备在现阶段隧道预制装配施工中，未能充分发挥出本工艺所应有的速度与效率，也限制了预制装配式工艺整体效益的提升。另外，为了提高预制装配工业化水平，需要不断研发新材料、新工艺，来完善预制装配式隧道的防水、抗震能力，并提高工程的整体稳定性。

## 本章小结

本章聚焦地下道路建设中的结构设计与施工技术，对超大直径盾构隧道小半径转弯、近距离穿越轨道交通、匝道非开挖、矩形盾构法隧道、地下道路预制拼装技术等创新技术进行了总结，其中小半径转弯、近距离穿越、矩形盾构法隧道、地下道路预制拼装技术已进行了工程应用，匝道非开挖尚处于探索、研究阶段，代表着地下道路建设发展的新方向。

## 参考文献

[1] 陈馈，洪开荣，吴学松. 盾构施工技术［M］. 北京：人民交通出版社，2009.

[2] 堀地紀行. シールド工法における技術革新［J］. 基礎工. 2013，41（3）：12–16.

[3] 小泉淳. 盾构隧道管片设计［M］. 官林星，译. 北京：中国建筑工业出版社，2012.

[4] 日本盾构法隧道协会. 盾构法［Z］. 2012.

[5] NAKAMURA H, KUBOTA T, FURUKAWA M, et al. Unified construction of running track tunnel and crossover tunnel for subway by rectangular shape double track cross-section shield machine[J]. Tunnelling and underground space technology, 2003, 18: 253–262.

[6] 前田知就，大井和憲，蛭子延彦. 地上発進、地上到達シールドの施工［J］. 基礎工，2013，41（3）：39–45.

[7] 杨方勤，袁勇，张冠军. 矩形盾构隧道管片1：1三环结构试验前后数值模拟计算与分析［C］//地下工程施工与风险防范技术——2007第三届上海国际隧道工程研讨会文集. 2007.

[8] 古川義明，遠藤正明，橋場友則，等. 矩形シールド工法に関する一考察［C］//土木学会年次学術講演会講演概要Ⅲ. 1966.

[9] 小林正典，小泉淳，井口均. 矩形断面シールドトンネルの合理的セグメント形状に関する研究［C］//土木学会第48回年次学術講演会講演概要Ⅲ. 1994.

[10] 花房幸司，小林正典，藤田普，等. 矩形シールドトンネルの断面形状に関する研究［C］//土木学会第50回年次学術講演会講演概要Ⅲ. 1996.

[11] 大西元，花房幸司，小林正典，等. 異形断面トンネルの合理的設計法に関する実験的研究［C］//土木学会第51回年次学術講演会講演概要Ⅲ. 1997.

[12] 中村浩，中川嘉博，岡本直久. 大断面矩形シールドの実用化検討 [G] //トンネル工学研究論文報告集. 2011.

[13] 俞玉寅. 国内首创——二次抛物线型下承式矩形钢管混凝土拱桥的施工 [J]. 建筑施工，2002 (2): 122-123.

[14] 夏培秀. 钢板夹芯混凝土组合梁力学性能与破坏机理研究 [D]. 哈尔滨：哈尔滨工程大学，2012.

[15] 洪伯潜. 约束混凝土结构在井筒支护中的研究和应用 [J]. 煤炭学报，2000，25 (2): 150-154.

[16] BOWERMAN H，CHAPMAN J C. Bi-Steel steel–concrete–steel sandwich construction[G] //American Society of Civil Engineers. Composite construction in steel and concrete Ⅳ. 2002.

[17] 高云，石启印，李爱群，等. 新型外包钢—混凝土组合梁受扭的非线性有限元分析 [J]. 混凝土，2008 (6): 32-35.

[18] 伍忠林. 矩形钢管混凝土桁架拱桥及其静力性能分析 [D]. 西安：长安大学，2011.

# 4

# 城市地下道路防灾创新技术

# 4.1 地下道路灾害类型

城市地下道路多穿越中心城区，与城市路网联动密切，交通容易拥堵。地下道路环境封闭，救援困难，灾害容易造成较大的人员及财产损失。因此，城市地下道路发生灾害对工程本身和地面道路网都会产生广泛影响。城市地下道路具有隧道、地下、道路交通、市政公用的属性，其防灾研究建立在城市道路隧道、公路隧道、地下空间、交通建筑、市政公用等设施的相关研究基础上。

城市地下道路的防灾是城市交通综合网络防灾的重要组成部分，可能发生的灾害包括车辆事故、火灾、水灾、雨雪极端气候、地震、结构破坏、战争、恐怖袭击等。其中，车辆事故、火灾、水灾、人为破坏是发生频次较高的类型。

日本收集的1970～1990年国内国际的地下空间实施和运营期间的灾害事故案例分析，如表4-1所示，其中地下空间内火灾是灾害事故中占比最大的灾害事故类型。

1970～1990年国际及日本国内地下空间灾害事故对比表　　表4-1

| 灾害类别 | 火灾 | 空气污染 | 施工事故 | 爆炸事故 | 交通事故 | 水灾 | 犯罪行为 | 地表沉陷 | 结构损坏 | 水电供应 | 地震 | 雪或冰 | 雷击事故 | 其他 | 合计 |
|---|---|---|---|---|---|---|---|---|---|---|---|---|---|---|---|
| 发生次数 国内 | 191 | 122 | 101 | 35 | 32 | 25 | 17 | 14 | 11 | 10 | 3 | 2 | 1 | 72 | 636 |
| 发生次数 国外 | 270 | 138 | 115 | 71 | 32 | 28 | 31 | 16 | 12 | 111 | 7 | 2 | 2 | 74 | 909 |

英国《道路桥梁设计手册》较为全面地提出道路隧道的灾害包括隧道及其接线道路的四大类灾害，即车辆、设备、各种人为和环境原因、气候所带来的灾害（表4-2）。

国内公路隧道的相关研究提出灾害的七种形态：①结构病害，包括渗漏水、衬砌裂损、衬砌腐蚀等；②交通事故，包括追尾、撞壁、翻车、失火等；③隧道火灾，包括车辆火灾、碰撞火灾、货物火灾等；④危险化学品泄漏；⑤交通拥堵，包括常发性、偶发性拥堵；⑥抛物，包括主动、被动抛物；⑦自然灾害事故。

英国规范中道路隧道灾害类型表 表4-2

| 车辆相关的事故 | 设备相关的事故 | 各种人为和环境原因 | 气候条件 |
| --- | --- | --- | --- |
| ·传统燃油车或其他类型车辆着火<br>·车辆碰撞事故<br>·逆向行驶<br>·车辆抛锚<br>·超载<br>·阻塞 | ·电力供应失效<br>·照明系统失效<br>·通风系统失效<br>·排水系统失效<br>·固定消防系统误喷<br>·通信系统失效<br>·交通信号机信息系统失效<br>·视频监控（CCTV）系统失效<br>·电话系统失效 | ·抛物<br>·危险品渗漏<br>·隧道内行人<br>·隧道内动物<br>·水淹<br>·出入口处岩石坠落、滑坡<br>·不明物件<br>·恐怖袭击及网络袭击 | ·雾<br>·大风<br>·冰或雪<br>·暴雨<br>·眩光（东西向道路）<br>·气候变化和极端性气候 |

我国《市政公用工程设计文件编制深度规定》中要求隧道工程对防灾救援需进行专门设计，内容包括：①防灾救援标准及组织体系；②火灾工况下防灾措施及救援方案；③水灾工况下防灾措施及救援方案；④恐怖袭击工况下防灾措施与救援方案；⑤其他（如防空要求）。

在国内城市地下道路的长期建设运营过程中，对其主要灾害类型已形成一定的认识。

（1）运营期间车辆事故是发生最多的灾害，火灾、水淹也是发生频次较多的灾害类型。其他灾害也多引发火灾、水淹，车辆事故往往引发火灾，雨雪极端气候也可能导致水淹。

（2）日常运营中车辆事故、火灾、水淹、人为破坏、危险品车辆是重要的防控对象。对于危险品车辆，由于城市路网的选择比较多，地下道路通常限制或禁止通行。

（3）根据地域和工程差异，地震、结构损坏也是主要的防控对象。

## 4.2 基于风险的防灾体系

防灾设防目标是以人为本，确保工程安全，并在可能的条件下降低经济、社会影响。为实现地下道路、隧道工程的防灾设防安全，国际、国内普遍依据风险控制理论，通过风险评估识别、分析、评估风险目标，制定及实施对应的风险管理措施。

世界道路协会提出用于实现道路隧道安全系统的框架性要素，在隧道安全评估中应用这些要素，能兼顾所有类型的隧道以及不同特征的隧道，并提出合适的安全措施。这些措施落实到具体的防灾系统设计与实施中深化为两个部分。

1）普适性的最低安全设施标准

最低安全设施标准建立在多个工程的风险评估、长期工程经验、专项实验研究的基础上，通用性很强。国际、国内一般的地下道路满足这一部分要求即可实现基本安全。

最低安全设施的标准，如欧盟的《2004/54/EC指令性文件：穿越欧盟国家隧道的最低安全需求》，日本的《道路隧道紧急情况用设施设置基准及说明》，我国的《建筑设计防火规范》GB 50016—2014。

2）针对工程个性进行安全风险评估

各国建立自己的最低安全设施标准之后，安全风险评估则更多地针对工程个性特点，全过程动态控制风险。总体性的评估可以建立防灾安全框架，专项评估可以控制重大灾害风险。对于系统型地下道路、地下车库联络道、地下道路网络等新型地下道路，需要同时应用两部分技术手段。

安全风险评估的标准，如我国的《公路桥梁和隧道工程设计安全风险评估指南（试行）》，英国《道路桥梁设计手册》所指定的评估方法RTSR SI 2007/1520［Ref 37.N］。

### 4.2.1 安全风险评估技术

世界道路协会提出通用性的安全风险评估（risk assessment）流程，包括风险分析（risk analysis）、风险评价（risk evaluation）及风险控制（planning of safety measure）。

（1）风险分析：分析风险源所能导致的风险事件（原因、发生发展的情况、人和物的损失），通过定量和定性的方法对风险事故进行概率分析和后果分析。常用的方法包括两种。一种是基于系统的方法，研究所有影响风险的相关场景，通过定量分析产生整个系统的风险指标，适用于工程整体安全系统构建。另一种是基于场景的方法，单独场景单独分析，适用于针对某个工程的某个特定灾害发生时分析。

（2）风险评价：对工程风险进行分级、灾害评定；明确安全标准，根据标准确定风险是否可以接受。

（3）风险控制：专项针对高风险问题采取降低风险的措施，使风险在可接受范围内。

国际、国内的地下道路安全风险评估流程，具体评估细项划分所属的流程阶段有不一致之处，但内容基本一致（图4-1）。

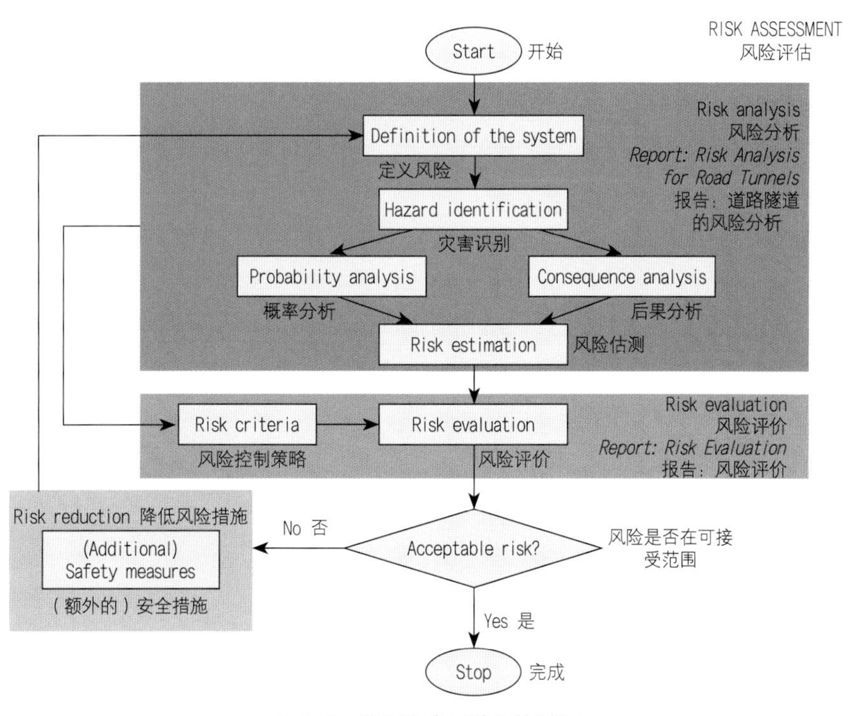


图4-1 典型安全风险评估过程

评估方法常见的有：①基于知识的分析方法，如专家调查法、工程现场调查法、安全检查表法等；②基于模型的智能风险分析方法，如神经网络模型、支持向量机算法、贝叶斯网络模型等；③定性风险分析方法，如专家评估法、故障树分析法、失效模式与影响分析等；④定量风险分析方法，如模糊综合评判法、层次分析法、蒙特卡罗法、主成分分析法等。

我国公路隧道工程规范参考国际隧道协会的风险等级分类，将设计安全风险等级分为Ⅰ～Ⅳ四个级别。风险发生概率等级分为1～5级（表4-3），风险损失也可以按照人员伤亡、经济损失等多种衡量依据分为1～5级（表4-4）。结合风险发生概率和风险损失，判定设计安全风险等级。根据风险等级采取相应的风险控制措施，设计主动降低风险，达到控制风险的目的（表4-5）。城市地下道路在风险控制方面没有相应的规范，一般参考公路隧道的评估方法。

风险发生概率等级判定标准表　表4-3

| 等级 | 定量判定标准（概率区间） | 定性判定标准 |
|---|---|---|
| 1 | $P_f < 0.0003$ | 几乎不可能发生 |
| 2 | $0.0003 \leqslant P_f < 0.003$ | 很少发生 |
| 3 | $0.003 \leqslant P_f < 0.03$ | 偶尔发生 |
| 4 | $0.03 \leqslant P_f < 0.3$ | 可能发生 |
| 5 | $P_f \geqslant 0.3$ | 频繁发生 |

注：$P_f$为概率值，当概率值难以取得时，可用年发生频率代替。

风险损失等级判定标准表　表4-4

| 等级 | 人员伤亡等级判定标准 | 经济损失等级判定标准 | 环境影响等级判定标准 |
|---|---|---|---|
| 1 | 重伤人数5人以下 | 经济损失500万元以下 | 涉及范围很小，无群体影响，需紧急转移安置人数50人以下 |
| 2 | 3人以下死亡（含失踪）或5人以上、10人以下重伤 | 经济损失500万元以上、1000万元以下 | 涉及范围很小，一般无群体影响，需紧急转移安置人数50人以上、100人以下 |
| 3 | 3人以上、10人以下死亡（含失踪）或10人以上、50人以下重伤 | 经济损失1000万元以上、5000万元以下 | 涉及范围大，区域正常经济、社会活动受影响，需紧急转移安置人数100人以上、500人以下 |
| 4 | 10人以上、30人以下死亡（含失踪）或50人以上、100人以下重伤 | 经济损失5000万元以上、1亿元以下 | 涉及范围大，区域生态功能部分丧失，需紧急转移安置人数500人以上、1000人以下 |
| 5 | 30人以上死亡（含失踪）或100人以上重伤 | 经济损失1亿元以上 | 涉及范围非常大，区域周边生态功能严重丧失，需紧急转移安置人数1000人以上，正常经济、社会活动受到严重影响 |

设计安全风险等级要求　表4-5

| 风险等级 | 要求 |
|---|---|
| Ⅰ | 风险水平可以接受，当前应对措施有效，不必采取额外技术、管理方面的预防措施 |
| Ⅱ | 风险水平有条件接受，工程有进一步实施预防措施以提升安全性的必要 |
| Ⅲ | 风险水平有条件接受，必须实施削减风险的应对措施，并需要准备应急计划 |
| Ⅳ | 风险水平不可接受，必须采取有效应对措施将风险等级降低到Ⅲ级以下水平；如果应对措施的代价超出项目法人（业主）的承受能力，则更换方案或放弃项目执行 |

续表

| 风险发生概率 | 风险损失 | | | | |
|---|---|---|---|---|---|
| | 1 | 2 | 3 | 4 | 5 |
| 1 | Ⅰ | Ⅰ | Ⅱ | Ⅱ | Ⅲ |
| 2 | Ⅰ | Ⅱ | Ⅱ | Ⅲ | Ⅲ |
| 3 | Ⅱ | Ⅱ | Ⅲ | Ⅲ | Ⅳ |
| 4 | Ⅱ | Ⅲ | Ⅲ | Ⅳ | Ⅳ |
| 5 | Ⅲ | Ⅲ | Ⅳ | Ⅳ | Ⅳ |

注：参考国际隧道协会发布的*Guidelines for Tunnelling Risk Management*。

欧洲隧道防火计划（UPTUN）进一步建立了安全措施集合，针对灾害风险源，在防灾（prevention）、减灾（correct）、救灾（repression）过程中选择合适安全措施。安全措施集合包含安全系统预防、机电设备、结构、疏散、应急等九大系统安全措施，每个系统内分别包括了车、人、设备设施、行动相关的措施，共110项，如表4–6所示。

### 4.2.2 国际最低安全设施标准

地下道路的防灾系统最低标准是针对某一种或某几种主要灾害类型，兼顾到“安全”的四个组成部分（①隧道安全设计及实施；②运营安全制度及实施；③应急响应程序及设施；④隧道使用者培训与教育）的具体措施。措施涵盖了安全影响领域范围内的车辆、司乘人员、运管人员、基础设施。措施是在理论研究、实验验证、演习验证及长期运行验证后，耐久经济、管养方便、防灾确实有效的设施设备和应急流程。

日本2001年10月发布了《道路隧道紧急情况用设施设置基准及说明》，从应急角度将设施分为四类：①报警；②灭火；③疏散及引导；④其他配合设备系统设施。

2004年由挪威公共道路管理局（Norwegian Public Roads Administration）发布的《道路隧道手册》提出了配合隧道分类的安全设备共18种。挪威的公路山岭隧道居多，分类针对货运车辆标准更高，如允许双向行驶、设置紧急停车区等。

欧盟2005年跨欧隧道最低安全标准以交通量2000pcu/车道及隧道封闭段长度500m、1000m、3000m为划分标准，分为五级，从土建、照明、通风、应急站、给水、道路、标识、控制中心、监控系统、隧道关闭设备、通信系统、应急电源、消防设备共13个方面配置安全措施。

UPTUN安全措施集　　表4-6

| A预防性因素 | B监控系统 | C水消防系统 | E照明系统 |
|---|---|---|---|
| （1）降低车速<br>（2）车速控制<br>（3）车辆之间的间距控制<br>（4）禁止变道或超车<br>（5）隧道直线或弯曲的线形<br>（6）车道坡度<br>（7）声学效果标记<br>（8）道路表面（摩擦系数）<br>（9）结构定期检查<br>（10）设备定期检查<br>（11）设备维护<br>（12）车辆尺寸限制<br>（13）禁止危险品（固体或液体）车辆<br>（14）通行危险品车辆的管养训练<br>（15）通行高燃烧值材料运输车辆的管养训练<br>（16）危险品车辆护送<br>（17）超尺寸车辆护送<br>（18）卡车限制车道通行<br>（19）道口检查<br>（20）超重车辆指标 | （1）值班人员<br>（2）隧道控制室<br>（3）CCTV系统<br>以下为交通监控<br>（4）车辆计数线圈<br>（5）磁线圈<br>（6）自动事件监测<br>（7）车辆自动识别<br>（8）雷达<br>（9）分区音频拾音器<br>以下为烟、火监控<br>（10）红外技术<br>（11）紫外线火焰探测器<br>（12）高温传感器<br>（13）热敏感电缆<br>（14）光纤技术<br>以下为环境监控<br>（15）有毒气体传感器<br>（16）风速传感器<br>（17）湿度计<br>（18）动态关联系统 | （1）给水立管<br>（2）给水口<br>（3）喷头、龙头<br>（4）固定式灭火设施<br>（5）气体灭火器<br>（6）干粉灭火器<br>（7）泡沫灭火器<br>（8）水灭火系统<br>（9）水喷雾灭火系统<br>（10）给水<br>（11）消防队<br>（12）道路两侧排水沟<br>（13）横截沟<br>（14）防爆排水泵<br>**D通风系统**<br>（1）纵向通风<br>（2）横向通风<br>（3）半横向通风<br>（4）排烟系统<br>（5）固定百叶排烟窗<br>（6）风速计<br>（7）维持烟气分层的系统 | （1）反通量照明<br>（2）照明区（遮光区、过渡区、安全区）<br>（3）墙壁涂料<br>（4）墙面板<br>（5）逃生路线上的照明<br>（6）应急照明<br>（7）线性圈定系统<br>（8）道路光电标识<br>（9）光管导向器 |
| **F通信系统** | **G疏散系统和疏散流程** | **H结构** | **I应急基础设施** |
| （1）声音警报<br>（2）紧急电话<br>（3）消防报警按钮<br>（4）高频无线电通信<br>（5）电台重复播报<br>（6）特定广播频道<br>（7）CB无线电拾音器天线<br>（8）独立电源供应<br>（9）手机信号<br>（10）扬声器<br>（11）对讲机系统<br>（12）可变信息面板<br>（13）净高标志<br>（14）红绿灯 | （1）隧道管理方的应急预案<br>（2）操作程序<br>（3）定期演习<br>（4）应急车辆（含装备）<br>（5）声音、视觉和触觉指示<br>（6）紧急出口<br>（7）防火门<br>（8）车道禁止进入的自动系统<br>（9）应急障碍<br>（10）柔性障碍<br>（11）故障的管理<br>（12）充气的障碍<br>（13）水障碍 | （1）防烟构件<br>（2）耐高温材料、部件和结构<br>（3）防火材料、部件和结构<br>（4）防爆材料、元件和结构<br>（5）路面（无渗水）<br>（6）隧道平纵<br>（7）旁通道<br>（8）安全港<br>（9）排烟井<br>（10）钢筋混凝土结构的防火表面 | （1）就近的医院<br>（2）应急救援活动展开场地<br>（3）可供选择的应急救援路径<br>（4）直升机救援区<br>（5）隧道口的临时停车位 |

美国消防协会标准502—2017提出道路隧道防火的最低设施标准，隧道按照长度（$l$）分为X（$l$<90m）、A（90m≤$l$<240m）、B（240m≤$l$<300m）、C（300m≤$l$<1000m）、D（$l$≥1km）5个等级。分为9类设施：①结构构件防火；②火灾探测报警；③应急通信；④交通管制；⑤水消防系统；⑥疏散系统；⑦应急照明系统；⑧设计前的分析工作；⑨运营前做好应急预案。其中⑧和⑨也作为必要配置。

英国《道路桥梁设计手册》提出隧道分为AA、A、B、C、D五个等级，隧道常用的、基本的安全设施分为五类：①通信和报警设备；②火灾报警和灭火设备；③照明和信号；④停车、掉头和逃生设施；⑤排水设施。

世界道路协会提出防灾系统由防灾、减灾、救灾三方面措施组成，并提出相对应的防灾设施和运管措施28项（表4-7）。

世界防灾设施和运管措施　表4-7

| 方面 | 措施 |
|---|---|
| prevention 防灾 | reduced speed limits 车速限制<br>prohibited lane changing and overtaking禁止变道和超车<br>road surface（friction）道路表面（摩擦系数）<br>lighting zones：adaptation，current and safety照明区域：适应性、流量和安全<br>walls coatings and panels侧墙装饰<br>variable message panels多种信息板 |
| mitigation 减灾 | automatic incident detection交通事故监测<br>heat sensitive cables 温度探测光纤<br>toxic gases sensors 有毒气体监测<br>emergency lighting at kerb level防撞侧石上的应急照明<br>alarm sounders声音报警<br>emergency telephones 应急电话<br>cellular phone signal 手机通信信号<br>loudspeakers扬声器<br>tunnel authorities emergency plan应急预案<br>audio, visual and tactile channels电台、电视频道<br>automatic traffic control systems 自动交通控制系统<br>high temperature fires, explosion-resistant components 阻止火灾高温、爆炸的措施<br>road surface（non-porous）道路表面（非透水）<br>safe havens避难安全区<br>sprinklers 自动喷水灭火系统<br>longitudinal, transverse and semi-transverse ventilation纵向、横向、半横向通风<br>smoke extraction systems（chimneys）排烟系统（排风塔）<br>smoke stratification maintaining systems烟雾分层保持系统<br>alternative escape/entrance ways可选择的逃生和救援路径<br>lay-bys at tunnel portals 隧道出入口处的应急停车位 |
| intervention 救灾 | hydrants，extinguishers消火栓、灭火器<br>emergency vehicles救援车辆 |

### 4.2.3 国内最低安全设施标准

国内提出的防灾设防一般要求：当遭受低于设防标准的灾害时，地下道路主体一般不受损坏或无须修理可继续使用；当遭受相当于设防标准的灾害时，地下道路主体可能有一定损坏，经修理可继续使用。国内公路隧道、城市地下道路分别进行最低安全设施标准的确定。两者存在一定的差异，城市地下道路的措施会偏重灾害的前期发现和控制，防火灾标准高于公路隧道，更适用于城市中心车辆密集的环境。

我国公路隧道交通工程与附属设施配置等级标准分为高速公路、一级公路、二级及二级以下公路三种。根据长度和交通量分为A+、A、B、C、D五级，相应在通风、照明、交通监控、紧急呼叫、火灾探测报警、消防设施与通道、中央控制管理、供电、防雷接地、线缆设施等方面配置安全设施。

城市地下道路防火灾方面按照长度分五类，500m、1000m、3000m、5000m为临界点，通行车辆类型决定火灾规模。上海、深圳等地方标准中，将长度及交通量分为五级，相应配置通风、照明、消防、综合监控与通信、疏散救援等设施。

随着近年来的道路建设、使用、管理的发展，城市地下道路最低安全设施标准不断提出智慧、韧性防灾的要求。

（1）防车辆事故、防火灾方面。根据地下道路长度、交通流量划分地下道路等级，这两组特征数据与车辆事故、火灾事故概率成正比。自国际上勃朗峰隧道、陶恩隧道等长大公路隧道火灾之后，最低安全设施标准在火灾早期预警、排烟、自动控火灭火、疏散救援等方面有较大提高，单车火灾防治技术成熟。在堵塞工况、多车相撞、电动车辆火灾、复杂隧道形态方面，城市地下道路最低安全设施标准提出了新的技术要求。

（2）防水灾、极端气候方面。根据地下道路所在城市的历史气候情况，配置适合暴雨重现期的防淹、排水或特殊保护措施；根据内部功能防水、排水要求，布置内部排水措施；根据雨雪灾害情况、历史气温情况，采取抗冻、抗冰雪措施。近年来，中原少雨地区极端性暴雨频发，原有的防水灾措施标准偏低，灾害应对能力需要进一步提升。

（3）防结构破坏方面。根据地质、重要程度规定结构主体的安全等级、结构体防水抗渗漏的等级。城市地下道路穿越中心城区需求日益突出，地下道路运营过程中，周边开发、管线翻排、地铁穿越还是存在较大沉降方面的风险。地下工程耐久性衰减、结构运营变化趋势，需要健康监测更为精准的动态反馈。

（4）防地震灾害方面。根据城市所在地震分布带的情况，拟定地震设防烈度，进行结构抗震安全设计，近年来抗震要求进一步扩展到内部机电安装的抗震性能方面。

（5）防危险品、人为灾害、恐怖袭击方面。地下道路设备被错误使用的事故发生频次较多，而人为破坏、危险品进入、恐怖袭击的发生频次较少，但造成的损失可能较大。此类灾害所引发的火灾、爆炸结构破坏、水淹、毒气、腐蚀等次生灾害是防灾的具体对象。由于城市地下道路车辆密度大，事故对交通影响范围很大，也容易造成人员伤亡，因此通常禁止或限制危险品通行。人为灾害以防火为主，通过智能化的交通停车识别、火灾图像分析等技术可以实现预警。地下不同设施互联互通条件下，需要进一步控制灾害蔓延。

（6）战争防护方面。随着对战争危害的认识，地下空间人防应设尽设是重要的原则，地下道路普遍设防，并考虑平战结合，更好地发挥地下道路的干线作用、连通地下空间的衔接作用。

以上以特定灾害为防灾对象的子系统并不是独立无关联的。一方面因为灾害会引发其他类型的次生灾害，另一方面防灾系统设施是共用的，如火灾消防排水系统是和防水灾的内部排水系统二合一的，通风排烟系统也用于地下道路有毒、污染气体排放。地下道路的最低安全措施是兼顾通用性和特定灾害需求的。

### 4.2.4 韧性防灾

近年来极端气候频发造成防灾系统无法应对。例如，2021年河南省“7·20”暴雨造成地下空间（地下室、地下车库、管廊、地铁与隧道）溺亡39人，广东省“7·30”暴雨时，广州地铁21号线因挡水墙坍塌导致地铁进水，造成6个站停运7小时。这些事故客观上反映了地下设施的防灾系统在应变弹性方面的不足。

联合国国际减灾策略组织（UNISDR）2009年提出“韧性”的定义：暴露于危险中的系统、社区或社会，具有抵御、吸收、适应和及时高效地从危险中恢复的能力，包括保护和恢复其重要基本功能。

韧性防灾系统具备三个特征：一是具备减轻灾害的能力，二是对设防能力之外的灾害也有一定的适应能力，三是具备从各种灾害中迅速恢复的能力。世界道路协会从这三个方面提出隧道韧性防灾的措施（表4-8）。

提高隧道韧性的措施 表4-8

| 第一类　隧道常见灾害的应对 | |
|---|---|
| 防止负面影响的措施（即降低事故概率） | （1）有效应对事故（灾害）的系统（结构强度、防火、交通控制、设备容量及可靠性冗余），运管应急人员规模<br>（2）电力供应、通信服务<br>（3）对设备设施的动态监控和失效诊断技术，可以在故障发生影响使用之前预警，如自动监测程序 |
| 限制未设防的负面影响程度的措施（减轻灾害，简称减灾） | （4）训练有素的交通控制、应急人员<br>（5）事件早期发现的系统和程序，限制事件进一步升级<br>（6）应急预案和应急物资配置，限制事件进一步升级（包括维持隧道开放的缓解措施）<br>（7）监测事故发生后的情况，评估是否可以采取封闭单个车道、设置路障等措施代替隧道全面停运<br>（8）临时开放紧急停车带行车<br>（9）临时允许在单向道路中双向行驶<br>（10）隧道关闭后仍能有替代路线、替代交通，并能告之大众<br>（11）道路网络的交通调控 |
| 限制灾害持续的措施（缩短灾害恢复时间，简称灾后恢复） | （12）应急预案及其应用，快速监测、快速响应、快速修复的应急行动，以限制恢复时间<br>（13）参与事故应急及维修的外部单位的联动机制<br>（14）备品备件<br>（15）多个隧道的系统标准化、模块化，提高维修人员的效率 |
| 第二类　Ⅰ　气候类：防水淹（暴雨或海平面上升） | |
| 降低事故概率 | （1）隧道所在区域的泄洪和水闸设施<br>（2）隧道入口设计适应地面道路积水高度升高及更大的降雨量<br>（3）排水系统（排水沟、排水管、排水泵房和泵池）适应更大的暴雨强度和持续时间<br>（4）放弃或重新规划沿海地下道路，将关键基础设施移到内陆<br>（5）隧道结构具有更好的防水构造，减少渗漏<br>（6）城市大气候环境的保护：种植绿化屋面，吸收降水，减少雨水排放，缓解“热岛效应” |
| 减灾 | （7）监测水位<br>（8）设计更为安全的安装方式，减少隧道水淹后的损失 |
| 灾害恢复 | （9）安装气囊式“隧道塞”，防止隧道被水淹没<br>（10）临时增设水泵，隧道水淹后抽水（可来自应急救援的承包商） |
| 第二类　Ⅱ　气候类：防冰雪和低温 | |
| 降低事故概率 | （1）提前洒铺除冰剂（参考天气预报或根据地面测温系统的反馈）<br>（2）防雪崩爆破<br>（3）雪墙<br>（4）消防总管加热，防止结冰 |
| 减灾 | （5）及时清理冰雪，减少对行车的影响 |
| 灾害恢复 | — |

续表

| 第二类 Ⅲ 气候类：挡风板成雾 | |
| --- | --- |
| 降低事故概率 | （1）临界条件监测<br>（2）通风 |
| 减灾 | （3）静态或动态的标志<br>（4）交通管理 |
| 灾害恢复 | — |
| **第三类 自然灾害类：地震及岩崩** | |
| 降低事故概率 | （1）对于不稳定的斜坡和岩岸采取岩崩保护措施<br>（2）结构设计考虑更高的地震荷载<br>（3）岩崩或雪崩通道 |
| 减灾 | （4）必须设置交通旁路或临时路线，因为修复时间很长 |
| 灾害恢复 | — |
| **第四类 Ⅰ 交通事故类：拥堵** | |
| 降低事故概率 | （1）道路容量考虑：符合远期预测、临时高峰（路网发生问题，分流进入隧道车辆数量增加）<br>（2）额外的车道：近期作为紧急停车道，远期转为正常车道<br>（3）潮汐通道：多个隧道孔邻近，根据交通流主导方向的负荷开放使用 |
| 减灾 | （4）提高隧道出口交通疏解能力（注意可能影响地面路网）<br>（5）限制隧道入口进入车流量（注意可能只对隧道内车辆行驶有好处）<br>（6）在拥堵段上游采取减速措施，使交通流更为稳定<br>（7）将交通疏解到其他路径上<br>（8）交通导航，通过公共通信手段提供交通信息服务，调整出行路线减少拥堵 |
| 灾害恢复 | — |
| **第四类 Ⅱ 交通事故类：碰撞** | |
| 降低事故概率 | （1）日常维护保养，确保隧道、道路设施的状态良好<br>（2）驾驶者学习通行隧道的安全要求<br>（3）智能汽车、智能运输系统<br>（4）良好的通行视觉环境，清晰的道路导向，道路标识具有足够的视觉距离，良好照明<br>（5）避免对向撞车的措施：不同交通方向设置隔离措施<br>（6）避免速度差异的措施：设置自动慢速车辆检测、车道控制系统，避免道路线形出现过大的坡度或坡度阶梯<br>（7）避免乱变道的措施：设置车道信号灯，隧道洞口超限车辆限制进入措施<br>（8）避免车距过近的措施：动态警告、静止车辆检测 |
| 减灾 | （9）缓解机械冲击的措施：安全屏障、限速<br>（10）确保事故车辆安全的措施：自动检测系统、车道关闭系统 |
| 灾害恢复 | — |

续表

<table>
<tr><th colspan="3">第五类 Ⅰ 火灾事故类：火灾、危险品泄漏</th></tr>
<tr><td colspan="2">降低事故概率</td><td>（1）紧急情况下防止车辆进入的措施：热能扫描系统或视频监控系统<br>（2）防止可能引起火灾或有毒物质释放的交通事故<br>（3）管制危险货物运输车辆的进入</td></tr>
<tr><td colspan="2">减灾</td><td>（4）双孔隧道，一孔出现结构或设施破坏，不影响另一孔<br>（5）管理控制中心火灾时，路网交警接管隧道交通</td></tr>
<tr><td colspan="2">灾害恢复</td><td>（6）结构、电缆等的被动保护，如防火板、阻火包、降温用的通风系统、阻火电缆等<br>（7）主动灭火系统<br>（8）结构防爆措施，设备防爆措施（泵池中的爆炸性蒸气）<br>（9）现场早期扑灭火灾的消防设备，如快速反应的应急队伍，公众使用的固定式灭火器械、便携式灭火器械<br>（10）事故探测、火灾探测或危险品探测系统</td></tr>
<tr><th colspan="3">第五类 Ⅱ 恐怖袭击类：物理、网络攻击</th></tr>
<tr><td rowspan="3">降低事故概率</td><td>总体</td><td>（1）采取措施防止可能危及道路交通、隧道功能的未授权人士或者车辆进入隧道范围（隧道、服务大楼、管理中心、服务区、资讯系统、控制系统及通信系统），通过风险分析确定管控的等级<br>（2）员工安全意识培训<br>（3）控制访问权限（所有的建筑、设施、领域、数据、信息、文件、系统），及时更新权限</td></tr>
<tr><td>物理攻击</td><td>（4）在公共区与限入区、建筑设施的进出口，设置物理障碍物，如大门、栅栏、护柱、门窗锁<br>（5）公众监控（社会性自然监控）、视频监控（摄像机配合充足的照明）</td></tr>
<tr><td>网络攻击</td><td>（6）控制中心与隧道之间采用独立的通信数据网络，与互联网隔离（防止被黑）<br>（7）对外的联系通过受控路由，如通过受到监控的安全的跳转服务器<br>（8）计算机、控制系统提供逻辑访问安全、用户密码及验证码等<br>（9）安装反恶意软件，并定期更新，阻止黑客入侵<br>（10）计算机和控制系统的管理和维护，本身会引入安全风险，应予以控制</td></tr>
<tr><td rowspan="2">减灾</td><td>总体</td><td>（11）配备应急救援力量<br>（12）标准的应急预案（控制、应急系统的联动，警报）、应急培训</td></tr>
<tr><td>网络</td><td>（13）信息通信技术（ICT）措施，检测和报警未经授权的访问通信、控制系统异常、病毒，进行定期扫描和测试<br>（14）对数据软件进行频繁和全面备份（删除），以限制可能出现的网络安全事故危害</td></tr>
<tr><td colspan="2">灾害恢复</td><td>—</td></tr>
<tr><th colspan="3">第六类 Ⅰ 隧道系统故障类：安全措施的技术或操作故障、失效</th></tr>
<tr><td colspan="2">降低事故概率</td><td>（1）隧道管理中心失效时，临时管理的系统和人员；通过连续监测，避免系统故障<br>（2）技术检查<br>（3）系统维护考虑预防性和纠正性的平衡，发挥隧道最大功效<br>（4）采取医疗、卫生、组织的措施，保护工作人员健康安全<br>（5）防御网络攻击，具有鲁棒性</td></tr>
</table>

续表

| 第六类 Ⅱ 隧道系统故障类：安全措施的技术或操作故障、失效 | |
|---|---|
| 减灾 | （6）降级模式的操作，可能包括：<br>①降速（道路损坏、隧道管理中心故障、隧道照明故障、视频监控故障等情况下）；<br>②封闭车道，或减少隧道内车辆数量（通风系统故障、支持疏散的设施故障）；<br>③临时禁止危险品车辆、重荷载车辆行驶（隧道通风系统故障时，防止火灾；在系统失灵时，防止撞车）<br>（7）夜间或周末维护检修、隧道关闭时段检修，减少交通不便 |
| 灾害恢复 | （8）快速修复，减少隧道关闭时间、降级模式的持续时间<br>（9）优先配置隧道事故处理人员，可暂时降低道路网络的服务水平 |
| **第七类 隧道维护和更新** | |
| 降低事故概率 | （1）对隧道年运行的要求，以及不能运行的最大允许要求，减少因维护可行性（预防性和纠正性）引发的故障，并据此设计维护方案<br>（2）在维护和更新期，确定隧道施工时的最低操作要求和必要的安全措施<br>（3）对隧道系统采用低维护设计方案，如采取被动而非主动安全措施，以降低故障发生的概率，采用简单而非复杂的技术解决方案，减少维护的频次、数量以及持续时间<br>（4）尽可能将设备布置在隧道车道范围之外的技术区域，检修不受隧道行车影响<br>（5）系统设计应有冗余，在隧道关闭期可进行维修<br>（6）不同装置之间应设置界面，不作共享，以避免在维护（更换）一个装置时影响另一个<br>（7）在预防性和纠正性维护措施（包括检查和测试）之间取得平衡，以达到设备所需的可靠性（防止故障）、可用性与可接受的维护成本，可基于风险评估的结论<br>（8）基于大数据的隧道维护系统（TMS）有助于减少交通堵塞 |
| 减灾 | （9）每条隧道应建立维护更新计划，包括控制计划、安全及风险管理、隧道操作文件、隧道操作程序审查、使用独立服务隧道、道路政策和设计标准的重要性、未来拓宽隧道的结构和材料的考虑、维修与运营、隧道管理系统、培训与应急演习、隧道改造<br>（10）为控制中心操作人员、现场人员提供培训<br>（11）在交通非繁忙时段开展维护，应考虑日、周、月的计划<br>（12）确定替代路线（其他运输方式），以维持交通流量，减少对周边地区安全的二次影响，并通过面向公众的信息系统发布 |
| 灾害恢复 | （13）采用适当的更新方式，如全面更新、微更新、简化建设（旧系统维持运行），不同的方式对交通有不同的影响，并建立长期的计划 |
| **其他技术和社会发展可能引发的灾害** | |
| 智能车辆 | 智能车辆采用嵌入式技术（传感器、逻辑、执行器、通信系统），可以实现车车协同、车路协同，可能存在协同功能失效的灾害 |
| 新能源车辆 | 新能源车辆应用蓄电池、天然气、氢能源等能量来源，储能装置可能引发火灾、有毒物质泄漏、爆炸，所需防灾减灾措施可能区别于现有技术 |

国内、国际都开始在地下工程中采取提高韧性防灾能力的措施。例如，日本地下设施的出入口设置70cm高的挡水板，地表水超过1m的设置全密封型挡水门，有灵活的折叠门、卷帘门等形式。通风口配置防淹测试器，可以及时关闭通风口，防淹水的设备可以远程启动。国内武汉长江隧道为应对极端天气引发水淹的灾害，洞口设置永久性的防淹门、防汛挡板。当外部积水达到25cm，则开始装置60cm高移动防汛挡板，如果水位即将超过防汛挡板的高度，便组织关闭防淹门，进一步阻挡洪水进入隧道。同时，配备应急救援队伍及移动抽水泵车辅助排水（图4–2）。美国开发出阻断隧道内洪水的弹性隧道气囊、地面出入口的挡水封膜等新措施（图4–3）。

图4–2　武汉长江隧道韧性防水淹措施

图4–3　美国应用的防水新措施

## 4.3　防火灾技术

### 4.3.1　防火灾系统设计

防火灾系统设计的原则为："预防为主，防消结合"。系统设计常分为以下内容。

根据地下道路的火灾风险概率情况确定防火灾标准：火灾次数、火灾规模、根据结构与运营安全程度确定的火灾设防目标。

根据地下道路分类、分级进行设施配套：防火灾的设备设施、减灾的设备设施及安全疏散设施、救灾的应急救援设施与应急中心。

防火灾系统养护：根据地下道路防火灾系统条件，制定火灾事故预案、消防设施养护计划，并进行日常养护、标准火灾实验检验及演习。

1）设防标准

根据风险控制理论，将地下道路合理地划分为多个级别，每个级别代表不同的火灾风险性（火灾事故的概率和事故后果），并采取不同的风险控制措施。地下道路的火灾风险源主要来自车辆、现场设备、人为破坏，其中又以车辆为主。规范中对风险因素的考虑也是从车辆的角度考虑的。其分类有以下几种方式。

（1）按隧道长度分类

国际隧道协会按长度将隧道分为特长、长、中、短隧道。美国消防协会标准502（2017版）按照隧道长度分为X、A、B、C、D五个类别，1km是标准的分水岭，1km及以上的隧道，不论是城市隧道还是郊区隧道，规范提出了整套的防火灾和安全措施要求，并且不能减免。美国分类标准长度区间是比较单一的，对1km以上的隧道没有细分，但应用有限制，其他像瑞士仅对隧道长度分布范围进行了区分，但没有长短之分，如图4-4所示。德国、澳大利亚仅按长度的不同对隧道内应设置的安全设施提出了要求。

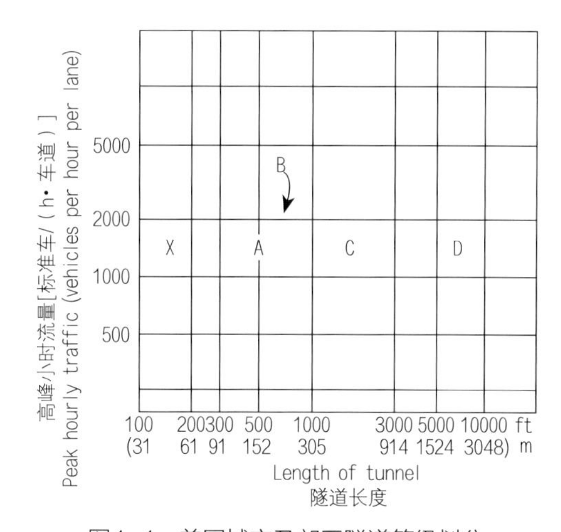

图4-4 美国城市及郊区隧道等级划分

在中国的《建筑设计防火规范》GB 50016—2014（2018年版）中，在隧道封闭段长度的基础上，增加了是否通行危险品车辆、行人或非机动车隧道，共分成四类。通行危险品车辆的隧道等级升高一档，行人或非机动车隧道降低一档，主要考虑火灾的规模和危险性（表4-9）。

城市交通隧道分类 表4-9

| 用途 | 一类 | 二类 | 三类 | 四类 |
|---|---|---|---|---|
| | 隧道封闭段长度$L$（m） | | | |
| 可通行危险化学品等机动车 | $L>1500$ | $500<L\leqslant1500$ | $L\leqslant500$ | — |
| 仅限通行非危险化学品等机动车 | $L>3000$ | $1500<L\leqslant3000$ | $500<L\leqslant1500$ | $L\leqslant500$ |
| 仅限人行或通行非机动车 | — | — | $L>1500$ | $L\leqslant1500$ |

（2）按隧道长度与交通量这两个指标来划分等级

欧盟、英国、挪威、日本等是按这两个指标进行分级，反映了隧道火灾风险概率受两个因素影响：隧道长度与预测年平均日交通量（AADT）。

日本隧道等级划分为AA、A、B、C、D共五类。单孔隧道日交通量4000pcu/d的拐点表示单向双车道通常能达到的日交通量极低值。

而我国公路隧道细分单向两车道和单向三车道及以上两种情况，拐点取值5000pcu/d以及7500pcu/d，是根据我国的实际道路交通量更为饱和确定的。上海地标城市道路隧道标准拐点取值5000pcu/d，并省略了交通量低于这一数值的情况，则是根据建设地下道路需要达到一定的经济性价比等要求综合确定的。

基于相同的风险概率计算方法，各国规范在拐点值以上的线形斜率是一致的。

挪威规范表达形式略有不同，分为A～F级。同等规模下货运车辆隧道的交通量可能更高，因此设防等级更高。具体可参见图2-15。

英国规范增加了隧道长度不低于150m才进行分类设计的要求，低于150m的隧道不论车流量情况统一采用最低要求的安全设施。挪威隧道规范对长度大于500m的隧道进行分类。对隧道分类的基础长度的规定，反映了短隧道封闭段很短，更接近开敞环境，因此不对防火灾设计作出更高要求。我国的规范也体现了对短隧道的考虑，公路隧道设定为100m，上海地方标准城市道路隧道设定为300m。

2）系统组成

国内、国际的防火灾系统是由防灾、减灾、救灾三部分设施组成，基本地下道路的防火灾系统组成如图4-5所示。

### 4.3.2 复杂地下道路防火灾技术创新

复杂地下道路主要是指网络化、多点进出类型地下道路，这类地下道路具有共同的特征。

（1）复杂性，包括自身形态复杂，以及与其他工程有较多的土建机电衔接界面，管养也形成多个界面，建设时序不同使衔接界面更为复杂。

（2）位于城市中心区、城区建成区，对区域的交通环境影响范围进一步扩大。

世界道路协会分析认为复杂隧道设备设施故障率与一般隧道相比高50%～100%。事故率低于相似的地面道路，平均每年1～2起。在火灾方面，30%的隧道没有发生过火灾，40%的隧道火灾每年0.75起，30%的隧道火灾多于每年1起。

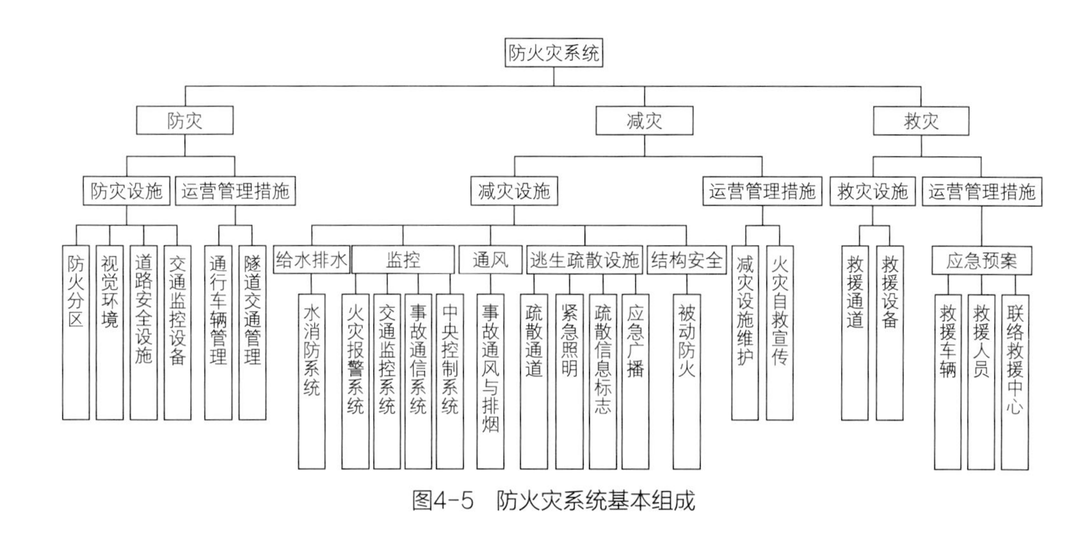


图4-5 防火灾系统基本组成

为提高复杂地下道路的防火灾安全性，考虑了以下防火设计的不同。

（1）多车辆事故火灾：火灾规模应考虑多车辆事故火灾，以及因拥堵导致火灾时间的延长。

（2）形态对火灾的影响：重点考虑断面变化段（匝道主线分合流段）、与其他隧道及地下空间的连接口、低净空隧道（小客车专用道）的特征。

（3）疏散设施的多样性：根据地下道路网络的工程特点选择，因此在同一工程中存在多种形式并存的情况。

（4）救援设施的配置：城市区域救援延迟长达10分钟是常见的情况，法国A86隧道、马德里M30隧道等城市快速路环线型地下道路，都配有隧道专用救援队伍，并于近出入口处设置多处救援点。日本山手线隧道则是消防队配置了摩托车及全地形救援车。

（5）引导标识的重要性：复杂地下网络中，匝道标识系统的可见性、易识别性很重要，地下立交处加强标识将有效提高整体的安全性。

我国地下道路发展趋势与国际上有相同之处，城市地下道路的新类型、新发展多探讨各自的防火灾技术要求。我国地下道路发展趋势有：①多点进出的系统型地下道路；②地下车库联络道；③地下立交；④复合功能地下道路，多功能空间利用，多层隧道，以及与有轨电车、轨道交通或市政管线合建。下面针对部分趋势展开防火灾技术的具体阐述。

1）系统型地下道路防火灾技术

系统型地下道路用于构建城市中心城区外部保护壳，或者用于CBD核心区快速穿越，其特征是系统性功能强，采用多点进出，设置多个进出口，与地上系统形成有机衔接，工程总长度常常超过3km。

地下道路的事故安全疏散及救援模式是车道孔发生火灾或其他重大事故，采取不受直接影响或堵塞的车辆迅速撤离，受到影响的车辆，其司乘人员迅速撤离，救援人员从疏散路径反向救援的基本流程。因此，原则上事故火灾发生时，全隧道应该停止车辆通行，待事故风险消弭后再恢复交通。但系统型地下道路常常在路网中具有重要的通道作用，全面关闭对路网的交通影响过大，因此类似于高架系统可以局部段关闭的应急模式更为适合，即“分段运营、统一救灾”的分段模式，将超长地下道路分为若干段，化整为零，降低超长隧道作为单个系统的安全风险。

“分段模式”是在中央控制系统的统一管理下，按照管养能力、有进有出的独立交通能力，设置2～3km的多个“运管分段”。任何一段因事故时应急救援、维护检修而需要关闭时，其他段仍可以安全运营（图4–6）。

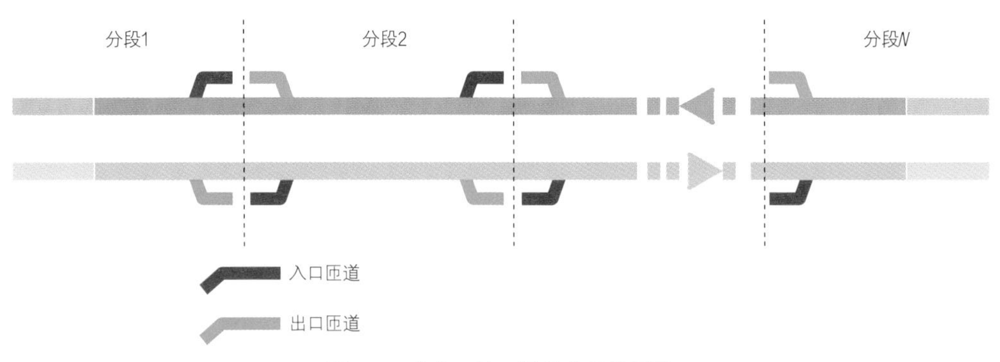


图4–6 多出口地下道路分段模型图

火灾发生时，各分段的设计目标为：①火灾影响控制在事故分段内，包括烟气的影响、交通的影响等；②利用多个出入口进行有效疏散救援组织。

（1）事故段：发生火灾，控火灭火，控制交通，进行人员疏散，开展救援。

①排烟流线——纵向末端排烟，或重点排烟，控制烟气扩散范围。

②车辆疏散流线——末端匝道疏散或控制进入下一正常段。

③人员疏散流线——疏散至另一孔车道或安全区，经由两孔车道孔之间的横通道（楼梯、车行横通道等）疏散，经由匝道疏散。

④救援流线——自本段匝道进入救援。

（2）事故控制段（反向）：停止交通，参与事故段疏散救援。

①车辆疏散流线——末端匝道疏散或控制进入下一正常段。

②人员疏散流线——疏散至另一孔车道或安全区，经由两孔车道孔之间的横通道（楼梯、车行横通道等）疏散，经由匝道疏散。

③救援流线——自本段匝道进入，经由两孔车道孔之间的横通道（楼梯、车行横通道等）救援。

（3）事故控制段（同向）：根据需要控制交通流，减少对事故段影响。

①车辆流线——受控流线，从本段匝道疏散或进入正常段受阻。

②救援流线——自本段匝道进入。

（4）正常段：正常运行。

火灾事故分段运管原理如图4-7所示。

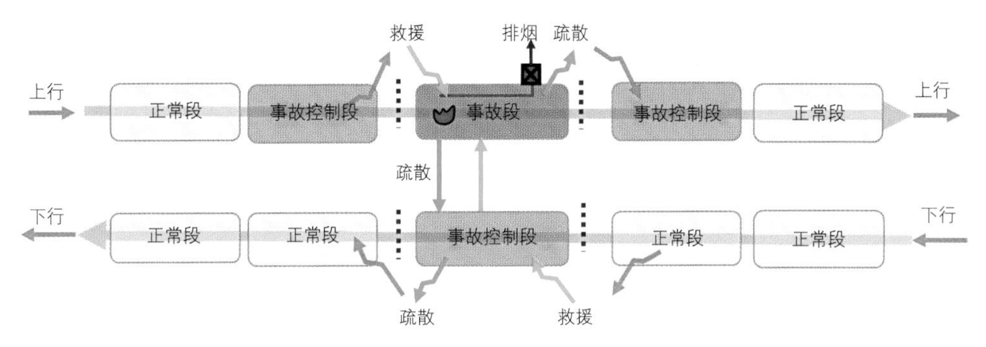


图4-7　火灾事故分段运管原理图

系统型地下道路与周边城市路网形成联动关系，需要依托智能化防灾平台，及时控制和消解对城市中心城区的交通影响。火灾事故时，调度指挥人员在监控中心通过综合监控系统统一监控、集中管理，实现疏导交通、防灾和救灾的功能（图4-8）。系统按中央管理层和现场检测控制层建立两层网络结构，并充分考虑系统容错、降级处理要求，传输网络结构需要结合分段设施分段（图4-9）。

防火灾设备的配置与单一功能地下道路是一致的。对于国内、国外的类似工程，其消防设备、疏散设施根据长、特长隧道的防火要求进行较为全面的、高级别的配置，普遍设置排烟系统、自动灭火系统，2种及以上的火灾探测与报警装置，疏散口间距不大于350m。

当前中心城系统性地下道路以及消防设备与疏散救援设施如表4-10所示。

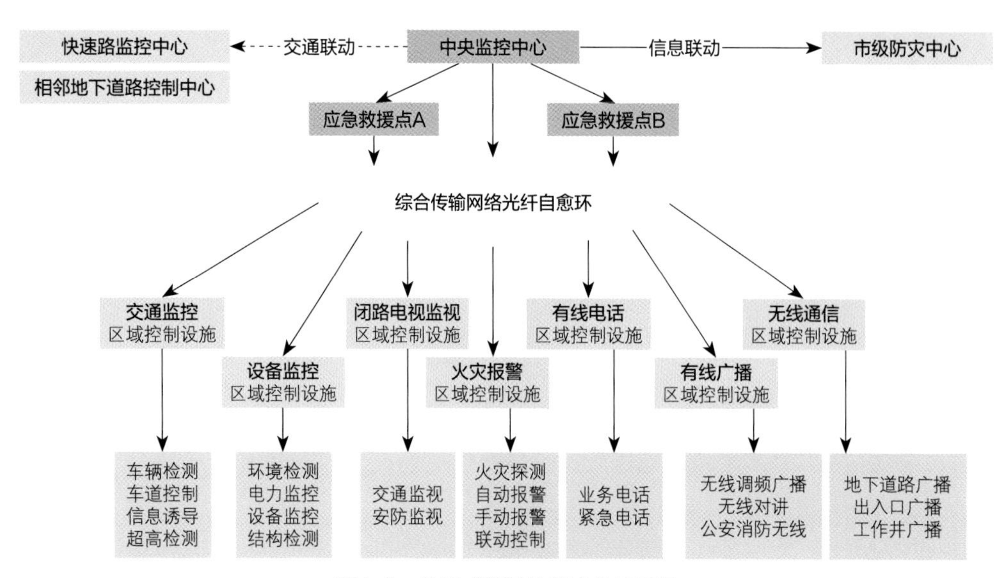


图4-8　分段式管控的综合监控系统

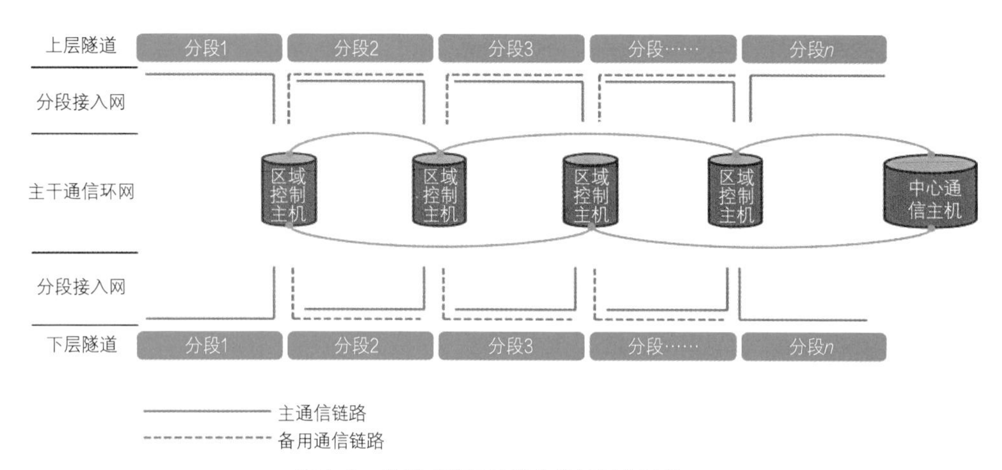


图4-9　分段式管控的综合传输网络结构

2）地下车库联络道防火灾技术

地下车库联络道常见形态可分为环路式、枝节式、通道式、复合式等形式（图4-10），并由地下主线、支线或联络线，环岛、掉头通道等节点，地面出入口匝道，与地下车库的衔接口等组成。地下车库联络道可以在支路网地下单独建设，更多是与地下空间结合建设，如功能上与综合管廊、物流通道等地下设施合建，建设方式上与周边地下空间结合建设，并有可能适应开发而分期建设、分期运营。

中心城系统性地下道路消防设备及疏散救援设施

表4-10

| 道路名称 | 长度（km） | 断面形式 | 车道数 | 通车时间 | 消防设备及疏散救援设施 | |
|---|---|---|---|---|---|---|
| 法国巴黎A86西线隧道 | 10.162 | 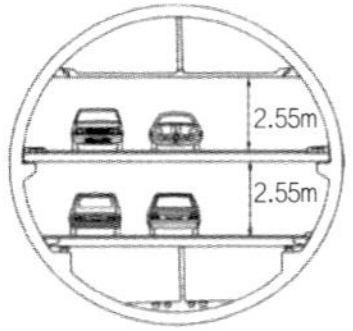 | 小客车专用，车道高度2.55m，车道宽度3m，单管双层6车道，设计速度70km/h | 2010年 | 通风 | 横向通风排烟 |
| | | | | | 报警 | — |
| | | | | | 水消防 | 水喷雾系统，24个喷头一个分区，分区长33m，每次喷3组、100m。喷头压力70bar（1bar=0.1MPa） |
| | | | | | 监控 | CCTV系统间隔80m，含故障车辆自动探测系统 |
| | | | | | 疏散 | 间隔200m上下层疏散楼梯间，内有应急电话站 |
| 日本中央环状线新宿线 | 11 |  | 双孔双向4车道 | 2007年 | 通风 | 横向通风排烟 |
| | | | | | 报警 | 双波长间隔25m，手报间隔50m，紧急电话100m，广播200m |
| | | | | | 水消防 | 消火栓间隔50m，水喷雾系统，分区长50m |
| | | | | | 监控 | CCTV系统间隔100m |
| | | | | | 疏散救援 | 疏散口间隔350m，疏散至盾构下方新风道，救援配置早期应急用消防摩托 |
| 西班牙马德里M30隧道 | 8.6 |  | 双向6车道 | 2007年 | 通风 | 盾构段采用横向通风排烟方式，明挖段采用纵向通风排烟方式 |
| | | | | | 报警 | 663个报警电话，94个信息提示屏 |
| | | | | | 水消防 | — |
| | | | | | 监控 | CCTV系统 |
| | | | | | 疏散救援 | 人行横通道间隔200m，盾构下层设紧急救护车道。明挖段车行横通道间隔600m |

续表

| 道路名称 | 长度（km） | 断面形式 | 车道数 | 通车时间 | 消防设备及疏散救援设施 | |
|---|---|---|---|---|---|---|
| 上海北横通道 | 19.4（隧道7.39+6.3） | | 小客车专用，车道高度3.2m，单管双层6车道，设计速度60km/h，主线进出口加2处5个匝道 | 2021年 | 通风 | 射流风机通风，上层重点排烟道+下层排烟支管，火灾规模（热释放功率）10MW |
| | | | | | 报警 | 感温光纤、双波长、声光报警器间隔50m，报警电话间隔100m |
| | | | | | 水消防 | 消火栓间隔50m，灭火器，泡沫—水喷雾联用系统，分区长25m |
| | | | | | 监控 | CCTV系统间隔200m |
| | | | | | 疏散 | 间隔90m上下层疏散楼梯，宽度0.8m |
| | | | | | 救援 | 4处出入口，隧道中间工作井设置上下层消防救援道，1处管理中心，3处应急救援场地 |
| 上海东西通道 | 7.5（隧道6.1） | | 客运，车道高度4.5m，双向4车道，车速50km/h，11处匝道 | 2014年开工 | 通风 | 分区段竖井送排风的射流风机诱导型纵向通风，火灾规模20MW |
| | | | | | 报警 | 光纤光栅报警 |
| | | | | | 水消防 | 消火栓间隔50m，灭火器，泡沫—水喷雾联用系统，分区长25m，一次喷2组 |
| | | | | | 监控 | CCTV系统间隔120m |
| | | | | | 疏散 | 车行横通道净宽度4m，净高4.5m，间隔500m；人行横通道净宽度2m，净高2.1m，间隔250m |
| | | | | | 救援 | 1处管理中心，1处应急救援场地 |

续表

| 道路名称 | 长度（km） | 断面形式 | 车道数 | 通车时间 | 消防设备及疏散救援设施 | |
|---|---|---|---|---|---|---|
| 武汉两湖隧道 | 19.45（隧道6.24+4.3+8） | | 小客车专用，车道高度3.5m，双向4车道加紧急停车带 | 2025年 | 通风 | 纵向通风加重点排烟，设置侧面顶侧双烟道 |
| | | | | | 报警 | 光纤光栅感温探测系统 |
| | | | | | 水消防 | 消火栓间隔50m，灭火器，泡沫—水喷雾联用系统 |
| | | | | | 监控 | CCTV系统间隔100m |
| | | | | | 疏散 | 盾构段上下层疏散楼梯间隔120m，宽度0.8m |
| | | | | | 救援 | 南湖段设1个管理中心、东湖设1个分管理中心，另设2个地上救援站 |
| 上海外滩隧道 | 3.299 | | 小客车专用，车道高度3.2m，双向6车道 | 2010年 | 通风 | 纵向通风排烟 |
| | | | | | 报警 | 光纤光栅感温探测系统 |
| | | | | | 水消防 | 消火栓间隔50m，灭火器，泡沫—水喷雾联用系统，每组长度为25m，设有5个远近射程组合喷头，消防时任意相邻两组同时作用 |
| | | | | | 监控 | CCTV系统间隔100m |
| | | | | | 疏散 | 圆隧道上下层疏散楼梯间隔100m，宽度0.8m，暗埋段设上下层疏散楼梯（间隔250m）或双孔间疏散门，宽度1.2m |
| | | | | | 救援 | 设1个管理中心 |

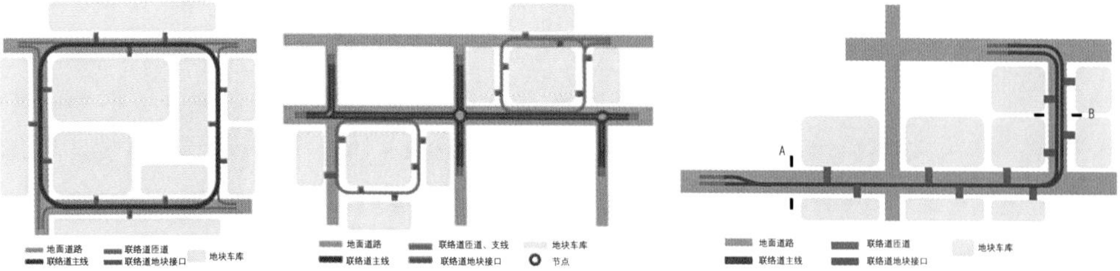

（a）环路式　（b）枝节式　（c）通道式

图4-10　地下车库联络道形式

地下车库联络道介于公共道路与各地下车库之间，兼具两者的特点，因此在其发展过程中，防火灾设计逐渐融合了车库、地下道路防火的要求。早期综合性地下空间中设有地下车行通道，如地下车辆（出租车或到访车辆）行车、临时停车和下客与周边地下空间的界限模糊。防火灾、消防上不作特殊考虑，就按照车库设计，按车库标准设置一定面积的防火分区，各分区各自考虑排烟、自动喷淋灭火和疏散。而随着复杂的城市级地下综合体、大型枢纽地下空间的发展，车辆剧增，地下车行功能复杂化，地下车行交通功能愈发系统性、公共性。设计中逐步趋向将公共车行功能从地下车行空间中独立出来，不仅形态上与地下道路更加趋同，防火灾设计标准也在车库标准的基础上大大提升。

下面以广州地区的两个地下空间设计案例说明以上趋势变化。

案例1：广州珠江新城核心区地下车行空间

2007年，广州珠江新城核心区进行大规模地下空间综合开发，总建筑面积44万$m^2$，地下二层～地上三层，地下连接了广州地铁3号线、5号线珠江新城站，以及广州市级歌剧院、博物馆、少年宫、图书馆及双子塔等文化建筑。地下一层既有车行空间，也有进入各文化建筑的临时停车场及下客区。

因受地面南北向市民广场及两侧沿线歌剧院、博物馆等重要公共建筑的限制，为解决交通问题，采用地下车行交通系统，包括横穿市民广场的北、中、南三个地下道路隧道，以及之间衔接周边公共建筑的地下车行系统。南侧地下一层设有南北向双向4车道地下车行系统，南端通过环岛与东西向地下道路隧道衔接，沿线设有大巴车辆临时停车场站，衔接两侧公共建筑的地下人行大厅；设有至地下二层车库的衔接通道。在消防上采用防火分区的概念分为市政道路通道、人流通道及候车区、周边地块地下室三个区域。其中，市政道路内设有临停区域，按照车库标准设计，另外在环岛处设置敞开环岛，方便通风排烟。广州珠江新城核心区南环地下车行系统如图4-11所示。

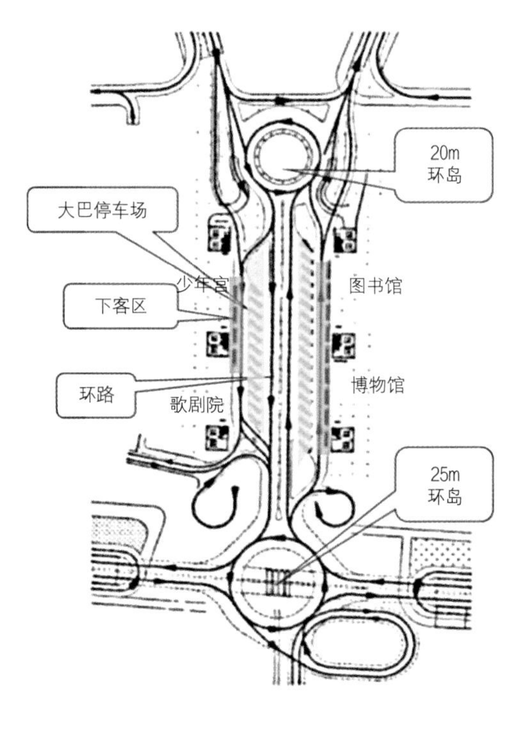


(a)总平面图

(b)建设后实际效果

(c)车行道

图4-11 广州珠江新城核心区南环地下车行系统

项目所采用的消防设计受限于地下空间相关消防规范，因此设计中消防策略是将复杂的地下空间与步行空间进行防火分隔，但同时将行车空间、停车空间及下客空间一并处理，给出的消防策略并没有针对各自的空间特点。

案例2：广州国际金融城起步区地下道路网

2015年开始设计的广州国际金融城起步区地下空间（在建）及附属工程总建筑面积20万$m^2$。地下空间包括开发部分（地下商业服务设施、公共步行通道、地下装卸车场、地下设备房）、市政部分（地下道路、地下管廊及配套设备用房）。地下空间采用了地下空间分层利用、人车分流的设计思路，地下道路网络的规模庞大，并且部分取代了地面道路功能，实现局部地区无车化。地下一层以地下商业及公共步行通道功能为主，地下二层集中了主要的交通形式，其设计理念为清晰地将行车功能从车行空间的大系统中完全剥离开来（图4-12），形成多级立体交通组织：①通过式的城市级地下道路（包括花城大道及临江大道地下道路），衔接地面主干路及快速路网，地下道路设公交站；②区域级到发地下环路，工程长度6.45km，由翠岛地下环路、方城地下环路及花城大道北侧地下环路组成，衔接地块地下车库和外围地下道路。

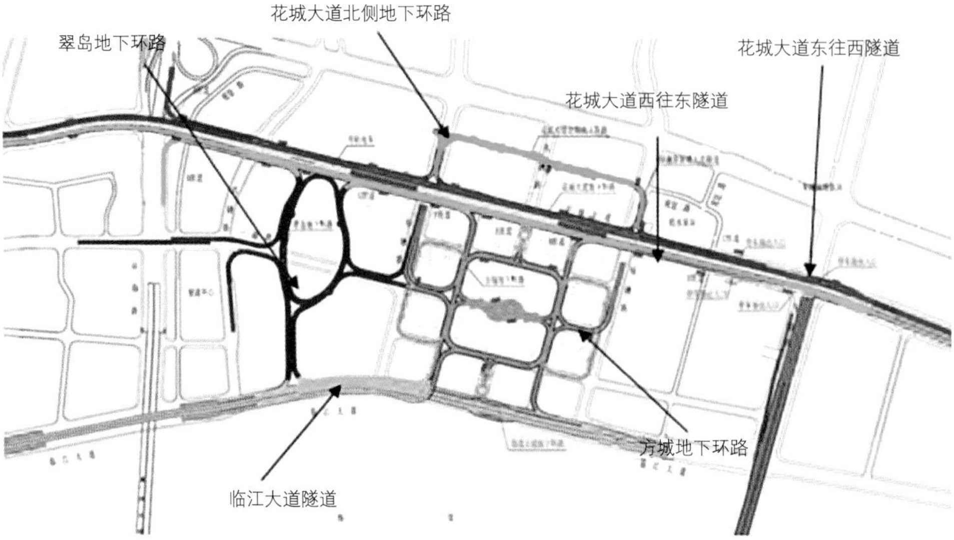

图4-12　广州国际金融城起步区地下道路

从总体上将城市级隧道、地下车库联络道（环路）、地下车库、地下公交站分为不同的消防单元，各自消防系统完全独立，防火灾在区域智慧防灾平台上实现联动控制。这种模式有利于针对不同空间特征采取更为有效的防火灾措施。

其中，地下环路的防火灾设计基于地下道路的防火框架，并在节点上具有其自身特色，全国类似工程大部分采用相同的思路。

（1）设防标准

按照通行客运、货运车辆要求，车道标准与地面道路一致（高度4.5m），火灾规模按50MW，方城、翠岛环路形成的地下环路路网内同时仅发生一次火灾设计。

（2）与城市地下道路、地块地下室衔接口的防火分隔

通往城市级地下道路的连通口采用两道防火卷帘加旁通防火门或防火隔间的形式进行分隔，并设置一道挡烟垂壁；通往相邻地块车库之间的连通口采用两道防火卷帘加旁通防火门或防火隔间的形式进行分隔（图4-13）。

（3）防火灾机电系统

通风排烟采用半横向排烟系统，设置12个风机房联合承担整个分区的平时通风和火灾排烟（图4-14）。

消防系统采用消火栓、灭火器和自动灭火系统，自动灭火系统采用泡沫—水喷雾联用系统。

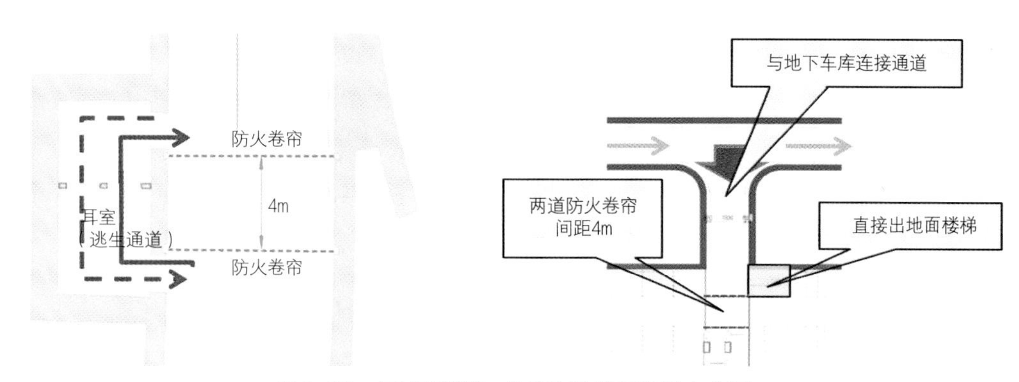


图4-13 与城市隧道、地下车库接口的防火分隔

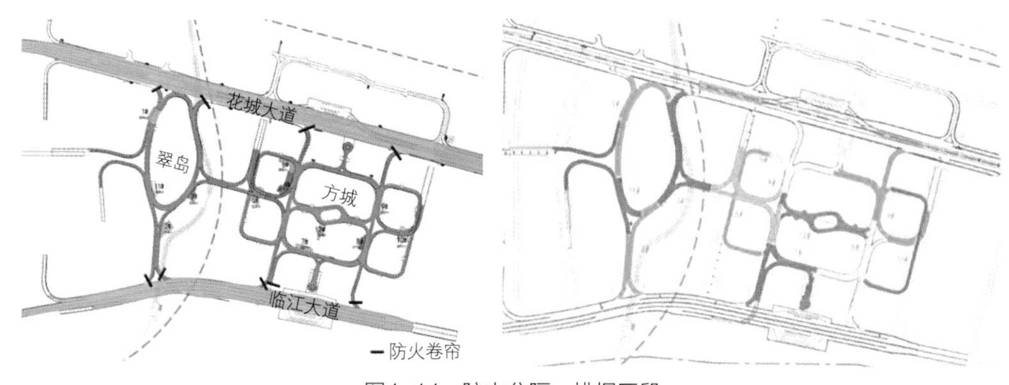


图4-14 防火分隔、排烟区段

火灾报警采用线型光纤感温火灾探测器和点型红外火焰探测器，设置CCTV系统，兼具图像报警功能。

地下环路两侧、人行横通道和人行疏散通道上应设置疏散照明和疏散指示标志，其设置高度不宜大于1.5m。疏散照明和疏散指示标志的连续供电时间不应少于1.5小时。

结合消火栓的布置，根据当地消防无线通信制式设置无线信号放大器，并在消火栓附近设置消防专用电话。

地下环路设置消防值班室，区域地下道路网由总管理中心综合管理控制。

（4）疏散

地下环路利用地面匝道进行车辆疏散，同时可借用周边地块车库接口进行车行疏散，间距1～1.5km。

人员疏散安全出口之间的距离不应大于250m，安全出口宜采用防烟楼梯间直通地面；当确有困难时，可利用通往相邻城市隧道的甲级防火门、通往相邻地块的防火隔间或甲级防火门作为安全出口，其净宽度不应小于1.2m，净高度不应小于2.1m。

地下车库联络道内发生火灾时，隧道入口处应有明显的交通指示牌或专门的管理人员进行管理，不再允许车辆进入。发生火灾后，应尽快组织地下车库联络道内的车辆疏散至地面安全地点，包括以下动作。

①向地下车库联络道内广播火灾具体位置及提示车道各位置人员按照疏散指示标志疏散。

②根据火灾发生位置，自动控制排烟风机，通过顶部排烟道重点排烟。

③根据火灾发生的位置，疏散指示标志能动态指示人车的疏散。即当人需要下车疏散时显示指示人行的疏散标志，当需要车前行疏散时显示指示车行的疏散标志。

④在通道的拐角处设置可变情报板和交通信号灯。

全国更多地下车库联络道是以通行小车为主（车道高度3.5～3.2m），从其相关研究、案例及实际运行来看，地下车库联络道防火灾设计应注意与地下车库、城市隧道的差异之处。地下车库联络道制定防火灾策略最为重要的因素是排烟和疏散，另外，因与地下车库、其他地下道路的互联互通，对总体策略也产生了影响。地下车库、城市隧道、地下车库联络道比较如表4-11所示。

地下车库、城市隧道、地下车库联络道比较　表4-11

| 项目 | 地下车库 | 城市隧道 | 地下车库联络道 |
| --- | --- | --- | --- |
| 通行车辆 | 小汽车通行为主，消防车不可通行 | 客、货运车辆，可通行消防车 | 小汽车通行为主，对通行的消防车类型有限制；个别工程通行客货车辆，应参照城市隧道标准 |
| 火灾规模 | 小车车辆燃烧，初始火灾规模3～5MW | 大车火灾负荷较大，火灾规模20～50MW；小车火灾规模5～8MW | 考虑单车自燃、两车相撞，火灾规模5～8MW |
| 空间特征 | 行车道2.4m高，层高3.8～4.5m，板底净高3.6～4.3m，梁底净高3.1～3.8m，蓄烟空间较低 | 行车道3.5～5.0m高，净高4.8～5.7m，蓄烟空间高 | 行车道不小于3.2m高，净高4.7m，蓄烟空间较大 |
| 坡度 | 除坡道外无坡度 | 一般不大于4%的纵坡 | 主线一般不大于4%纵坡，匝道一般不大于10%坡度 |
| 空间关系 | 停车与行车区不分隔 | 单独空间 | 相对独立空间，与车库及其他地下道路形成防火分隔 |

续表

| 项目 | 地下车库 | 城市隧道 | 地下车库联络道 |
| --- | --- | --- | --- |
| 防火分区 | 因车库内车辆停车状态，无人驾驶，基本不能自主逃离，因此每4000平方米设置1个防火分区，控制火灾蔓延 | 不设防火分区，火灾前方的车辆快速驶离隧道（车速高于烟气速度），后方的车辆放弃，人员疏散 | 不设防火分区，人员就近疏散 |
| 疏散设施条件 | 每个防火分区设2个安全出口，间距不大于60m，疏散至地面 | 疏散口、疏散楼梯间距250～300m，条件限制时为100～120m，疏散至另一孔车道为主 | 疏散口、疏散楼梯间距250～300m，疏散至地面，困难时疏散至相邻车库 |
| 火灾时烟气流动特点 | 环境风速基本静止，烟气直接向上，积蓄在顶部 | 设置纵向排烟和重点排烟，火灾之后由射流风机保持1.5～2m/s的最小风速，保证烟气只向车行方向的前方扩散，而不影响后方的停滞车辆 | 火灾时车辆停滞，地下车库联络道内风速很低，烟气基本直接向上，积蓄在顶部 |
| 防火灾总体策略 | · 车辆密集且静止，火灾负荷大，火灾容易发生跳燃而扩大规模；<br>· 火灾时车辆不能疏散；<br>· 可以控制在防火分区以内 | · 中长隧道火灾负荷大，火灾规模扩大的可能性较大；<br>· 火灾时影响范围以外的车辆可以疏散，疏散距离较大；<br>· 必须采用定点好、控制能力强的主动措施，以控烟控温控火，保证疏散；<br>· 专业外部救援仍是主要的救援方式 | · 火灾规模小，火灾规模扩大的可能性较小；<br>· 火灾时影响范围以外的车辆可以疏散，疏散距离较小；<br>· 采取的控烟控温控火主动措施可以提高安全度；<br>· 自主灭火或管养机构有组织灭火，更为有效；<br>· 与众多地下车库互联互通，因此做好联动、信息互通非常重要 |

## 4.4 防水灾技术

### 4.4.1 概述

超标雨水造成的洪水和内涝对城市造成的灾害越来越大，其中地下道路作为城市重要交通基础设施和生命线工程，最容易受到洪涝灾害的冲击。因此，如何保持在极端天气来临时地下道路韧性通畅，为城市防灾工作提供有力支撑，保障人民生命、财产安全，成为一项重要的研究课题（图4-15、图4-16）。

图4-15　城区积水与长大地下道路洪涝倒灌实景照片

图4-16　城区下立交桥洪涝倒灌实景照片

“7·21”北京特大暴雨：2012年7月21日至22日8：00左右，中国大部分地区遭遇暴雨，其中北京及其周边地区遭遇61年来最强暴雨及洪涝灾害。截至8月6日，北京已有79人因此次暴雨死亡。北京市政府举行的灾情通报会的数据显示，此次暴雨造成房屋倒塌10660间，160.2万人受灾，经济损失达到116.4亿元。

2016年7月武汉内涝：最大24小时降水量为柳子港站284mm，最大1日降水量为贺胜桥雨量站259.5mm，最大3日降水量为贺胜桥雨量站734.5mm，降雨量均达到或超过50年一遇，造成全市12个区75.7万人受灾，直接经济损失22.65亿元。

“7·19”邢台暴雨：从2016年7月19日开始，邢台市遭遇1996年8月的暴雨后的最大洪水，截至2016年7月20日16：00，全市平均降水量167.7mm，最大降水量临城上围寺673.5mm。此次强降雨历时长、强度大、面积广。截至2016年8月14日16：00，已导致42人死亡、5人失踪。

“7·20”郑州特大暴雨：2021年7月17日8：00至23日8：00，郑州市遭遇历史罕见特大暴雨，发生严重洪涝灾害，累计降雨量400mm以上面积达5590km$^2$，600mm以上面积达2068km$^2$，其中二七区、中原区、金水区累计降雨量接近700mm，巩义市、荥阳市、新密市超过600mm，郑东新区、登封市接近500mm，为郑州市有气象记录以来范围最广、强度最大的特大暴雨，最强降雨时段为19日下午至21日凌晨，最大日降雨量624.1mm，接近郑州平均年降雨量（640mm），特别是7月20日16：00～17：00极端小时降雨量201.9mm，突破我国大陆气象观测记录历史极值（198.5mm），河流洪水大幅度超历史纪录，城区降雨远超排涝能力（50年一遇排涝标准24小时降雨量199mm），主城区普遍严重积水，路面最大积水深度2.6m，导致全市超过一半（2067个）的小区地下空间和公共设施受淹严重、多个区域断水断电、交通断行。全省因灾死亡、失踪398人，其中郑州市380人。郑州市遭受重大人员伤亡和财产损失，涝水冲毁五龙口停车场挡水围墙、灌入地铁隧道，造成14人死亡；其中百年一遇暴雨强度内涝水深0.24m，与核算值0.5m有重大偏差，导致内涝设计基准明显偏低。郑州京广快速路北隧道发生倒灌淹没，6人死亡，247辆车被淹，造成重大人员伤亡、车辆受损和交通中断。

雨洪内涝倒灌淹没长大地下道路和下穿立交桥，造成交通中断、车辆受损甚至人员伤亡的概率很大。造成城市地下道路水灾的原因主要分为两种情况：一是地下道路出入口所在区域的洪涝客水倒灌进入，而且不能及时排出造成积水成灾；二是地下道路地下水渗入、出入口敞口部分的降雨、地面冲洗水等不能及时排出造成积水成灾。

### 4.4.2 防水灾技术现状

对于城市及区域洪涝造成的灾害，从2012年“7·21”北京特大暴雨以后到2021年“7·20”郑州特大暴雨近10年期间，根据住房和城乡建设部要求，由上海市政工程设计研究总院（集团）有限公司会同相关单位对《室外排水设计规范》GB 50014—2006（2014年版）进行修编。2021年出版的《室外排水设计标准》GB 50014—2021补充海绵城市建设相关内容；规定有条件地区采用年最大值法代替年多个样法计算暴雨强度公式；取消原规范中降雨历时计算公式中的折减系数，调整雨水管渠设计重现期，增加内涝防治设计重现期标准；规定了立体交叉道路地面径流计算要求等。这使得城市排水和防内涝的标准和能力有了显著提高，雨水管渠重现期大城市以上的中心城区为2～5年，中心城区重要地区为5～10年；内涝防治重现期大城市为30～50年，特大城市为50～100年，超大城市为100年。

对于地下道路出入口敞口部分的降雨、地下水渗入、地面冲洗水等不能及时排出造成积水成灾的，一般提高出入口雨水泵站及管渠的排水标准，提高出入口车道驼峰高度（≥0.3m），提高人行楼梯、风井、采光井等开口防水挡墙高度（≥0.45m）。《室外排水设计标准》GB 50014—2021规定，下穿立交道路排水应设置单独的排水系统，地下通道和下沉式广场的排水系统使用年限为20～50年；中心城区下穿立交道路雨水重现期按照地下通道和下沉式广场执行，非中心城区下穿立交道路雨水重现期不小于10年。

在超标暴雨来临时，一般用沙袋、挡水板等设施挡住车道出入口、人行楼梯、风井、采光井等开口，阻挡超标洪涝水倒灌入侵地下道路和地下空间，禁止通行、交通中断。

近年来全国很多城市针对目前“逢暴雨必内涝”的现象，投入大量资金对旧的排水设施进行提升改造，但是因历史欠账较多，许多城市的排水和内涝防治能力虽然在逐步提高，与国家标准还有一定差距，与近年来频发的特大暴雨的标准还有更大差距。因此，一座城市的防洪涝灾害以及地下道路的防水灾措施，不能够简单地依靠提高标准来解决，提高标准会带来投资高、投资性价比较低，甚至受各种外在条件限制实际实施时无法落地，达不到预期目标等问题。特别是地下道路及地下空间工程，进出口挡水驼峰的高度和人行楼梯、风井、采光井等开口防水挡墙高度，从车辆通行、视觉及相关的技术角度考虑，不可能因为提高防水灾标准而设计得太高；同时，也不能够出现降雨量增幅不大时就频繁关闭地下道路而影响正常通行。因此基于整个城市一定的防洪标准和防内涝标准，在客观实施条件和投资又受限的情况下，需要寻求韧性技术方案，提高其防水灾能力的弹性空间。

### 4.4.3 水灾成因与防治技术路线

1）水灾成因分析

造成城市地下道路水灾的成因主要有，地下道路地下水渗入、出入口敞口部分的降雨、地面冲洗水等不能及时排出造成积水成灾，地下道路出入口所在区域的洪涝客水倒灌进入，而且不能及时排出造成积水成灾。其中，地下水渗入、出入口敞口部分的降雨、地面冲洗水等不能及时排出造成的水灾相对较轻，防治与救援也相对简单，按照现行规范和标准设计实施，一般不容易造成人员伤亡和重大财产损失；而区域的洪涝客水大量倒灌进入地下道路造成的灾害则非常严重，预防和救援也非常困难，其具体成因如下。

（1）超标暴雨降水造成地下道路出入口所在流域洪水上涨，超过城市防洪标准，洪水水位高于出入口，淹没倒灌。

（2）超标暴雨降水造成地下道路出入口所在流域洪水上涨，虽然未超过城市防洪标准的水位高度，但是洪水与涝水叠加造成所在区域涝水排放不畅形成积水而倒灌淹没地下道路出入口。

（3）超标暴雨降水超过城市内涝防治标准，地下道路出入口所在区域排水管渠能力不能满足要求，造成涝水不能及时排出形成积水而倒灌淹没地下道路出入口。

（4）地下道路出入口所在区域是易涝点，或因微地形低洼周边山洪等客水汇集入侵，而且排水能力不足或排水不畅形成积水而倒灌淹没地下道路出入口。

2）防治技术路线

防灾体系分为防灾、减灾、救灾三部分，地下道路和地下空间防水灾“以防为主、防消结合”，整体上可以实行“源头减排、管渠排放、蓄排并举、超标应急”。前文所述地下道路水灾成因的前两种主要是流域洪水上涨造成，特点是洪水流量大、影响范围大，只能靠城市和流域整体整治或地下道路出入口竖向抬高至洪水水位线以上；后两种主要是超标暴雨降水超过雨水排放构筑物能力而造成，特点是涝水流量相对较小、影响范围相对较小，可以通过源头削峰减排或调蓄等措施缓解。

地下道路水灾防治分为三个层次。

（1）城市及区域防洪和内涝防治。应提高城市防洪涝标准，依靠城市现有或新建、改扩建防洪涝设施，以达到防水灾的目的，地下道路正常通行，防治主体是城市或区域。

（2）地下道路韧性内涝防治。超标暴雨降水超过城市内涝防治标准，可以通过源头削峰减排、调蓄或工程实施时优化地下道路出入口附近竖向设置等措施缓解，提高地下道路的内涝防治标准；将排涝泵站的配电设施置于地面以上，避免地下道路灌水淹没造成泵站无法正常排水；实现项目韧性防治水灾，提高后的标准以内，地下道路可以正常通行，防治主体为地下道路项目。

（3）超标应急管理防治。超标暴雨降水超过地下道路项目韧性内涝防治标准，实施应急管控措施，禁止通行、交通中断，用沙袋、挡水板等设施挡住车道出入口、人行楼梯、风井、采光井等开口，阻挡超标洪涝水倒灌入侵地下道路，减少财产损失；另外，泵站等应急救灾设施电源设置到地面，避免地下道路灌水后淹没电源设施而造成不能二次启动排水。

### 4.4.4 防水灾目标

国家“十四五”期间城市防水灾目标为：2025年基本形成较为完善的城市排水防涝工程体系，确保能够有效应对内涝防治标准以内的降雨，在超标暴雨降临时，城市交通生命线工程以及重要市政基础设施的功能不能丧失；到2035年，总体要消除防治标准内降雨条件下城市内涝现象。

基于城市防洪和内涝防治标准，城市地下道路和地下空间防水灾目标要求为：出入口雨水泵站及管渠的排水重现期标准按照《室外排水设计标准》GB 50014—2021中规定的上限执行，进出口挡水驼峰的高度和人行楼梯、风井、采光井等开口防水挡墙高度最低要求高于城市防洪水位线0.3m；城市地下道路和地下空间有条件的城市和地区在通过实施投资不高的韧性工程技术措施后，内涝防治标准的重现期能够达到大城市为50～100年，特大城市为100～200年，超大城市为200年。

### 4.4.5 水灾评估与预判

1）工程设计阶段的评估

目前在项目设计阶段除对流域洪水上涨倒灌地下道路造成的灾害进行防洪影响风险评估之外，还需要对小区域涝水倒灌地下道路造成的灾害进行影响风险评估，针对评估的结果采取相对应的措施。在评估过程中，须结合地下道路出入口所在流域的防洪标准及水位，出入口所在小区域内涝防治标准及水位，确定防水灾的等级及对应措施。

2）项目运行阶段预判

项目建成运行后，日常管理中最重要的就是根据天气预报的降雨量预判发生水灾的可能性，并按照应急预案采取相对应的措施。

### 4.4.6 技术创新与案例

1）源头减排

海绵城市建设理念是近年来国家重点推行的绿色生态理念，采取“渗、滞、蓄、净、用、排”等措施，用于城市水安全、水环境和水生态的治理，在区域内涝防治方面主要是发挥低影响开发设施的渗、滞、蓄功能，进行源头削峰和减排，在一定降水量标准范围内，能够有效控制地表径流，在地下道路防水灾的第一个层次，具有比较好的效果。

2）地面竖向控制地表径流

调整出入口附近小区域地面竖向标高，控制地表径流向远离地下道路出入口方向排放。某长大地下道路工程小区域周边整体地势以该地面道路为分水岭，中间高、两侧低，流域50年一遇洪水水位20.78m，比该出入口地面标高低3.5～4.2m，满足防洪要求（图4-17）。同时，地下道路洞口敞开段地面竖向设计标高为23.93m，路口西侧规划河道位置道路规划竖向约为23.00m，路口东侧规划竖向约为23.16m；解营路与该项目地面道路交叉口位置地面设计标高为23.54m，洞口接地点解营路北侧约130m位置设计标高为24.05m，超标暴雨降水时，地表径流向远离洞口接地点位置方向排放，不会形成小区域内涝积水倒灌至地下道路而造成水灾。

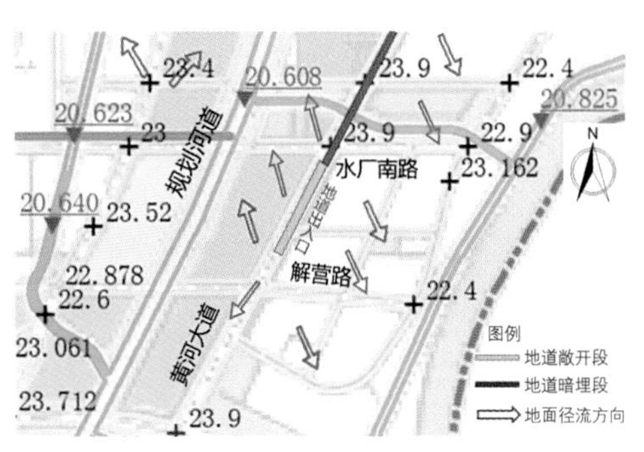

图4-17　某地下道路出入口周边区域雨水地表径流示意图

3）小区域排涝泵站

小区域设置排涝泵站，可保障小区域涝水不倒灌入地下道路形成水灾。某市穿黄隧道项目，隧道南洞口敞开段位于二环北路与蓝翔中路之间，所在流域70.3km$^2$，100年一遇防洪水位25.44m。隧道南洞口敞开段所在周围小区域的竖向为隧道与二环北路道路交叉口位置，地面设计标高为25.72m，西侧东宇大街与二环北路路口规划竖向标高约为25.18m，东侧药山西路与二环北路路口规划竖向标高约为25.62m，隧道与蓝翔中路交叉口位置地面设计标高为25.21m，西侧东宇大街与蓝翔中路路口规划竖向标高约为24.58m，路口东侧药山西路与蓝翔中路路口规划竖向标高约为25.27m。整体地势以东宇大街、蓝翔路、蓝翔中路以内区域竖向偏低，三条路外侧竖向偏高，只有靠水系一侧竖向趋低，隧道南洞口敞开段紧靠竖向低的区域，隧道入口接地点位于二环北路北侧，距停止线约52m，而且驼峰最高点设计标高为25.76m，只比流域100年一遇防洪水位25.44m高0.32m，存在流域高洪水位时，隧道出入口附近内涝水叠加而排水不畅，导致内涝水倒灌地下道路造成水灾的风险，因此小区域可设置排涝泵站缓解（图4-18）。

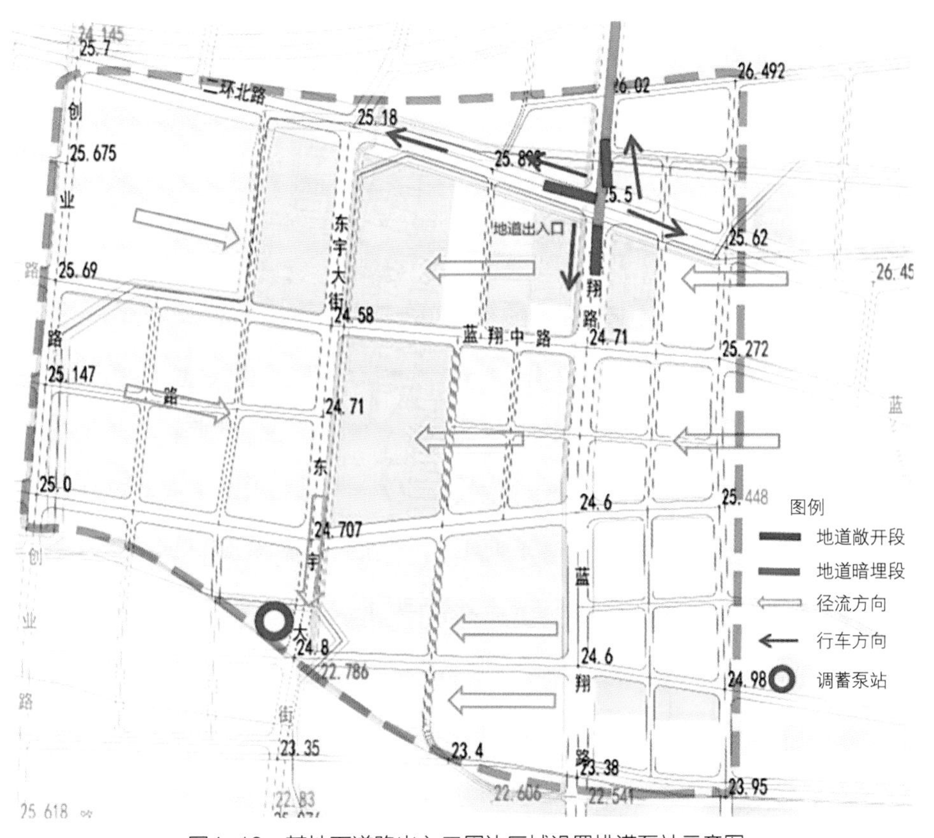

图4-18 某地下道路出入口周边区域设置排涝泵站示意图

4）设置雨水调蓄池

在地下道路长大隧道工程中，在出入口处及周边区域寻找合适的位置设置雨水调蓄池或利用有条件的地下道路空腔调蓄超标暴雨削峰，或与地下道路出入口的渐高段结合设置超标雨水调蓄池，可提高出入口的防内涝标准，增加地下道路的防灾韧性；但是雨水调蓄池在下立交项目中因投资性价比低不适宜采用（图4-19、图4-20）。

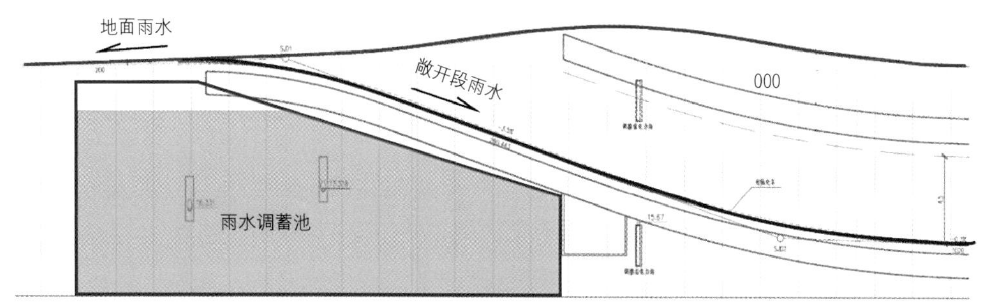


图4-19 长大地下道路出入口底部设置地面雨水调蓄池示意图

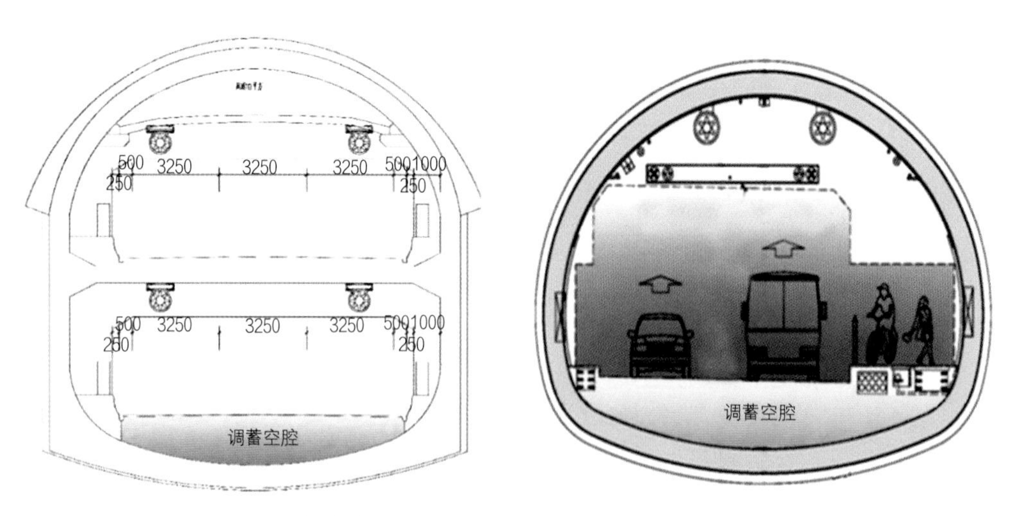


图4-20 长大地下道路空腔作为雨水调蓄池示意（单位：mm）

5）挡水措施

长大地下道路的出入口包括交通功能的车辆出入口、通风口、救援逃生口、人员出入口等，其挡水措施主要包括设施本身功能驼峰、挡水台阶，在超标雨水来临时，一般设置挡水沙袋、挡水板等，挡水板分为可拆卸和固定可自动升降挡水板等，挡水沙袋和可拆卸挡水板在各种出入口均可使用，固定可自动升降挡水板一般设置在车辆出入口（图4-21）。

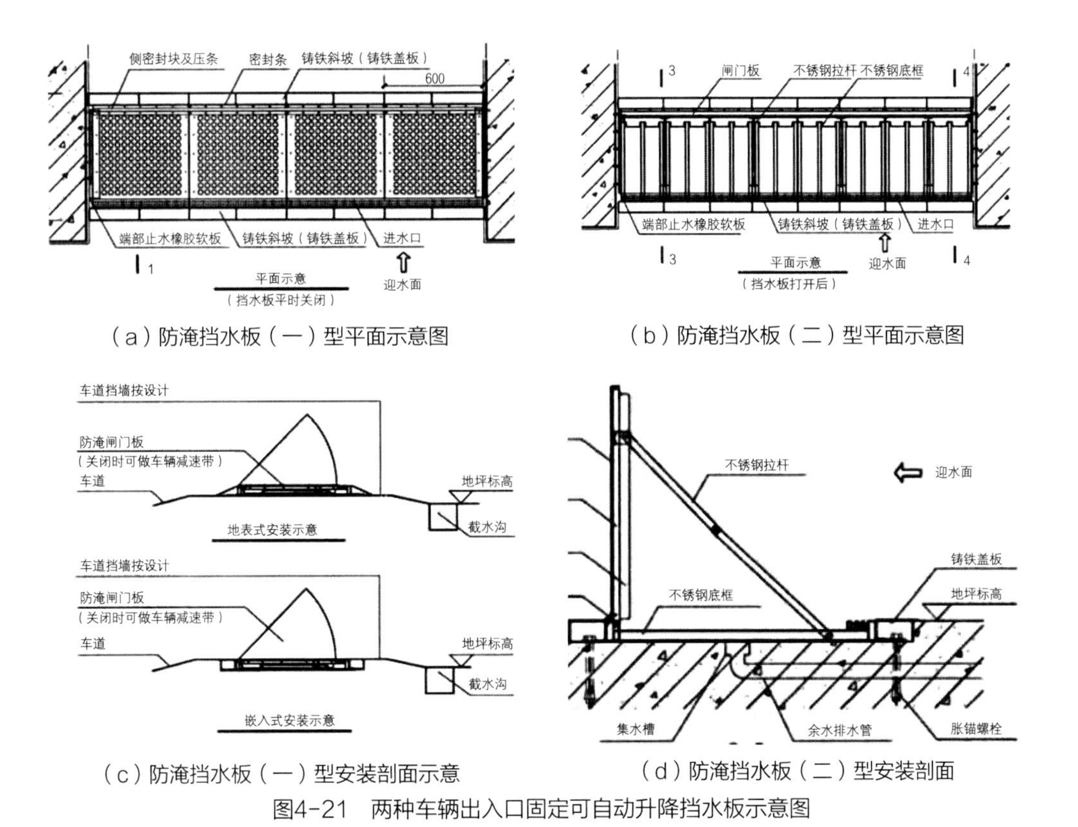


（a）防淹挡水板（一）型平面示意图　（b）防淹挡水板（二）型平面示意图

（c）防淹挡水板（一）型安装剖面示意　（d）防淹挡水板（二）型安装剖面

图4-21　两种车辆出入口固定可自动升降挡水板示意图

6）应急救援预案

长大地下道路应急救援一般分为工程设施部分和应急救援运行管理部分。工程设施部分主要包括设置防淹分区及分区隔离设施、逃生救援通道以及应急照明、通信与预警、排水、通风、指示标识、救援工具等设施；应急救援运行管理部分包括救援管理机构与医疗救助等救援队伍组建、各级联动机制建立、宣传教育、组织安全逃生预演、发布预警、救援预案、应急救援制度建立、应急救援资金投入，以及灾后清洁、消毒、功能恢复等。

## 本章小结

防灾是地下道路的设计重点，本章在分析地下道路灾害类型的基础上，围绕火灾和水灾两种常见灾害类型进行了系统论述。在防火灾设计方面，系统提出了防火灾的系统架构，并重点针对复杂多点进出地下道路的新类型和防灾新要求，研究了“分段模式”防灾管控的关键技术。在防水灾方面，分析了水灾成因，提出了防治技术路线，研究了水灾的评估方法等，并结合案例提出了应对水灾的创新措施和工程试点。

# 参考文献

[1] 涂笑霆，柳昆，彭芳乐. 城市地下道路规划及防灾探讨，面向低碳经济的隧道及地下工程技术［C］//朱合华，冯守中，闫治国. 面向低碳经济的隧道及地下工程技术：中国土木工程学会隧道及地下工程分会隧道及地下空间运营安全与节能环保专业委员会第一届学术研讨会论文集. 北京：人民交通出版社，2010.

[2] High-way England, Transport Scotland, Llywodraeth Cymru Welsh Government, Department for Infrastructure. Design manual for roads and bridges, highway structures & bridges design, CD 352 design of road tunnels（formerly BD 78/99）[R]. 2020.

[3] 韩直，杨荣尚，易富君，等. 公路隧道运营安全技术［M］. 北京：人民交通出版社，2012.

[4] 中华人民共和国住房和城乡建设部. 市政公用工程设计文件编制深度规定（2013年版）［M］. 北京：中国建筑工业出版社，2013.

[5] “Road tunnel operations” technical committee of World Road Association. Road tunnels manual, safety[R]. 2019.

[6] 薛亚东，黄宏伟，王永义，等. 高速公路隧道工程安全风险评估理论与实践［M］. 北京：人民交通出版社，2018.

[7] 中华人民共和国交通运输部. 公路桥梁和隧道工程设计安全风险评估指南（试行）［R］. 2010.

[8] UPTUN. Work package 5: evaluation of safety levels and upgrading of existing tunnels D51, comprehensive inventory of tunnel safety features[R]. 2008: 52–61, 63.

[9] 上海市住房和城乡建设委员会. 道路隧道标准：DG/TJ 08–2033—2017［S］. 上海：同济大学出版社，2017.

[10] Technical committee 4.4 Improving Road Tunnel Resilience. Considering safety and availability[R]. PIARC，2021.

[11] Technical committee 3.3 Road Tunnel Operation. Road tunnels: complex underground road networks[R]. PIARC, 2016.

# 5

# 城市地下道路通风创新技术

# 5.1 概述

城市地下道路的通风研究，起源于公路隧道的通风研究。初期的公路隧道，由于其长度不长，车流量不大，往往利用洞口两侧的自然压力差和车辆行驶产生的活塞风进行自然通风。随着隧道长度不断加长，车流量越来越大，纯粹依靠自然通风已经不能解决隧道内的空气污染问题。1924年美国匹兹堡市的自由隧道发生了交通堵塞，导致隧道内部分人员一氧化碳中毒，由此拉开了隧道通风研究的序幕。

隧道通风经历了全横向—半横向—纵向—组合通风方式的发展历程。到21世纪后，越来越多的超长隧道出现，纯粹的纵向通风已经不再适合这些超长隧道。为避免隧道内部风速、环境等条件的恶化，也避免由于隧道过长导致的风机数量和装机功率急剧上升，竖井送排式纵向通风应运而生。其本质还是纵向通风，但它利用施工中的斜井或设置通风竖井等方式，将超长隧道分成多个通风区间，一方面排出上一个通风区间的污染空气，另一方面送入新鲜空气用以稀释下一段通风区间的车辆尾气（表5-1）。

隧道通风方式介绍　　表5-1

| 全横向通风方式 | 半横向通风方式 | 纵向通风方式 | 组合通风方式 |
| --- | --- | --- | --- |
| 顶送顶排式<br>底送顶排式<br>顶送底排式<br>侧送侧排式 | 送风式<br>排风式<br>平导压入式 | 全射流<br>集中送入式<br>通风井送排式<br>通风井排出式<br>吸尘式 | 纵向组合式<br>纵向+半横向组合式<br>纵向+集中排烟组合式 |

对于城市地下道路，因为其地理位置比较特殊，往往建在开发程度较高的区域，地下道路洞口的环境要求比较高，洞口排放的全射流纵向通风不太适合在城市地下道路中使用，应用比较多的是“射流风机+竖井排出式”纵向通风。其本质还是纵向通风，区别在于，在隧道靠近出口处设置一座集中排风机房，将隧道内的大部分废气通过排风机房送入高风塔排放，污染空气经过高空稀释后，落地浓度能满足周边环境的要求。但由于城市规划的原因，高风塔已越来越难以实施。空气净化在隧道中的应用可以很好地解决这个问题。在隧道内或隧道旁设置空气净化装置，将隧道内被污染空气引至空气净化装置进行净化，净化后的空气能达到排放标准，可以直接排出隧道或重新注入隧道。这种技术可以降低工程由于高风塔选址引起的实施难度。

对于超过3km的特长距离隧道，由于隧道环境封闭、车流量大，隧道内行驶车辆的热量需由通风系统排出地下道路，并补充新鲜的温度较低的室外空气。当隧道内通风系统不足以排出地下道路内的热量时，道路内温度不断上升，因此对长距离地下道路来说，温升也是一个需要解决的问题。降温措施有很多种，但要选用适用于隧道这种需冷量大、处理风量大、处理对象是含油污等污物的空气的技术，高压细水雾喷雾降温不失为一种能满足隧道特殊要求的降温措施。

## 5.2 废气排放与空气净化技术

地下道路内产生的废气主要包括一氧化碳、氮氧化物、烟雾及异味。为了满足地下道路内行车人员安全和舒适性，需从地下道路外引入新风对地下道路内废气进行稀释。地下道路按其通风方式的不同可分为全横向、半横向和纵向通风方式。但不论采用纵向、半横向还是全横向的通风方式，均需将地下道路内的污染物排放至室外大气。

### 5.2.1 高风井排放与地面风口群排放

对于长大地下道路而言，道路长度长、车流量大，导致纵向通风的地下道路的出口或横向通风的排风口处污染物超标。为使地下道路污染物排放达到环保要求，往往会采用高空大气扩散的排放方式，需设置高风塔。利用风塔的高度，污染物经扩散后的落地浓度会较直接排放低，采用更高的风塔高度可以满足周边更高的环境要求（图5-1）。

当城市的开发越来越完善，穿越城市核心区域的隧道设置高风塔，不仅与周围建筑景观难以协调一致，更棘手的问题是风塔的选址给拆迁规划及工程建设等带来很大困难，群众对建在自己住宅周边风塔的接受度也越来越低。于是，各种不同的污染物排放方式开始出现。

一类是地面风口群，将地面排风口布置在道路中央地面绿化带内或者周边的绿地内，采用机械风道等量送风技术做线性多点均匀分散排放，将原来高风井或洞口的单点排放分散到线性排放，分散排放点的排放量以达到环境保护的要求。其中一种是采用集中排风机，接出排风道，风道上再开设多个地面排放口，将隧道排放的污染物从多个排风口排出。上海新建路隧道就是这样的一种方式。上海新建路隧道的浦东出口在陆家嘴

（a）上海北横通道

（b）上海军工路隧道

（c）上海龙耀路隧道

图5-1　地下道路风塔典型布置形式

图5-2　上海新建路隧道地面风口群

图5-3　上海上中路隧道地面风机群

地区，高风井的建设在陆家嘴地区有很大难度（图5-2）。新建路浦东段采用了地面风口群的排放方式，在道路中央绿化带设置了14个分散的排风口，分担隧道70%的废气。还有一种是在隧道靠近出口的地方设置分散的排放点，每个排放点处设置排风机，上海上中路隧道浦东段采用的就是这种方式。上中路隧道在浦东段靠近出口处设置了多处排放口，口部设置屋顶风机进行机械分点排放（图5-3）。

另一类是在隧道中部设置自然通风口，将集中排放的污染物分散在隧道多段内进行排放，如苏州星港街隧道。苏州星港街隧道长度为1.3km，但其出口是高档住宅区，洞口直接排放不满足环境评价的要求，高风塔的建设又受到很大阻力。因此，在隧道中部设置了30m长全断面完全敞开的口部，将部分污染物从中间的口部排出，减少了洞口的排放，满足洞口敏感建筑的环保要求（图5-4）。

还有一种是全线采用自然通风，沿线均匀开敞，将点排放完全变成沿线排放。上海北翟路地道（图5-5）全长1.4km，全线自然通风，沿线设置了21个自然通风口，污染空气从这21个自然通风口和洞口排到室外。

图5-4 苏州星港街隧道全断面敞开图

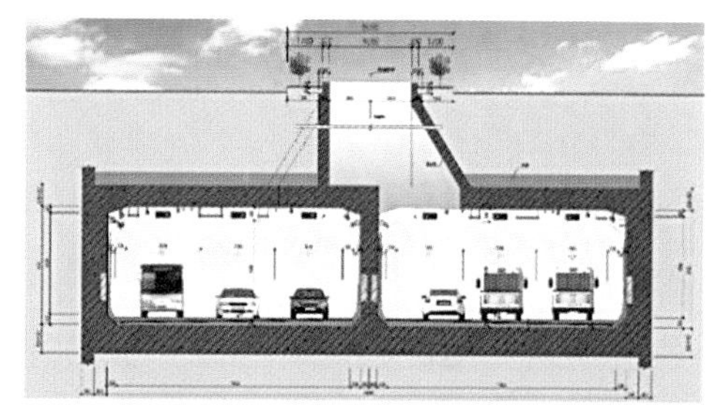

图5-5 上海北翟路地道自然通风口示意图

当然，无论是高风井排放、地面风口群排放，还是沿线敞口排放，只能解决洞口污染物不超标问题。这些排放技术治标不治本，要想彻底解决废气排放给环境污染带来的可能危害，只有在其排放出隧道之前将其净化。

空气净化技术在工业和民用领域得到了大规模应用，技术也很成熟。但对于隧道空气净化，由于需要处理的空气量非常大，处理的空气中含有的有毒有害气体也与一般工矿建筑和公共建筑不同，因此需要有专门的隧道空气净化技术和装置。

### 5.2.2 空气净化技术

机动车尾气排放对大气污染的影响是众所周知的。根据统计，我国城区大气污染物中，总量的50%以上是由机动车尾气排放造成的，如果单从数字比例还不足够说明问题，近些年来北京、上海等大城市频发的雾霾天气让每一个普通市民都明显感觉到了空气污染的严重性。有环境专家认为，雾霾是由于汽车尾气中的可吸入颗粒物所造成的。

在这种紧迫的形势下，除了考虑城市道路隧道对路面交通的分流、加速、疏通已经可以起到一定的减排作用之外，进一步则考虑通过在隧道内设置空气净化设备将绝大部分污染物处理掉，不再排放到大气中，这对改善城市空气环境质量的贡献将是巨大的。换一个角度，就我国大型城市的现状来看，隧道中的污染空气经净化系统处理后再经由排风口排出，其质量极有可能还高于排风口周边的原有大气质量，对促进社会和谐同样颇有益处。由此可见，城市道路隧道实施空气净化系统从长远来看是势在必行的。

目前隧道净化用得比较多的是在长大山岭隧道中使用的静电除尘装置，但是顾名思义，静电除尘装置只能除掉隧道中的一些粉尘和悬浮颗粒物，不能净化废气中的一氧化碳和氮氧化物。鉴于隧道通风的特点，风量大、温度低，采用常规的净化技术效果甚微，而且成本相当高。从目前的技术看，隧道废气净化有三种净化技术路线可走：第一种是借鉴工厂废气低浓度脱硝的技术，先将隧道废气集中收集，首先通过静电除尘装置将悬浮颗粒物净化，废气进一步氧化脱硝，将氮氧化物处理掉，然后净化后的无害气体通过风塔排放到大气中；第二种是与脱硝类似，也是先通过静电除尘装置将悬浮颗粒物净化，然后采用吸附的方式去除有害气体，最后净化后的无害气体通过风塔排放到大气中；第三种是利用光触媒技术在隧道壁涂氧化钛光触媒或者制成光触媒的隧道灯具净化废气，光触媒的重大特征在于它强大的氧化力，照明制品的光触媒材料多是以涂膜化的方式使用，可按适合要求的用途来选用。

隧道空气净化在日本和欧洲使用相对较多，对世界各地隧道空气净化系统方式进行比较，分为颗粒物去除和有害气体去除两部分。

颗粒物去除有静电过滤器和介质过滤器两种。

静电过滤器又分为平板式（图5-6）和蜂窝式（图5-7），平板式可以以旁通、吊顶和竖井的方式安装在隧道内，蜂窝式主要是在风机入口处安装。旁通式是在主隧道的侧边修建同等大小的旁通隧道，在其内安置净化设备，它的优点是施工方便，有足够的空间安置净化设备，维护方便，不影响主隧道交通；吊顶式是在主隧道的上面修建吊顶式旁通隧道，在其内安置净化设备，它施工方便，充分利用隧道的活塞效应，有最低的风机能耗；竖井式是从主隧道旁通一路出去，空气经过净化设备后直接向上排到室外，它有足够的空间安置净化设备，可以低速排风到外面，避免高风塔和高气流，节省风机能

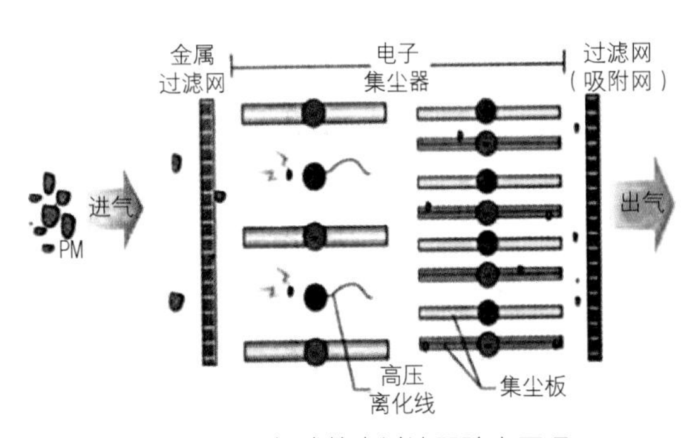


图5-6　平板式静电过滤器除尘原理

图5-7　蜂窝式静电过滤器

耗。蜂窝式是在射流风机入口安装匹配的蜂窝式净化器，对20 ~ 30m/s的风速予以净化，它安装简便，不占空间，不影响土建；但效率较低，没有办法作为有害气体过滤的前置处理，自动清洗和现场维护也比较困难，目前还没有正式应用的案例。

介质过滤器分为袋式过滤器和卷帘式过滤器。传统袋式过滤器材质为无纺布或玻纤，它的价格低廉，但阻力大，更换频繁，不太适合在隧道内使用，因此只有20世纪70年代在日本的隧道有应用。卷帘式过滤器为可卷动的介质过滤器，材质为介质无纺布，可反吹使用，它价格低廉，但阻力大，仍需要更换，且有运动部件故有较多维护需要，在若干项目上采用后逐渐被淘汰。

归纳下来，有以下几点结论。

（1）介质过滤器去除颗粒物的方式，仅在早期少数项目使用。因为阻力大，更换工作量大，不适合隧道的空气净化。

（2）蜂窝式风机过滤器，适合既有隧道的安装，能提高可见度，有其市场需求，但尚未得到项目验证。

（3）平板静电技术应用广泛，占据现有隧道颗粒物净化份额的90%以上，安全可靠，已被广泛认可。

（4）旁通、吊顶、竖井的安装方式都有较多案例，可以根据项目现场条件予以选择。

隧道有害气体去除基本上有三种方式：活性炭吸附、溶液吸收和光催化。活性炭吸附是采用特制活性炭，在低风速下吸附二氧化氮气体，同时对碳氢化合物、臭氧等也进行吸附，吸附效率高，系统简单，性能稳定；但每三年左右需要更换，或者送到工厂进行脱附再生。溶液吸收是采用氢氧化钾等盐溶液吸收二氧化氮并产生化学反应，吸附后的溶液可以现场再生，吸附效率高，但现场的系统比较复杂，占地面积大；每8 ~ 10个月效率下降10%左右，需要定期再生，对维护的要求较高。光催化是利用紫外线照射隧道墙体的二氧化钛涂层进行气味分解，初始效率可以接受，但随时间的推移很快失效，仅有意大利的一条隧道使用，没有再推广。

归纳下来，有以下几点结论。

（1）在世界上设有有害气体去除装置的隧道中，活性炭吸附占据最大的市场份额。其系统简洁可靠，模块化设计方便布置。最新的活性炭再生技术可以保证再生后的高效率，降低了使用成本。

（2）溶液吸收因为可以现场再生，能够降低长期的耗材成本，但系统本身非常庞大复杂，维护要求较高。日本的供应商已开始转向使用活性炭吸附，再送工厂进行活性炭再生的方式。

（3）光催化的方式因其易于失效而未得到认可。

（4）其他方式还有生物过滤，在停车场有应用但难以适应隧道内的高风速，没有实际案例，不予列入对比。

目前在空气净化领域，有更多的创新技术在不断涌现，这些技术是不是能有效处理隧道内的有害气体，并能适用于隧道污染物低浓度、环境差的特点，还有待进一步研究。

### 5.2.3 空气净化技术在隧道中的应用

日本非常重视隧道废气的处理，从某个角度来说，日本政府之所以投资兴建城市隧道，解决道路车辆拥堵问题是其主要目的之一，而另一个目的则是从环境角度考虑。相比于地面的交通方式，城市地下隧道一方面可以减轻地面车辆的噪声，另一方面，设置隧道可以收集汽车尾气产生的废气加以集中净化。日本环状新宿线是采用了脱硝的技术进行隧道废气净化并通过风塔排放废气的。根据现场实测结果，效果是令人满意的，总去除率高达90%以上。日本环状新宿线本町换气站如图5-8所示。

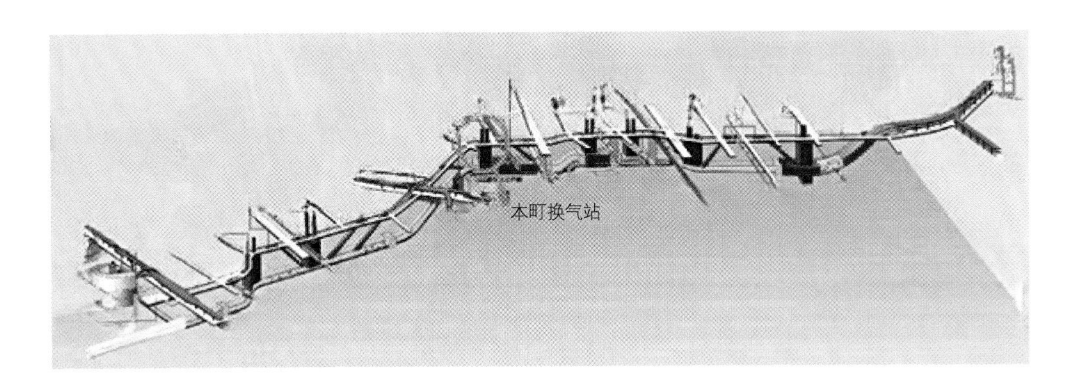


本町换气站脱硝装备效率（2013年） （日平均值）

| 日期 | 脱硝装置入口浓度（$10^{-6}m^3/m^3$） | 脱硝装置出口浓度（$10^{-6}m^3/m^3$） | 二氧化氮去除率（%） |
|---|---|---|---|
| 6月1日 | 0.258 | 0.007 | 97 |
| 6月2日 | 0.180 | ≤0.005 | — |
| 6月3日 | 0.353 | 0.006 | 98 |
| 6月4日 | 0.422 | 0.005 | 99 |
| 6月5日 | 0.400 | 0.010 | 98 |
| 6月6日 | 0.290 | 0.005 | 98 |
| 6月7日 | 0.375 | 0.006 | 98 |
| 6月8日 | 0.395 | 0.006 | 98 |

图5-8 日本环状新宿线本町换气站脱硝装备效率

挪威的莱达尔隧道采用了静电除尘方式对空气进行净化。莱达尔隧道全长24.5km，2000年在距入口9.5km处设置了一处空气净化装置。莱达尔隧道车流量非常小，对去除有害气体的需求不明显，因此隧道仅采用静电除尘方式去除颗粒物。

韩国的Chibu隧道全长2.8km，采用了旁通式的空气净化系统，处理风量285m$^3$/s。隧道一侧是动植物保护园区，因此空气净化系统很好地保护了动植物园区不受隧道废气的影响。

西班牙马德里M30隧道的空气净化也值得借鉴。M30隧道属于马德里一环M30的南段，属于M30环线的一段。工程始建于2005年，于2007年投入使用。建成后的M30隧道，地面是宽阔的公园，下层是一条线路庞杂的公路，数不清的匝道向两侧延伸。由于隧道与高速公路有接口，为保证车辆可以直接进入高速公路，地下有复杂的立交车行系统，进入隧道后，可以根据不同的方向进入不同的车道，根据引导可以经过隧道到达不同的目的地。M30隧道（图5-9）内有四家空气过滤设备厂家提供的19组设备，分别进行不同分段的空气处理。四家公司分别是德国的FILTRONtec、日本的Panasonic、挪威的CTA、奥地利的AIGNER，其中前两家的设备仅提供颗粒物过滤处理，而后两家则提供了颗粒物过滤和二氧化氮去除设备。隧道管理部门对19组设备进行了颗粒物去除效率的测试，测试结果表明，颗粒物的去除率均在80%左右。去除颗粒物的设备有静电式的，也有介质式的，去除有害气体的原理则都是活性炭吸附。经过净化的空气直接排出隧道（图5-10），地面设置了高度只有2m左右的风井，周边就是公园。地面道路地下化很好地解决了城市交通与景观的矛盾，而空气净化技术则大大改善了地下道路周边的环境，同时也解决了隧道风塔与环境的冲突问题。

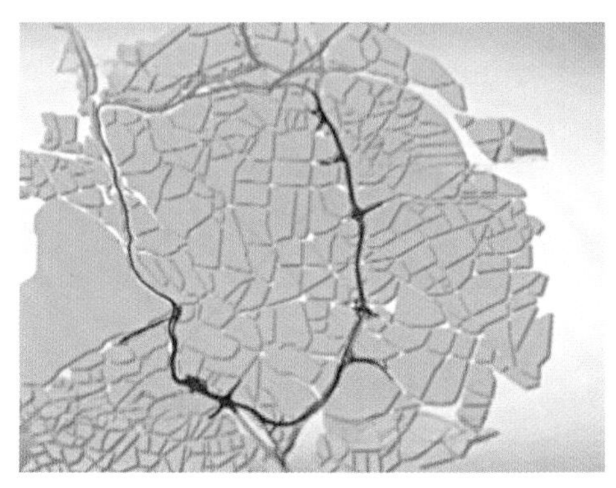

图5-9　西班牙马德里M30隧道

图5-10　采用空气净化后的风井

# 5.3 长大地下道路降温技术

环境相对封闭、交通流量大是城市地下道路的特点。随着地下道路长度及交通量的不断增加，隧道的温升问题已逐渐成为工程实施中需要解决的实际问题。隧道是相对封闭的环境，隧道内行驶的车辆会产生大量的热，需由通风系统排出地下道路，并补充新鲜的温度较低的室外空气。夏季室外温度高，补充的室外空气温度高，隧道通风系统不足以排除地下道路内的热量，会导致地下道路内温度不断上升，影响驾乘人员的舒适性，影响设备的正常运行，增加车辆抛锚等交通事故的频率，也可能会增加车辆自燃的风险。

## 5.3.1 隧道内的空气温度测量与分析

根据观测，可以获得隧道内平均温度受室外最高气温及最低气温影响的趋势图。隧道内空气平均温度在室外温度线的峰值点附近，即与室外最高气温相近；且隧道内平均温度的变化趋势与室外温度基本相同，当室外温度上升，隧道内平均温度也随即上升。隧道6月空气平均温度如图5-11所示。

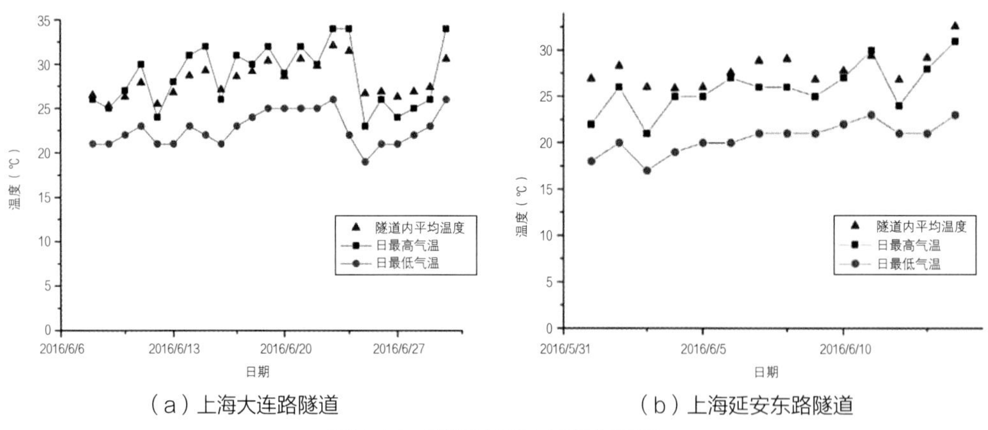


（a）上海大连路隧道　　（b）上海延安东路隧道

图5-11　隧道6月空气平均温度图

不同隧道因开放时间、隧道长度等不同，隧道内空气平均温度的变化规律也会显示出差异。当隧道长度长、开放时间长，则会出现隧道内平均温度高于室外最高温度的情况，这是隧道因常年使用而产生的热累积效应，在隧道使用达一定年限后，其与空气接触的围护结构等传热能力大大减弱，隧道内热环境恶化。

除了关注隧道内空气的平均温度，还应关注空气温度的极值。根据观测的结果，以典型隧道为例，隧道内的最低空气温度与室外最低气温相近，而隧道内最高空气温度则明显高于室外最高气温，其差值大部分在5～7℃；极值空气温度的变化趋势与室外温度基本一致，但其波动性更大（图5-12）。

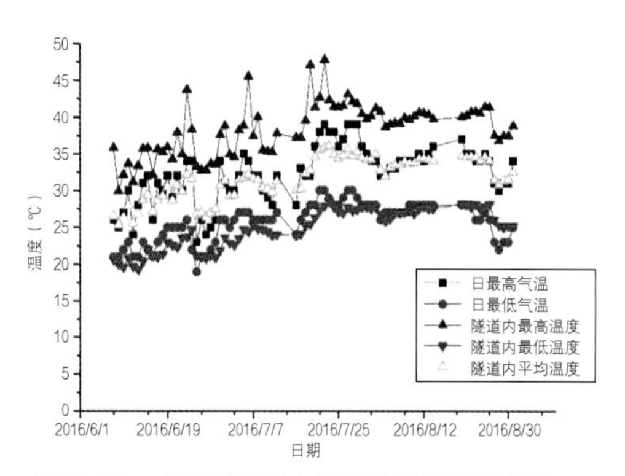


图5-12　典型隧道空气温度极值及相关温度

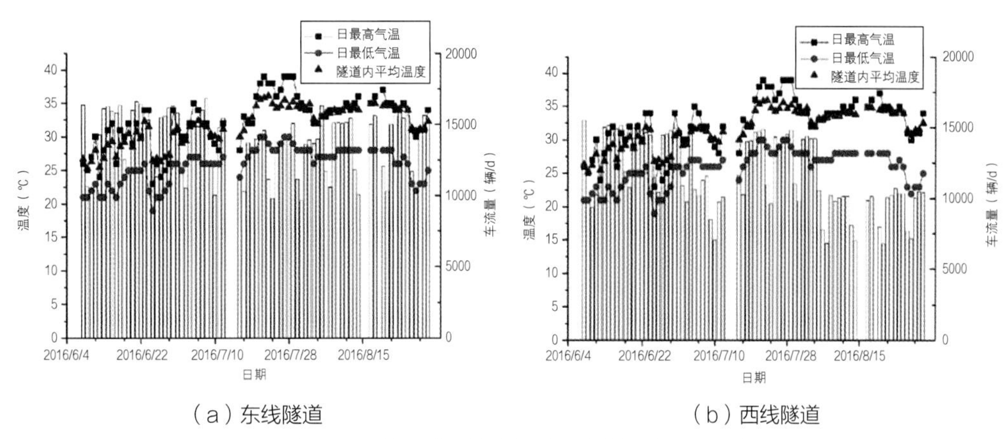


（a）东线隧道　　（b）西线隧道

图5-13　典型隧道东西线隧道内均温与车流量关系

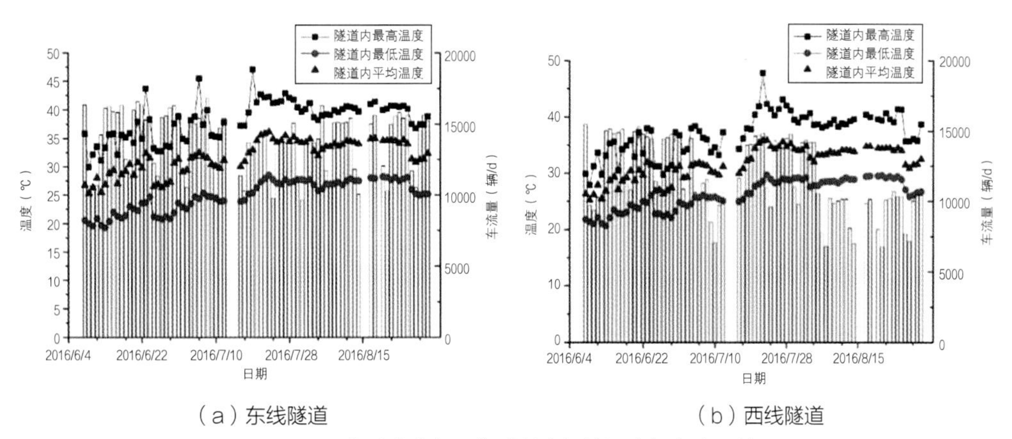


（a）东线隧道　　（b）西线隧道

图5-14　典型隧道东西线隧道内极值温度与车流量关系

隧道的温升与车流量的关系（图5-13、图5-14）也值得研究。根据观测结果，整理典型隧道的温度数据及交通量数据，可以看出，长期的隧道交通量与温度变化幅值间存在一定的相关性，而即时的交通量在隧道温度的极值上有所体现。

## 5.3.2 隧道温升模型与计算

采用微元法思想，将沿隧道纵向单位长度内的空气作为控制体进行分析。根据热力学第一定律，即不同形式的能量在传递与转换过程中的守恒定律，在一定时间内，进入控制体的能量$E_i$加上控制体自身所释放的能量$E_g$等于离开控制体的能量$E_o$与控制体内储存能量的变化$E_s$之和。就隧道内的空气流动过程而言，控制体自身所释放的能量$E_g$和离开控制体的能量$E_o$均为0，因此存在如下关系：

$$E_i = E_s \tag{5-1}$$

对于城市公路隧道，进入控制体的能量$E_i$主要由空气与隧道周壁进行换热得到的能量$E_{i1}$，汽车发热量$E_{i2}$，照明灯具、变电所及其他设备散热量$E_{i3}$构成，即

$$E_i = E_{i1} + E_{i2} + E_{i3} \tag{5-2}$$

控制体质量、体积保持不变，其内储存能量的变化$E_s$表现为温度的变化，即

$$E_s = Cm\Delta t \tag{5-3}$$

在隧道风速确定的情况下，上式满足：

$$E_s = CQ_L\rho(t_{x+dx} - t_x)/u \tag{5-4}$$

式（5-3）、式（5-4）中，$C$为空气的比热［J/（kg·℃）］；$m$为沿隧道单位长度的空气质量（kg）；$\Delta t$为空气温度变化（℃）；$Q_L$为隧道通风风量（$m^3/s$）；$t_x$为距离隧道洞口$x$处的空气温度（℃），$t_{x+dx}$为距离隧道洞口$x$+d$x$处的空气温度（℃），其中d$x$为微元的长度（m）；$\rho$为空气的密度（$kg/m^3$）；$u$为隧道内风速（m/s）。纵向通风隧道气体换热模型如图5-15所示。

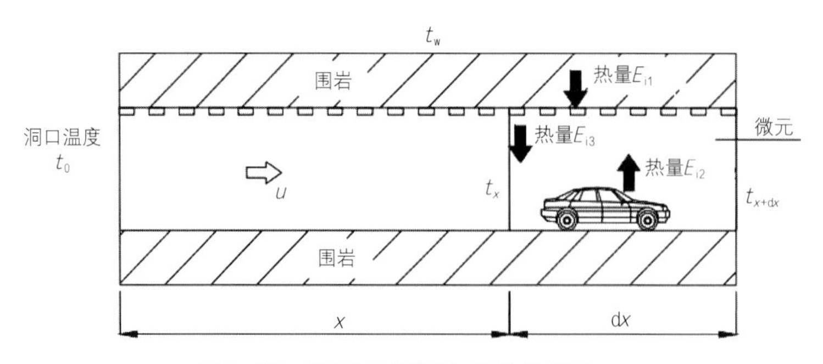


图5-15 纵向通风隧道气体换热模型

1）空气与隧道壁换热量

热量传递包括热辐射、热传导和热对流三种基本方式。

热辐射量$I$满足公式：

$$I = \varepsilon \sigma T^4 \tag{5-5}$$

式中，$\varepsilon$为表面辐射系数；$\sigma$为斯蒂芬—玻尔兹曼常数；$T$为物体绝对温度。

在本模型中，研究对象属于非金属物体，表面辐射系数很小；且温度水平较低。较热传导和热对流而言，热辐射在计算中可忽略不计。

忽略热辐射量，问题简化为带有对流边界条件的一维不规则筒壁传热问题。整个传热过程由三个环节串联而成，即空气流体与隧道内壁之间的对流换热、隧道壁内部导热，以及隧道外壁与围岩间的传热。假定隧道混凝土外壁面与围岩间理想接触，没有接触热阻，即二者接触表面具有相同温度。另外，出于计算方便，将筒壁展开做厚度一定的大平板考虑。空气与隧道壁间的换热量$\Phi_1$可表示为：

$$\Phi_1 = \frac{t_x - t_w}{\dfrac{1}{h_1} + \dfrac{\delta_1}{\lambda_1}} U \mathrm{d}x \tag{5-6}$$

式中，$t_x$为距离入口$x$处隧道内的空气温度（℃）；$t_w$为一定深度围岩的恒定温度（℃）；$U$为对流换热周长（m）；$h_1$为空气与隧道内壁的对流换热系数［W/（$m^2$·℃）］；$\lambda_1$为隧道混凝土壁面导热系数［W/（m·K）］；$\delta_1$为隧道壁面厚度（m）。

2）车辆散热量

汽车散热量与汽车类型、行驶速度、环境温度、道路坡度等众多因素相关，若逐一分项考虑，计算将非常复杂。本问题从简化计算的角度出发，假定汽车类型均为小汽车，汽车散热沿隧道纵向均匀分布，且不考虑坡度影响。

基于能量守恒定律，以单辆小汽车的能量转换为出发点进行考虑：热力发动机以石油产品作为燃料，通过燃烧将燃料中的化学能转换为热能，再经由曲柄—连杆机构转换为机械能。汽车发动机产生的有效功率与燃油化学能之比称为热效率$\lambda$，“$1-\lambda$”可视为汽车的散热系数。因燃油机的整个能量过程需遵守卡诺循环，故热效率较低，通常在30%左右。根据以上分析，燃油小汽车在隧道内单位长度的散热量$\Phi_2$可表示为：

$$\Phi_2 = \frac{G q \rho_{油} J (1-\lambda)}{3600 \times 1000} \tag{5-7}$$

式中，$G$为小时交通量（折合成小汽车），单位为pch/h；$q$为平均耗油量（L/km），此处取0.07L/km；$\rho_{油}$为燃油密度（kg/L），此处取0.75kg/L；$J$为燃油的热值（J/kg），汽油的热值为$4.4 \times 10^7$J/kg；$\lambda$为发动机热效率，此处取30%。

考虑新能源电动汽车的快速发展以及其市场占有率的不断提升，预计电动汽车在城市道路隧道通行车辆中的比例将有明显增长。从能量转换的角度看，电动汽车直接将化学能转换为电能，驱动车辆行驶。能量转换的过程不受卡诺循环限制，热效率可达70%～80%。故在车辆散热的计算中，需考虑新能源电动汽车的占比，并另作计算。电动汽车在隧道内单位长度的散热量$\boldsymbol{\Phi}'_2$可表示为：

$$\boldsymbol{\Phi}'_2=\frac{GQ_{100}(1-\lambda)}{100} \tag{5-8}$$

式中，$G$为小时交通量（折合成小汽车）（pcu/h）；$Q_{100}$为百公里耗电量（kW·h/100km），此处取16kW·h/100km；$\lambda$为电发动机热效率，此处取75%。

3）灯具散热量

照明灯具散热是城市道路隧道内除车辆散热外的另一主要热源。就目前来看，高压钠灯和荧光灯（主要用于洞内紧急停车带和横通道照明）在国内道路隧道照明体系中的应用最为广泛；与此同时，受国家“节能减排”战略导向影响，以LED灯和电磁感应灯为代表的新型高效节能光源受到重视，并逐步投入到使用当中。从光源的发展趋势出发，以LED灯为例进行灯具散热量的相关计算。假定灯具在隧道内均匀布置，则单位长度灯具散热量$\boldsymbol{\Phi}_3$为：

$$\boldsymbol{\Phi}_3=nP(1-\omega)/d \tag{5-9}$$

式中，$d$为灯具的布置间距（m）；$n$为每处布置灯数；$P$为每盏灯具的散热量（W）；$\omega$为灯源的光电转换效率，通常在20%～30%。

4）变电所及相关设备散热量

中短隧道通常只在入口或出口处设置变电所，沿线电缆及相关设备散热量较车辆和灯具散热来说要小得多，可忽略不计；但对于长大隧道，尤其是对于那些联系多城市副中心的交通主轴式地下道路工程来说，除在进出口段设置变电所外，还会在隧道中间段分区增设箱式变电站或埋地变电站，此时，变电所及相关设备散热对隧道主线纵向温度的影响则不可忽略。

假定变电区间内低压柜及变压器散热沿隧道纵向均匀分布，则隧道单位长度内变电所及相关设备散热量$\boldsymbol{\Phi}_4$为：

$$\boldsymbol{\Phi}_4=\frac{(P_1+nP_2)}{D} \tag{5-10}$$

式中，$P_1$为区间变电所低压柜总热损功率（W）；$P_2$为区间变电所单台变压器热损功率（W）；$n$为区间变电所配置的变压器台数；$D$为区间变电所间距（m）。

5）温升计算

本问题主要针对已建或在建的长大多匝道城市道路隧道内的空气温升预测，考虑匝道口（或竖井）的进出风作用；认为燃油小汽车在隧道通行车辆中占比$\xi$，新能源汽车占比（1-$\xi$）；考虑变电所及相关设备散热。在明确隧道内工况及通风条件的前提下，道路隧道内单位长度空气与隧道壁换热$E_{i1}$，车辆散热$E_{i2}$，照明灯具、变电所及其他设备散热$E_{i3}$可分别表示如下：

$$E_{i1}=\begin{cases}\Phi_1\tau_1=\int_0^x \dfrac{t_x-t_w}{\dfrac{1}{h_1}+\dfrac{\delta_1}{\lambda_1}}U\cdot\dfrac{dx}{u_1}\\ \Phi_1\tau_2=\int_0^x \dfrac{t_x-t_w}{\dfrac{1}{h_1}+\dfrac{\delta_1}{\lambda_1}}U\cdot\dfrac{dx}{u_2}\\ \cdots\cdots\end{cases} \tag{5-11}$$

$$E_{i2}=\begin{cases}[\Phi_{21}\xi+\Phi'_{21}\ (1-\xi)]\tau_1=[\dfrac{G_{21}q\rho J(1-\lambda)}{3600\times1000}\xi+\dfrac{G_{21}Q_{100}(1-\lambda)}{100}(1-\xi)]\cdot\dfrac{x}{u_1}\\ [\Phi_{22}\xi+\Phi'_{22}\ (1-\xi)]\tau_2=[\dfrac{G_{22}q\rho J(1-\lambda)}{3600\times1000}\xi+\dfrac{G_{22}Q_{100}(1-\lambda)}{100}(1-\xi)]\cdot\dfrac{x}{u_2}\\ \cdots\cdots\end{cases} \tag{5-12}$$

$$E_{i3}=\begin{cases}(\Phi_3+\Phi_4)\tau_1=[\dfrac{nP(1-\omega)}{d}+\dfrac{(P_1+nP_2)}{D}]\cdot\dfrac{x}{u_1}\\ (\Phi_3+\Phi_4)\tau_2=[\dfrac{nP(1-\omega)}{d}+\dfrac{(P_1+nP_2)}{D}]\cdot\dfrac{x}{u_2}\\ \cdots\cdots\end{cases} \tag{5-13}$$

由式（5-1）~式（5-4）、式（5-10）~式（5-13）通过积分可得：

$$t=\frac{A+Bt_w}{B}+(t_0-\frac{A+Bt_w}{B})e^{-\frac{B}{Q_L C}x} \tag{5-14}$$

式中，$A=\begin{cases}[\Phi_{21}\xi+\Phi'_{21}\ (1-\xi)]+\Phi_3+\Phi_4\\ [\Phi_{22}\xi+\Phi'_{22}\ (1-\xi)]+\Phi_3+\Phi_4\\ \cdots\cdots\end{cases}$，为包括汽车散热量、灯具散热量、变电所等配套机电设备散热量在内的沿程散热系数；$B$=$\Phi_1$，为隧道壁面的热阻；$u$为隧道内风速；$Q_L$为隧道通风风量；$\tau$为时间。

计算以上海北横通道工程为例。正常工况下北横通道隧道主线纵向空气温度与位置关系如图5-16、图5-17所示。

夏季气温31.2℃（即隧道入口进风温度）时，正常工况下，风机全关时隧道最高温度达到48.4℃（隧道出口处），最大温升17.2℃。其中，超过40℃的有3709m，分成2段，

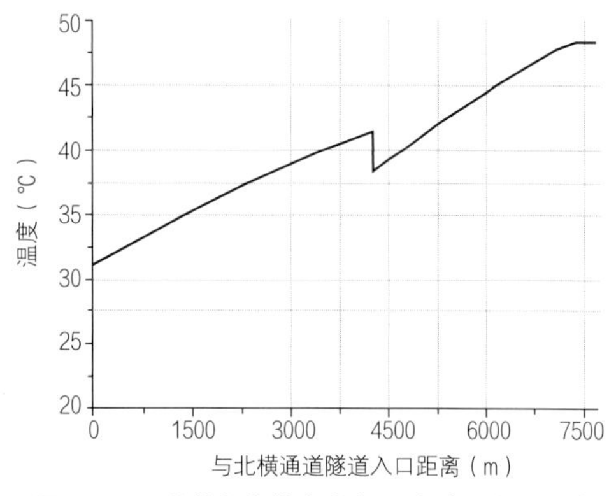

图5-16 隧道主线纵向空气温度（风机全关）

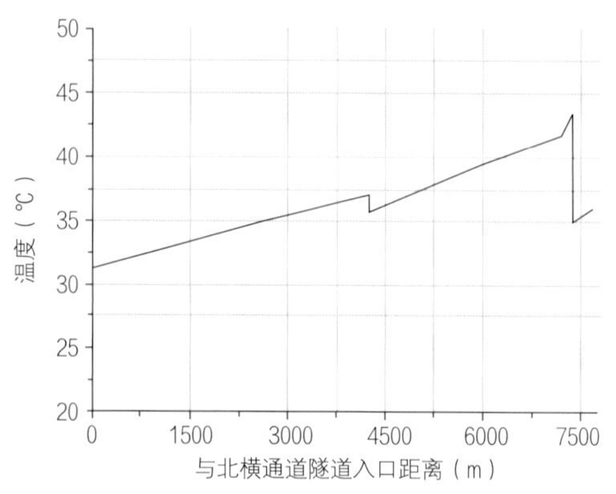


图5-17 隧道主线纵向空气温度（风机全开）

长度分别为730m和2979m，两段长度占隧道总长度的48%；超过45℃的有1534m，为连续段，占20%。因此，对于此类长大城市道路隧道而言，单靠交通活塞风及匝道口换气作用难以遏制过高过快的温升。

当开启全线风机后，隧道内最高温度达到43.3℃，最大温升12.1℃。其中，超过40℃的有1025m，为连续段，占13%。与风机全关的工况相比较，隧道内最高温度下降5.1℃，且无超过45℃的区段，温升趋势得到控制。风机的开启使得隧道主线风量明显增加，隧道出口处风流组织明显变化，外界低温空气经匝道进入隧道主线，使得主线温度于隧道出口附近陡降。

由此可见，设置风井、配备数量及规格合理的射流与轴流风机、使用其他必要的降温手段等对隧道高温风险的防控极为重要。

在隧道长期运营条件下，还要考虑隧道壁面因传热热阻增加而产生的传热能力减弱；同时，随着时间的推移，隧道运营所产生的热影响范围将持续扩大，此时隧道所处地层也无法再视为恒温状态。在该种条件下，隧道衬砌及周围地层的蓄热（冷）能力减弱，由式（5-6）计算得到的理想结果将与实际情况产生一定的偏差，在计算隧道长期温升时，这样的偏差不可忽视。

### 5.3.3 隧道降温措施

1）加大通风量降温

常规的隧道通风系统是根据《公路隧道通风设计细则》JTG/T D70/2-02—2014设计的，目的是稀释隧道内汽车行驶中产生的烟尘和一氧化碳，以达到安全和卫生标准。若考虑长大隧道内温控要求，必须加大通风量。通风量视隧道长度、通风方式的不同而不同。

有文献研究表明，上海崇明越江通道长江隧道若满足降温要求，通风量将超过1500m³/s，约为稀释污染物通风量的2倍多；当采用纵向通风时，相应隧道断面风速接近20m/s，不仅远大于规范中8m/s的隧道风速限值，而且已远远超过行车安全的限值。若采用纵向多竖井送排式通风方式可有效加大隧道内空气换气量，需要在隧道段设置多个送排风井，此方法严重受限于周围环境条件。若采用半横向送风方式也可以显著增加隧道内高温空气与外界空气的换气量，以控制洞内温度。该通风方法需设置集中横向风道，将外界空气由风机集中送入横通道然后进入隧道内，高温空气可借助汽车活塞风由洞口或集中排风井排出，也可在隧道内开启一定数量的射流风机以加强隧道内空气流动。该方法需要设置横向风道和集中井，长大隧道一般会采用半横向排烟系统，因而半横向通风可以与排烟系统共用风道。

以上海某隧道为例，通过计算得出在隧道温控条件下采用通风系统的通风量。纵向通风时隧道内温控条件下的通风量$Q_L$为：

$$Q_L = -\frac{B \cdot x}{C \cdot \ln \frac{t_x - \frac{A + Bt_w}{B}}{t_0 - \frac{A + Bt_w}{B}}} \tag{5-15}$$

隧道全长约7.7km，隧道内汽车和灯具、设备的单位长度散热量为1852.88W，即$A$为1852.88；盾构隧道衬砌与围岩和隧道内空气的综合换热系数$B$为2.22。取上海市夏季通风室外计算温度$t_0$为31.2℃，隧道出口处温度$t_x$为45℃，地层温度$t_w$为17℃，则计算得到该温控条件下的通风量$Q_L$为990m³/s。根据《道路隧道设计规范》DG/TJ 08-2033—2008计算得到的满足卫生和安全要求的通风量为280m³/s，前者约为后者的3.5倍。若根据温控要求设置纵向通风，射流风机的台数和容量较原通风系统显著增加，且隧道断面风速达到22.5m/s，远超过隧道内行车安全风速要求。

对于有条件设置中间送排风井的长大隧道来说，适当缩短通风区间，或加大通风区间的通风量，可有效降低隧道温升。以上海某隧道为例，隧道长17km，按《道路隧道设计规范》DG/TJ 08-2033—2008，以稀释隧道内污染物进行通风计算，采用计算通风量进行温升计算，拟定了三个方案如下。

方案一：隧道全长设4个中间风井，通风区段平均长度3.40km。

方案二：隧道全长设5个中间风井，通风区段平均长度2.83km。

方案三：隧道全长设5个中间风井，通风区段平均长度2.83km（加大风量）。

方案一风机总风量1040m³/s，隧道温升（隧道内最高温度与进口之间的温升）为21.3℃；

方案二风机总风量1150m³/s，隧道温升（隧道内最高温度与进口之间的温升）为20.2℃；

方案三风机总风量1380m³/s，隧道温升（隧道内最高温度与进口之间的温升）为17.3℃。

方案三即使加大了送风量，但由于通风区间短，单个区间的风量不大，断面风速也在允许范围内。

因此，对于长大隧道来说，加大通风量作为温控措施是可以在有条件的情况下实施的。

2）空调降温

采用空调系统降温需在隧道两侧建立独立的制冷机房和空调机房，在隧道内敷设风道将冷风送入。由于隧道长度很长，汽车行驶散热量大，隧道降温需配置的空调制冷量很大。

以上海某隧道为例，连续长度7.7km的暗埋段，为控制隧道内温度小于45℃，单侧隧道需6550kW制冷量，整座隧道需13100kW制冷量，需要在隧道周边设置3处冷冻机房，每处面积约150m²。制冷设备的装机容量约为2500kW，工程造价及后期运营费用相当高。

此外，应用于隧道降温的空调系统由于风量大、空气清洁度差，对系统的末端设备也提出了较高要求。基于以上特点，目前国内外的长大隧道中尚未有应用空调降温系统的案例。

3）冰水管降温

在隧道两侧布置集中冷冻站，在隧道内敷设水管，将冷冻站产生的冷水输送到水管中，通过与隧道内空气换热以达到降温目的。该方法与空调降温类似，需要庞大的制冷系统。同时，隧道长度长，冰水管末端的降温能力有限。

英吉利海峡铁路隧道即采用该方法进行隧道降温。英吉利海峡铁路隧道全长50.5km，其中海底隧道长度为37km，列车以160km/h的速度在隧道内行驶，产生的压力和空气摩擦力使得隧道内温度上升到49～54℃，对隧道内结构和列车运行产生很大影响。英吉利海峡铁路隧道采用在两条独立的火车道内布置冰水管，利用火车行驶过程中产生的活塞风作用加速空气流动，通过热交换作用将隧道内空气冷却。隧道在两端口分别设置一处制冷机房，每个制冷机房内有4套制冷设备，每套制冷设备的制冷量约为7000kW，提供2℃的冷媒水至管路中，水管采用*DN*450裸管敷设，总敷设管长约为

200km，冰水冷管中总循环水量达到84101t。该隧道冰水冷管降温系统总投资2亿美元，成为世界上最昂贵的降温系统。

4）高压喷雾降温

公路隧道内行车和设备等产热绝大部分为显热，散湿量很小，使得隧道内夏季干球温度高，相对湿度小。此种环境为采用喷水蒸发降温创造了良好的条件。高压喷雾系统是将水通过喷嘴雾化后直接喷射在隧道空气中，雾滴与空气通过传热传质作用蒸发吸热进行降温。雾滴在隧道内的传热传质速度不仅取决于空气的初始状态，同时也与雾滴的初始状态直接相关，因而在隧道内使用喷雾降温关键是控制喷水量、水雾粒径和雾滴的下降高度，不能影响行车的视距，还要保证较高的蒸发效率。

表5-2列出了雾滴直径、每升水的表面积、汽化时间及自由下落速度之间的关系，从表中可以看出，在总水量一定时，雾滴直径越小，表面积越大，汽化所需要的时间也越短，吸热作用和效率就越高。对于相同的水量，高压细水雾雾滴所形成的表面积至少比传统水雾喷出的水滴大100～1000倍，因此高压细水雾系统的冷却降温作用非常明显。

雾滴直径、表面积、汽化时间和自由下落速度的关系　　表5-2

| 雾滴直径（mm） | 每升水的表面积（$m^2$） | 汽化时间（s） | 自由下落速度（m/s） |
|---|---|---|---|
| 10.0 | 0.2 | 620 | 9.2 |
| 1.0 | 2.0 | 6.2 | 4.0 |
| 0.1 | 20.0 | 0.062 | 0.35 |
| 0.01 | 200.0 | 0.0062 | 0.003 |

另外一方面，高压细水雾雾滴质量很小，因此自由下落速度可以忽略，雾滴不会轻易下落到地面，而是跟随空气流动，增加了与空气的热交换时间，有利于雾滴的吸热降温过程。

相关文献资料表明，雾滴在生命周期内在垂直方向上的下降高度与粒径、隧道空气的干湿球温差有很大关系，如图5-18所示。从行车安全角度考虑，雾滴必须在行车安全高度以上就完全蒸发，汽车交通隧道一般控制雾滴下降高度在2m以内。从图5-18中可以看出，雾滴的粒径要控制在60μm以下，隧道内空气的干湿球温差至少应在2℃。

隧道内喷雾量的计算根据雾滴蒸发的能量守恒得到：雾滴显热吸热量+雾滴气化潜热吸热量=隧道内空气传递给雾滴的热量。

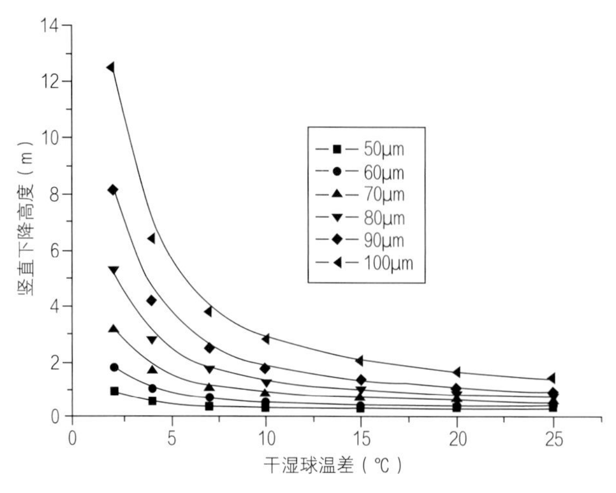


图5-18　干湿球温差与雾滴竖直下降高度的关系

$$m=\frac{Q_L\bullet\rho\bullet C\bullet(t-t_0)}{r+C_1\bullet(t-t_1)} \tag{5-16}$$

式中，$m$为隧道内总喷雾质量流量；$r$为雾滴汽化潜热；$C_1$为水的比热容；$t$为喷嘴断面处隧道内空气干球温度；$t_1$为水的初始温度。

与喷雾降温作用原理相似的还有洒水车喷水降温形式，但该种方式降温效果差，对交通影响也大。2005年夏季对延安东路复线隧道采用洒水车进行喷水降温试验，根据喷水量计算路面水膜厚度为0.27～0.40mm，喷水期间隧道出口段空气温度降低了约3℃，相对湿度增加了约15%。但喷水作业结束后温升很快恢复，20分钟后隧道内空气基本恢复到喷水前的温度。计算有效蒸发的水量仅占总喷水量的5.8%，大部分水未经蒸发从路旁侧沟排走。

## 5.3.4　降温措施在隧道的应用

上海市隧道工程设计研究院对崇明长江隧道喷雾降温系统建立了全比例喷雾降温试验台，进行了隧道运行工况下典型热季、梅雨季节、通风季节等气象条件下的24种工况、5种高压水雾喷头的试验，对断面喷雾量、喷雾粒径进行筛选研究，提出了隧道内适用的喷雾量、喷雾粒径以及各种条件下的隧道能见度定量指标，确定了公路隧道喷雾形式、喷嘴安装、断面布置方式等。在试验中采用16MPa压力的水泵，由洞口的干球温度、隧道内空气温度及干湿球温差共同控制喷雾的启停。采取降温措施后，对全程设计工况下的隧道温度进行计算，若进洞气温为34℃，喷雾降温后，全程温度不超过

42℃，超过40℃的隧道长度不足400m。即使室外气温高达37.3℃，也保证全程温度不超过45℃。

文献资料对崇明长江隧道的喷雾降温系统采用Fluent软件的DPM两相流模型进行数值模拟，在设计条件下隧道内空气在不同相对湿度下与喷嘴不同距离处的空气温降如图5-19所示，模拟结果表明，随着相对湿度的增加，雾滴的蒸发速率有所下降，但最终都能达到所要求的温降6℃，说明只要隧道内空气没有达到饱和，无论隧道内空气相对湿度多大，都能使隧道温度下降到控制值。

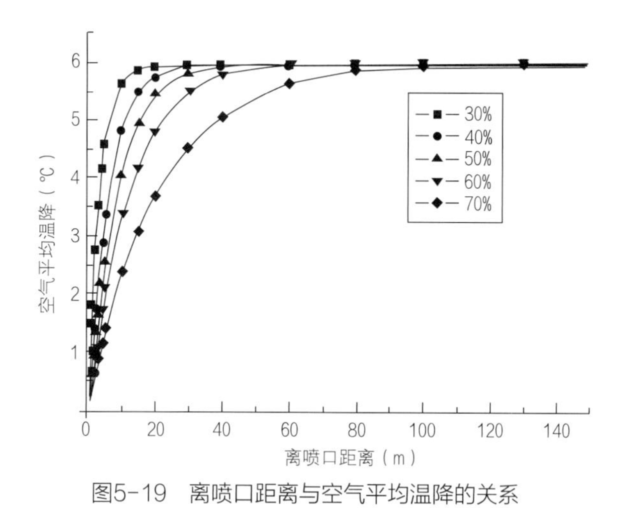

图5-19 离喷口距离与空气平均温降的关系

中国台湾雪山隧道全长12.94km，由两孔双车道隧道组成，为台湾第一长、世界第五长隧道。随着运营时间的增加，交通量日益增大，在庞大的车流量及环境温度双重影响下，隧道内温度有逐渐升高的趋势。目前，该隧道设有通风降温系统，但运营监测数据显示，该通风降温系统已无法满足隧道内温控要求。有学者对雪山隧道设置喷雾降温系统进行了数值模拟分析，确认雾滴是否影响驾驶能见度，并仿真分析隧道空气相对湿度、喷雾水量、水温及隧道风速对系统的影响，并由仿真结果初步拟定系统的设计参数。最后在雪山隧道内设置喷雾降温系统，进行全尺度试验，探讨系统的可行性及实际测量隧道温度变化，分析喷雾降温方式所能达到的降温效果。仿真模拟也是采用Fluent软件进行，模拟了不同相对湿度、不同喷雾水量、不同水温和不同隧道风速对影响驾驶者能见度的雾滴百分比的影响。数值模拟和全尺度试验结果表明，相对湿度对雾滴蒸发效率影响最大，隧道空气相对湿度越低，雾滴蒸发效率越高。喷雾流量越小，雾滴越不易聚合，其蒸发效率越高。有限水温变化对雾滴蒸发效率的影响并不明显。风速对雾滴蒸发效率的影响较为复杂，整体而言，风速较高时雾滴对驾驶能见度的影响较小。在隧道温降实测结果方面，接近喷雾的隧道断面温度可下降4.6℃，隧道平均温度下降2.5℃，喷雾降温系统可降低隧道温度，降低的温度依隧道条件而不同。目前已经有一定数量的隧道采用高压细水雾喷雾降温技术。

## ▶ 本章小结

本章论述了城市地下道路的污染空气排放的多种形式，包括洞口直排、中部散排、高风塔排放等，也可以利用空气净化措施，将污染空气净化后排出或重新注入隧道。对于超过3km的特长隧道，需要考虑隧道内温度的影响，本章对隧道温升控制技术也开展了研究，当隧道通风系统不足以排出地下道路内的热量时，可以采取合适的措施对隧道内空气进行降温，高压细水雾喷雾降温是一种能满足隧道特殊要求的降温措施。

## 参考文献

[1] 袁雪戡，蒋树屏，谢永利，等. 秦岭终南山特长公路隧道关键技术研究［M］. 北京：人民交通出版社，2010.

[2] 俞明健. 城市地下道路设计理论与创新实践［M］. 北京：中国建筑工业出版社，2014.

[3] 王明年，田尚志，郭春，等. 公路隧道通风节能技术及地下风机房设计［M］. 北京：人民交通出版社，2012.

[4] 阳东，蒋亚强，李乐. 隧道通风与火灾排烟理论基础及应用［M］. 北京：中国建筑工业出版社，2018.

[5] 蒋树屏，苏权科，周健，等. 离岸特长沉管隧道防灾减灾关键技术［M］. 北京：人民交通出版社，2018.

[6] 廖朝华，郭小红. 公路隧道设计手册［M］. 北京：人民交通出版社，2012.

[7] TURNER. Madrid RIO: a project of urban transformation[Z].

[8] 首都高速公路株式会社. 首都高速中央环状新宿线，中央环状品川线［Z］. 2006.

[9] Tunnels Study Center. The treatment of air in road tunnels[R]. 2010.

[10] 上海市政工程设计研究总院（集团）有限公司. 新建路隧道废气排放设计技术研究报告[R]. 2009.

[11] 上海市政工程设计研究总院（集团）有限公司. 中心城区地下快速路空气净化标准研究[R]. 2015.

[12] 上海市政工程设计研究总院（集团）有限公司. 中心城区多点进出地下道路网络化通风及分段智能消防关键技术[R]. 2018.

[13] 韩星，张旭. 公路隧道稳态纵向温度升高研究[J]. 地下空间与工程学报，2006（4）：591-595.

[14] 孙文昊. 城市道路隧道空气温度计算方法[J]. 地下空间与工程学报，2012（5）：1106-1110.

[15] 文韬. 城市公路隧道通风设计中的温度控制初探[J]. 建筑热能通风空调，2015（6）：71-73.

[16] 蒋卫艇，郑晋丽，劳衡生. 长大公路隧道温升的初步探讨[J]. 地下工程与隧道，2006（1）：44-47.

[17] 王小芝. 崇明隧道运营累积温升及喷雾降温可行性研究[D]. 上海：同济大学，2007.

[18] 丁俊智，林英鸿，柯明村，等. 喷雾冷却法应用于雪山隧道降温之研究[C]//. 第十三届海峡两岸隧道与地下工程学术及技术研讨会论文集. 2014.

[19] 麦继婷，陈春光. 通风速度和外界气温对秦岭隧道温度的影响[J]. 石家庄铁道学院学报，1998（2）：6-10.

[20] 吴优. 英吉利海峡海底隧道空调降温工程简介[J]. 制冷，1992（1）：97.

[21] 陈荣昆. 英法海峡隧道的空气动力学和热力学问题[J]. 世界隧道，1996（2）：57-61.

[22] 吴一匡. 隧道通风降温计算[J]. 水电站设计，2009（4）：46-47.

# 6
# 城市地下道路智能化创新技术

# 6.1 概述

城市地下道路向着长大化、多点进出、功能复合方向发展，对城市骨干路网影响越来越大，中心城区开发强度大、地下设施多、建设条件受限多；另外，需要设多个出入口和地下立交，不同等级的地下道路之间逐步互联互通，形成了新类型的复杂地下道路，多点进出和地下互联互通带来地下交通引导复杂、地下驾驶寻路难题，影响交通效率，增加行车安全隐患；同时，分合流出入口、地下立交等加剧了地下交通事故的发生。

这些复杂地下道路运营安全与韧性运行面临新问题与挑战，对地下道路运行安全的交通管控和防灾等提出了更高要求。然而传统地下道路综合监控系统存在一定的不足，地下交通采集颗粒度粗、缺乏对交通态势研判分析，导致事件发现和管控不及时；火灾自动报警系统存在对早期火灾识别时效性不高，发生火灾后系统缺乏对态势研判分析，难以支撑高效疏散与应急救援部署，难以应对当前复杂地下道路的精细化管控需求。受地下GPS信号缺失、常规导航系统无法应用的影响，驾驶者在复杂地下道路系统驾车容易迷路。

5G、云计算、物联网、移动互联网、大数据等新一代信息技术发展，为地下道路智慧化建设提供了技术可能和保障，能够有效解决运营安全和效率问题。

本章梳理了国内外地下道路案例，通过对上海诸光路隧道、周家嘴路隧道等的调研，总结了国内地下道路机电设计建设的技术应用现状，为智慧化地下道路的体系和技术应用奠定了基础。建立了统一的智慧地下道路标准定义，开展了智慧型地下道路体系框架研究，从时间维度、信息化系统维度分别对地下道路智慧体系进行了分析；开展了智慧城市地下道路全息交通感知技术、智慧防灾技术、长大地下道路位置服务技术等关键技术研究。

# 6.2 案例分析

## 6.2.1 国外案例

国外较早采用信息化手段解决隧道内的安全、通风和防灾问题，以下梳理了国外几个典型隧道的智慧化技术应用案例。

1）悉尼海底隧道

悉尼海底隧道已经历了1万多起车辆追尾或与隧道结构相撞的恶性事故。由于大型车辆撞到隧道的顶部而造成的封路或堵塞在高峰时段曾影响了1.2万名驾驶者，悉尼当局为了解决这一问题，在隧道出入口引入了虚拟屏障系统（图6-1）。屏障系统在事故发生时会产生一个水帘虚拟投影漂浮在半空中，使驾驶者注意到“停止”标志。它能够让执行任务的车队（医院、消防、警车等）顺利通过，也能对来不及反应从而无法停车的驾驶者形成保护。水帘虚拟投影迫使停车，但如果他们不能及时停车，不会对车辆产生任何物理影响。

2）日本中央环状线

日本中央环状线为首都圈内“三环九射”高速路网最内侧一环。2015年，其西部的山手线隧道经延长后全长达18.2km，为日本最长隧道。

山手线隧道全线共设置5处进口、7处出口，隧道内交通组织复杂且交通流量较大，日平均交通流量达到6万～8万辆。因此，其对防灾、安全对策以及环保策略都进行了多方位探讨和专门设计。

山手线隧道配备了丰富的隧道监控系统，包括CCTV探头、车辆检测器、自动火灾探测器等，保证控制中心可第一时间监测隧道内交通拥堵、交通事故等。通过综合运用情报板及警示灯，山手线隧道可为车辆提供较为完善的车辆引导服务：火灾情况下，禁止车辆进入隧道，同时尽快疏散隧道内的车辆（图6-2、图6-3）。

3）瑞典斯德哥尔摩Bypass隧道

瑞典斯德哥尔摩Bypass隧道（图6-4）坐落于瑞典西部，为欧洲E4公路的一部分，

图6-1　悉尼海底隧道水幕

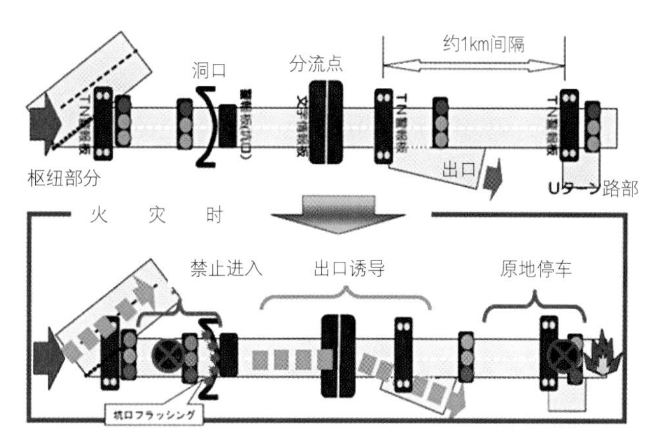


图6-2　火灾情况下山手线隧道内交通引导

（a）洞口车辆控制

（b）洞内情报板

图6-3 隧道洞口引导

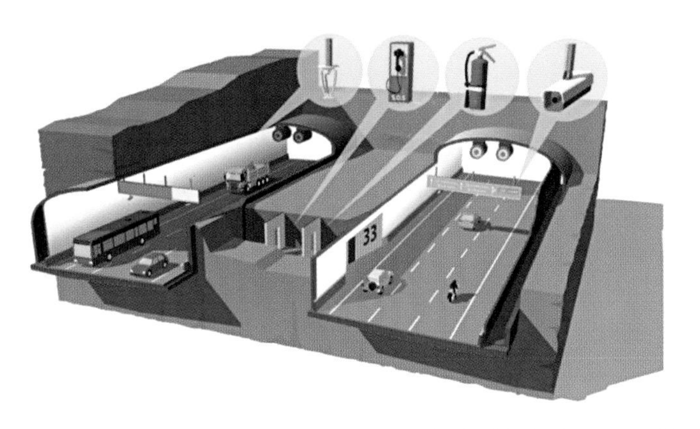

图6-4 瑞典斯德哥尔摩Bypass隧道

预计2025年开放运营。Bypass隧道全长21km，其中隧道段全长18km，双向6车道设计，设计速度80～100km/h，全线设6处匝道连接地面路网，预计2025年建成通车。建成后，Bypass隧道将是世界上最长的隧道之一。长大化、多点进出的特征给Bypass隧道的救援疏散、紧急事件管理等带来挑战。

瑞典公路管理局针对C–ITS（cooperative intelligent transportation systems）技术提高隧道安全的可能性展开研究评估，主要涉及紧急状况管理、停滞车辆处理、危险品处理三方面。研究表明，C–ITS技术在提升隧道安全性方面具有很大潜能。C–ITS具备紧急状况下精确、及时、个性化、面向多终端的信息收集和分发能力，动态逃生路线规划对快速疏散十分必要；通过安装车载单元（RSU）、路侧单元（OBU）并借助DSRC（dedicated short range communication）专用短程通信技术、蜂窝网络、无线网等网络通信技术实现隧道内车辆的定位、车—车/车—路通信，对控制车辆出入、大范围监测隧道内异常停滞车辆，从而避免车祸发生将发挥巨大作用；通过推广使用货物信息射频识别（RFID）标签，可实现对货物信息的快速采集，以及危险品的快速识别及进一步控制，如图6-4所示。

### 6.2.2 国内案例

国内近些年在城市地下道路方面也逐步开展了智慧化试点应用，本书梳理了典型的几个隧道如下。

1）上海四平路地道

试点轨道智能巡检机器人，自带实时视频系统、3D雷达感知系统、多种传感器系统、自动抓拍系统、实时声光语音系统，能够实现全天候24小时巡检，实时掌握隧道的运行情况和各类设施的运维情况（图6-5）。隧道内发生超速行驶或意外突发情况，它会第一时间报送预警信号，便于管理人员及时采取措施控制事态，避免人员伤亡和财产损失。隧道内设施一旦超过正常监控阈值，它会发送预警指令，提醒管理部门进行维修，避免病害进一步扩展延伸。这些技术优势较好地弥补了传统人工巡检的被动和不足。

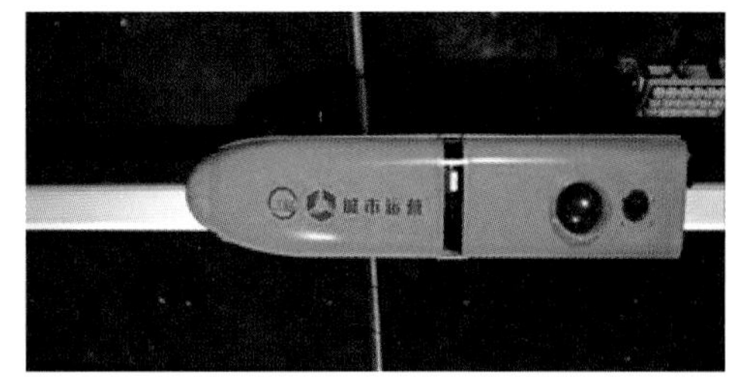

图6-5 四平路地道巡检机器人

2）上海北横通道

上海北横通道穿越中心城区，全线19km，是双向连续4车道加两侧集散车道或停车带规模的城市主干路，全线设置8对出入口匝道，并与中环和南北高架形成两处全互通立交。北横通道开展了系统的智慧化系统建设，图6-6所示为其综合管理中心。作为上海首个隧道场景的数字孪生建设试点，通过隧道卡口检测数据、隧道内的雷达视频融合采集，可实现车流轨迹还原，并集成了设施健康监测管理、管养数据治理等模块，提升隧道感知、研判能力。注重隧道运行管理的电子化预案建设，整合至系统管理平台，能够实现针对隧道运行的不同工况管理“一键启动”，并考虑一定的开放性，便于后期根据实际运营情况增加、修改预案。

3）杭州文一路隧道

文一路隧道（图6-7）为杭州“四纵五横”快速路网系统的重要“一横”，是杭州城西交通的“大动脉”，全长5.124km，双向4车道，设计速度60km/h。

图6-6　上海北横通道综合管理中心

图6-7　杭州文一路隧道

文一路隧道作为国内第一条“全生命周期运营管理”试点项目，在设计之初就构建了包含当前传统隧道评价体系及远期预测模块的“文一路隧道评价体系”。将传统隧道长期封闭式的“大中修”化为一次次短暂的预防性养护，通过前期充足的准备、日常更好的管养，让隧道在整个生命周期中都可以保持合理的运行水平。

4）港珠澳大桥海底隧道

港珠澳大桥隧道全长55km，其中海底隧道全长6.7km，是世界上最长的公路沉管隧道和唯一的深埋沉管隧道。港珠澳大桥配备了全方位的监控系统（图6-8），包含交通监控及数据采集设备、气象信息采集设备、信息发布设备、车牌识别设备、隧道环境监测设备等。复杂的交通机电工程系统会带来极大的管理维护工作量。

各系统模块间的协调联动、快速应急响应等也十分重要。港珠澳大桥项目采用了基于BIM的港珠澳大桥三维监控系统。该系统可实现隧道内的虚拟漫游、设备定位、设备监视、设备控制及设备动作仿真模拟等，桥隧管理中心得以直观、真实、实时地了解港珠澳大桥机电设备运行状态以及交通状况，提升监控管理效率。

图6-8　港珠澳大桥隧道三维数字化管理系统

### 6.2.3　分析

当前国内道路交通智慧化研究主要针对广泛道路环境，即智慧道路、智慧交通等，特别针对智慧地下道路领域综合性建设较少。智慧地下道路建设处于起步阶段，针对各方对其认识以及如何建设存在一定不足。智慧地下道路建设以局部创新为主，主要表现为单一模块的技术突破带来的设备更新，对于全模块、综合性、系统性较强的智慧地下道路建设较少。

## 6.3　智能化地下道路体系

### 6.3.1　对智慧地下道路的理解

在公路智慧隧道研究方面，韩直、蒋树屏较早地提出加强公路隧道ITS研究，但主要关注公路隧道智能化交通监控；王少飞等提出公路隧道综合监控系统集成方案，针对我国在役公路隧道规模十分庞大、管理难度加大这一现状，提出引入新一代信息技术、建设智慧型公路隧道的设想，并建立了智慧型公路隧道的通用体系架构，包括感知、通信、计算、应用和用户五个层次，围绕公路隧道运营管理的核心业务，构建了智能管控、养护管理、分析研判、防灾减灾、信息服务五大应用平台。

本书借鉴国内外对智慧道路、公路隧道等定义和内涵的阐述，提出城市智慧地下道路可以定义为：以土建、照明、通风、消防、排水等附属设备设施为基础，通过综合应用信息感知技术、信息传输技术（5G、DSRC等）、分析处理技术（人工智能、大数据）

和地理信息技术（GIS、高精地图）等，提升现有各类型机电系统和综合管理平台，建设形成基于大数据分析的地下道路智慧“大脑”，使其具备主动感知、信息互联交互和自动控制等多种功能的新型地下道路。

地下道路智慧化建设的目标是地下道路的交通运行更安全高效、运营管理更精细、交通服务更畅通。

### 6.3.2 建设目标

（1）安全。安全的行车环境是地下道路建设的重中之重，也是智慧化手段的首要提升对象。安全目标主要体现在：改善隧道内行车环境，降低隧道交通事故率；提升隧道灾情探测、救援、疏散手段，降低火灾等灾害发生率，降低灾害损失；提升结构健康监测手段、数据分析能力，维护隧道结构安全等。

（2）高效。高效目标一方面面向隧道管理方，优化隧道管理手段，提升管理效率；另一方面面向隧道使用者，降低隧道拥堵水平，提高隧道内通行效率。

（3）节能。节能目标应力求提升隧道内各机电设施控制水平、优化控制策略，在满足隧道良好运行要求的条件下实现节能减排。

### 6.3.3 体系架构

要了解智慧化地下道路具体是什么，需要构建智慧地下道路体系架构，本书从不同维度去分析，以便更清楚地认识智慧地下道路本质，以及如何去建设、如何充分发挥智慧化功能等。

从时间维度上，地下道路智慧化建设应该是全生命周期的，且重点在运营阶段，最终目的体现落实在运营阶段。

从智能化系统架构维度，智慧地下道路分为感知层、分析决策层、管控层三层。

从地下道路功能应用场景维度，智慧地下道路可面向驾驶者、养护管理部门、政府管理部门等不同对象服务，因此智慧化地下道路又可以分为不同应用场景维度。

1）全过程智慧地下道路

任何基础设施工程一般都分为设计、施工和运营三个阶段，地下道路的智慧化建设体现在这三个阶段，但最终目标都是为了服务运营，如提高运营阶段的地下道路安全保障水平和通行效率、延长地下道路设施的服役期等。

智慧地下道路从设计、施工到运营的全生命周期智慧化如图6-9所示。

设计阶段
数字设计

施工阶段
智慧建造

运营阶段
智慧运营

图6-9 全过程智慧地下道路

设计阶段智慧化是关键，需要开展智慧隧道的顶层设计，因地制宜地选择合理的智慧隧道技术方案和新技术应用；综合运用“CIM+BIM数字模型”等新设计技术应用，为智慧隧道建设与运营提供基础。

施工阶段智慧化是保障，需要开展对智慧施工（装备、辅助计划）、施工安全风险智慧管控、智慧施工综合管理系统等智慧技术的应用，提高地下道路工程质量，采用新工艺和新材料，为未来地下道路在防水、防火灾以及运营安全等各方面提供主动预防功能。

运营阶段智慧化是最终落脚点，服务地下道路交通运行管控、安全防灾、能耗管理、设备设施和土建的运维养护管理等。

2）运营阶段的智慧地下道路体系

从智慧隧道实施建设来看，需要明确未来智慧隧道的建设内容和方向，本书提出了智慧地下道路的“1+3+4+N”建设维度的总体架构，如图6-10所示。

1个平台：建立综合大数据分析平台，构建智慧隧道“大脑”，形成全息感知、深度融合、优化决策、协同控制、高效管理的智慧型隧道系统。

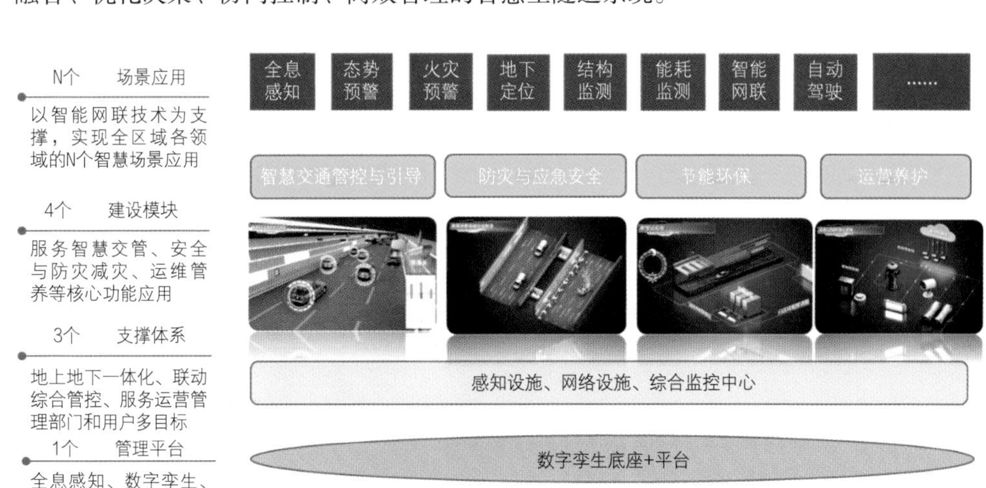

图6-10 智慧地下道路建设体系

3个支撑：作为智慧隧道平台运营的基础支撑条件，包括基础网络设施、综合监控中心和感知设施，做好基础设施服务和数据的公共服务支撑，为智慧隧道建设打下坚实基础。

4个领域：地下道路智慧建设服务交通使用者和管理部门，根据不同需求，具备多种功能，本书进行了归类整合，提出了智慧化功能总体上可以分为智慧交通管控与引导、智慧防灾与应急安全、节能环保以及全生命周期运营养护管理四种功能。每种功能下可以进一步细分各种功能，总体上可以形成“4+N”应用功能。

N个场景：重点在四大应用领域展开，包括基本应用场景和示范应用场景。示范应用场景重点是服务未来交通服务模式，开展车路协同和自动驾驶等高级应用。

### 6.3.4 智慧应用模块

1）智慧交通管控与引导

依据全时空多粒度交通流运行数据，构建多尺度地下道路交通运行态势分析模型，实时诊断地下道路交通运行状态，开展多维全时地下道路交通运行状态评估。实时评估关键节点拥堵指数，同时将预警、诱导信息和控制指令自动发布于隧道入口、上游路段、匝道区段的可变情报板，对交通流速及交通流量进行有效调控及诱导（图6–11）。

（1）地上地下一体化交通诱导

区域一体化交通诱导与控制系统（图6–12）是一种面向地下道路及周边地面道路交通出行服务的信息化系统。通过实时采集隧道内外交通流各项指标参数，监控中心利用微观交通模型，实时评估关键节点拥堵指数，同时将预警、诱导信息和控制指令自动发布于周边路网、隧道入口、内部地块开口的可变情报板。通过静态交通导航与动态交通导航实现高效交通引导功能。同时，为交通管理者提供道路行车数据分析及统计信息、道路异常信息的报警，为指挥调度提供可视化的数据支持，达到有效预防和缓解交通拥堵、实现路网交通流的均衡分配，减少车辆在道路上的行程时间等目的。

（2）地面—地下环路—地块出入口一体化联动控制

场景1：地块出口控制

通过联动控制地块出口闸机，并在增设信号灯及实现火灾报警、管养等情况下，通过闸机临时管制进入环路交通流，合理调节地块进入环路交通量（图6–13）。

场景2：地下环路洞口控制

通过增设洞口闸机、可变情报板、信号灯、定向声广播、声光警示报警设备等，并

图6-11 地下道路智慧交通管理

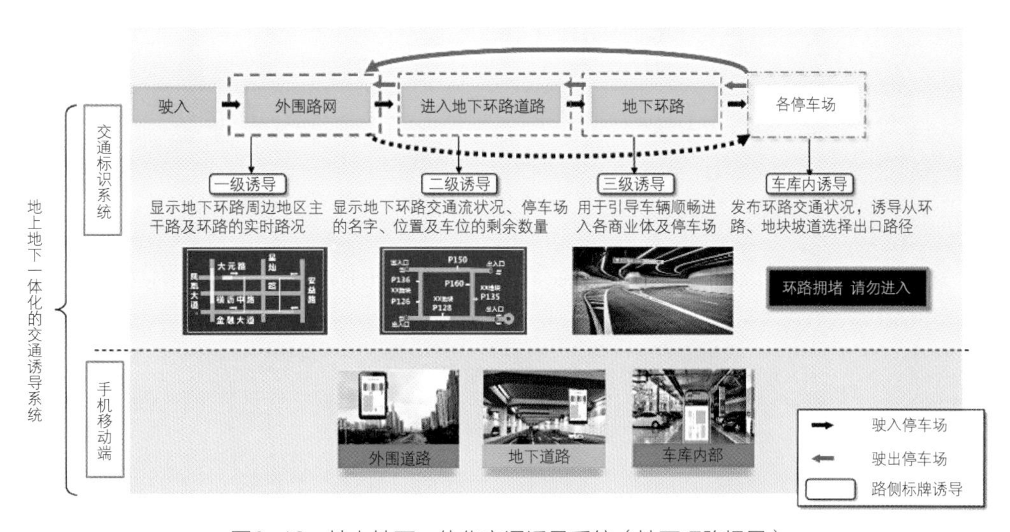


图6-12 地上地下一体化交通诱导系统（地下环路场景）

图6-13 地块出口控制示意

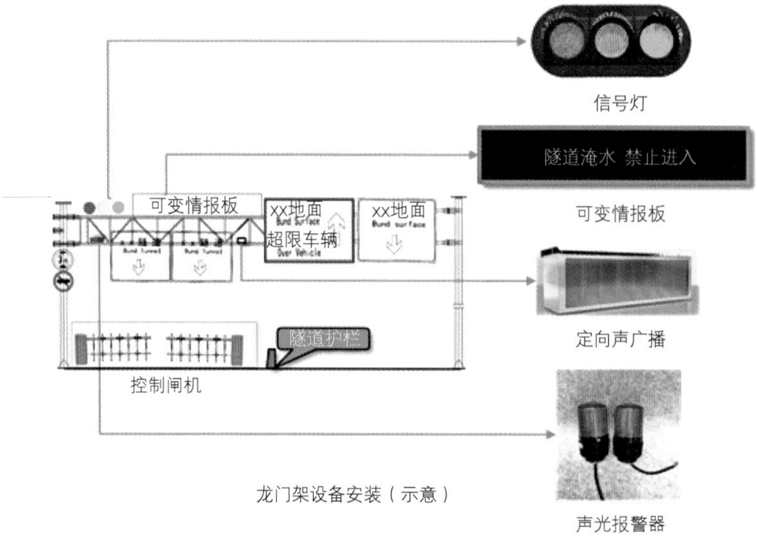

信号灯
隧道淹水 禁止进入
可变情报板
可变情报板
xx地面
超限车辆
xx地面
定向声广播
隧道护栏
控制闸机
龙门架设备安装（示意）
声光报警器

图6-14　洞口控制示意图

N
情报板
毫米波雷达
金融大道
情报板
xx
地块
10

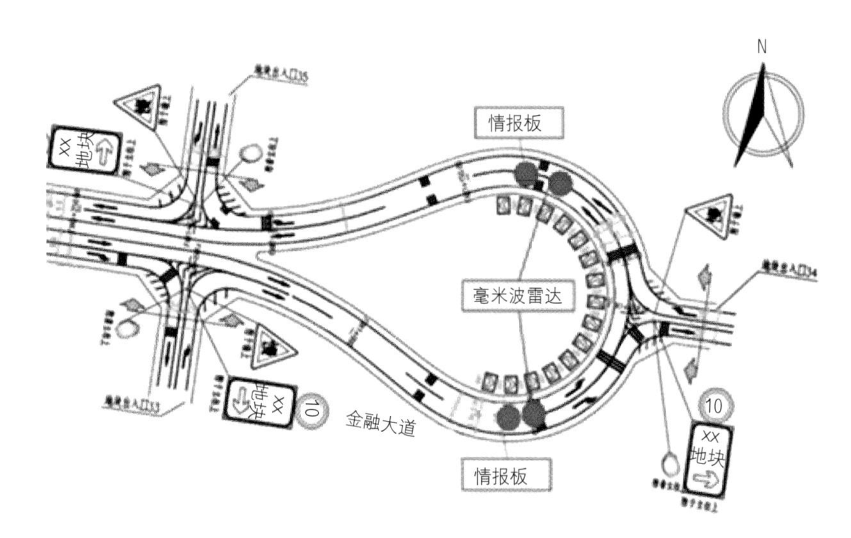

图6-15　弯道预警示意图

在增设信号灯及实现火灾报警、管养等情况下，临时管制进入环路交通流，防止火灾、水淹、交通严重拥堵情况下造成人员伤亡、拥堵加剧等（图6-14）。

（3）重点路段监管

**场景1：**弯道交通风险预警

通过毫米波雷达检测小半径转弯区域交通事件、拥堵情况，并通过路侧设置的可变情报板对即将进入该区域的车辆进行风险警示（图6-15）。

**场景2**：不同净高衔接交织段的交通管控

通过激光雷达等设施，提前检测拟进入地下环路的车辆高度，警示超高车辆禁止进入环路系统（图6-16）。

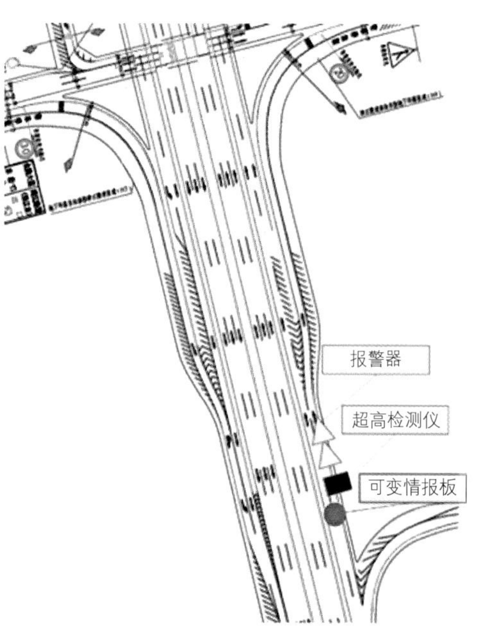


图6-16 不同净高衔接段交通管控示意

（4）隧道出口与地面交叉口信号灯联动

根据匝道接地段、衔接交织段以及进口道排队段各区段的通行能力，充分利用道路时空资源，通过合理的交通控制手段，保证匝道关联路段的高效有序运行（图6-17、图6-18）。

实现方法如下。

①到达交通流检测：在匝道接地段检测出口匝道和地面辅道的到达交通流，在进口道排队段检测交通流的转向变化。

②交替放行控制：通过前置信号处匝道与地面辅道的交替放行控制，解决车辆在衔接段的交织干扰问题。

③可变车道控制：通过进口道导向可变车道的设置，解决交叉口转向流量时间分布的不均衡问题。

（5）其他新型交通管控措施

智能化交通管控同时依靠采用新的管理设施，使其在管控方面动作更及时、效果更

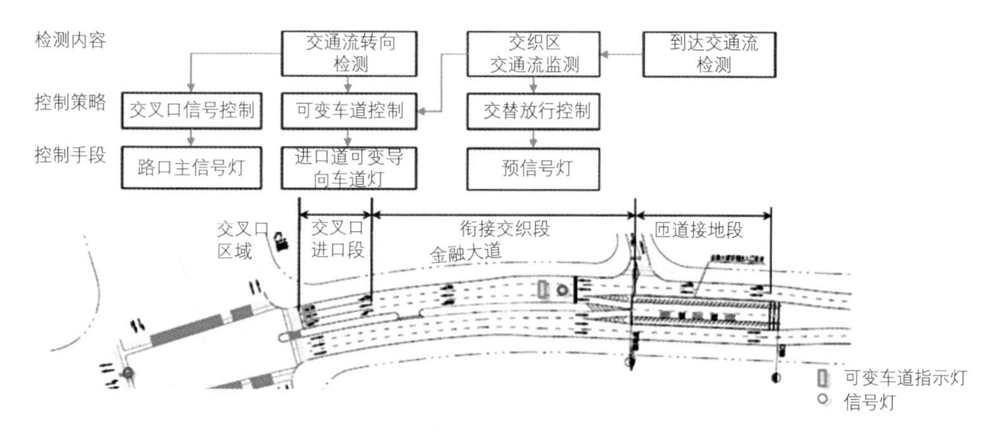


图6-17 隧道出口与地面交叉口信号灯联动

- 出口匝道分级管控策略
  - 进口段排队 —— 交通流分析预测
  - 交织段排队/服务水平降低
    - 交叉口：交叉口关联方向绿灯时间延长
    - 匝道接地段：交替通行
  - 匝道上游排队（排队至主线分流点）
    - 交叉口：交叉口关联方向绿灯时间延长
    - 进口段&交织段：中间可变车道，变为主流向导向箭头
    - 匝道接地段：交替通行，限制辅路车流
    - 主线：分流点上游交通诱导，从地下车库或其他匝道出地面
  - 辅路上游排队 —— 上游交叉口关联方向，红灯时间延长，减小进入辅路交通流

图6-18 分级管控策略

佳，如在隧道发生事故后，需要及时关闭洞口，采用水幕投影交通标志可以起到很好的控制效果；或当需要关闭一个方向、借用另一个方向道路时，自动化的入口栏杆控制设施能发挥及时的交通引导和管理功能（图6-19、图6-20）。

图6-19 智慧洞口管控系统

2）防灾与应急安全

城市地下道路结构相对封闭，特别是地下环路、多点进出型长大地下道路气流组织复杂，火灾后烟气易聚集，火灾态势发展迅速。此外，隧道内设备较多，消防设备实时运行状态掌握不足；火灾时，报警不及时、漏报、误报频发，能够提供的火情信息有限，烟雾扩散的监控和预测能力不足。一旦发生火灾，给人员逃生以及救援带来很大困难。因此，智慧防灾可在隧道现状消防设计的基础上，重点加强隧道内火灾的早期发现和控制能力；另外，为了达到有效预防火灾、减轻火灾危害的目的，还应重点加强隧道内火灾的风险评估工作。

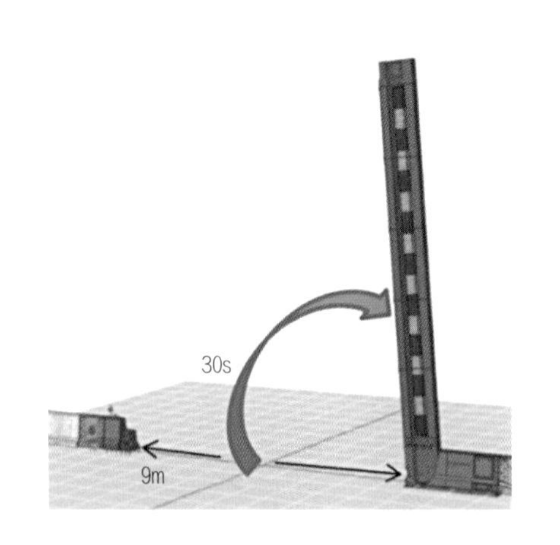

图6-20 智慧交通引导系统

（1）早期烟雾报警及控制系统方案

模块以固定摄像机（枪机）进行无盲点监控，通过视频识别算法对视频中发生火光及烟雾事件进行识别与分析，提供报警并与消防系统联动。

一旦发生火情，烟雾达到一定比例后通过通信协议发送指令给火灾报警主机，同时输出险情实时视频图像至中央大屏或专用显示屏，锁定烟雾位置；将消防喷淋阀组与摄像头位置进行预先匹配，可供现场值班人员快速开启相应区域喷淋设备，对火情进行早期控制。当视频分析系统发现某个画面出现烟雾并且达到一定浓度时，立即调取该画面至大屏幕中央，并发出提示，同时向消防图形显示工作站发送信号。具体运行步骤如下。

①消防图形显示工作站接收到信号后，自动将屏幕显示切换至喷淋阀组集中控制画面待命。

②值班人员通过监控大屏幕画面确认烟雾位置，观察是否有火情。

③如为火情，根据监视画面判断位置，通过输入预设的密码确认，在触摸屏上控制已绑定的消防喷淋阀组启动。

④启动控制指令发出后，值班人员继续观察大屏幕，确认是否有水喷出及灭火情况。

⑤如监控画面确认喷淋阀组未执行喷水指令，立即通知应急人员赶赴现场，手动启动喷淋阀组。

（2）地下环路火灾场景重构与火灾态势评估系统

地下道路火灾智慧服务：根据光栅火灾报警系统提供的温度数据，获得隧道内温度场数据，运用深度学习方法建立隧道温度传感器和火源功率等关键参数映射关系。

地下道路智慧火灾场景重构：根据地下道路防灾设施传感器实时监测的多源异构数据，利用深度学习模型分析，确定火源点位置、火源规模、烟气场和温度场等关键信息；采用插值、拟合等数值方法对火灾现场的情况进行拟合，得到关于火场环境的重构图（图6-21），实现火场温度分布及变化等信息的动态化、可视化呈现。

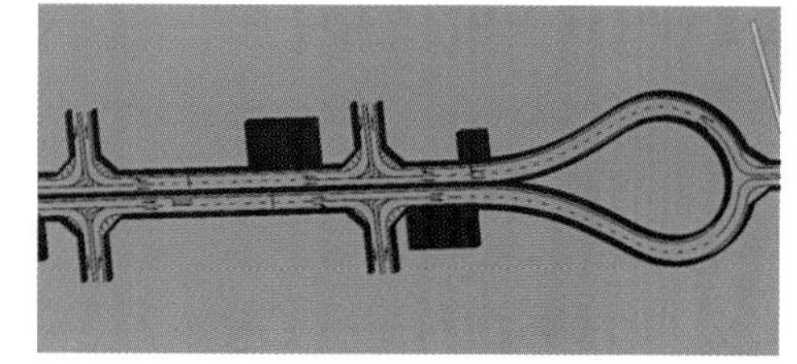

图6-21 火灾场景重构

（3）积水监测及预警系统

通过配备积水监测设备等，做到第一时间发现隧道水淹事故，同时结合洞口控制系统、车道指示器等，对进出环路的

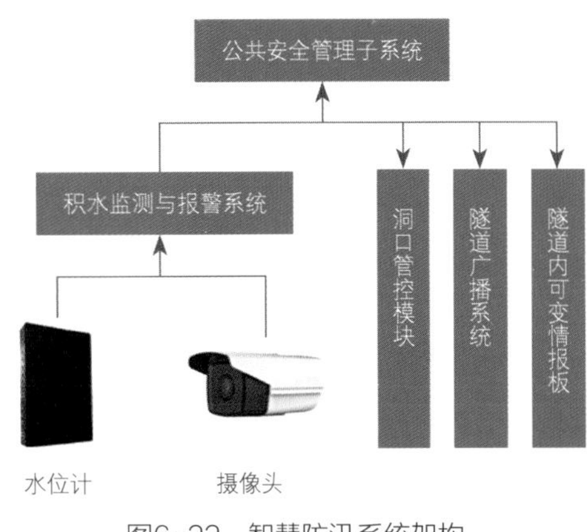

图6-22　智慧防汛系统架构

交通流进行快速管控，防止水淹后车辆误入。

本系统由设备监控系统、现场PLC（可编程逻辑控制器）、水位计等组成，同时结合地下环路入口控制、广播、可变情报板等联动使用（图6-22）。利用设备监控系统平台及现场PLC，对环路现场的水位计进行水位数据采集，并给予内置预案实施洞口交通管制。

环路最低点设置水位计，当水位达到预警标准时，声光警示器响起，可变情报板提示车辆禁止进入地下环路，交通信号灯变为红灯，入口闸机落下。

3）节能环保

（1）设备节能

智能动态调控地下道路风机和照明，实时监测地下道路内交通流、一氧化碳等参数指标，根据预测分析模型输出实时风机等运行参数，起到智能控制通风、光环境，实现节能控制的作用（图6-23）。

根据驾驶者行车舒适程度，智能调节地下道路洞口照明，基于物联网的智慧照明控制系统，通过对地下道路内外亮度的实时感知，分区段动态调节地下道路内亮度水平，有效消除白洞、黑洞现象，获得最佳照明效果，降低能耗。

充分利用太阳光等，采用导光管或光纤，将自然光引入隧道，实现照明节能减排。

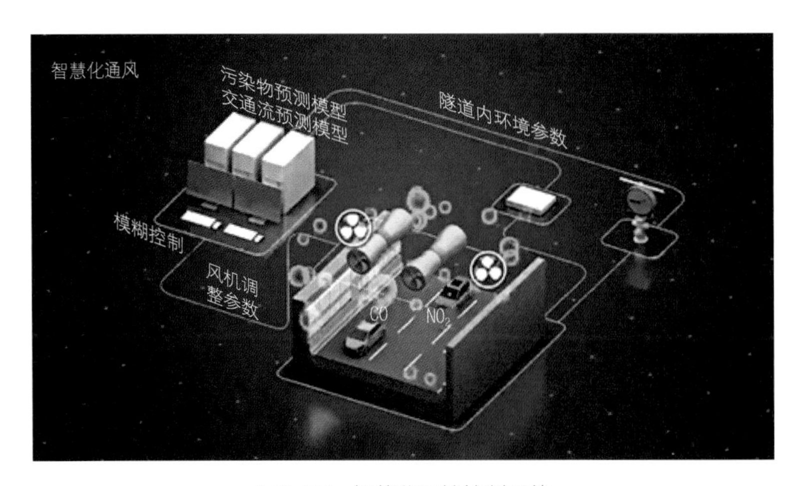

图6-23　智能化环境控制系统

（2）能耗监测

地下道路能耗监测系统（图6-24）采用分类和分项计量方式对地下环路机电设备的能耗进行实时在线监测和动态分析，该系统由高精度电力测控仪、能耗收集装置、网络输出和管理设备组成。管理工作站设置在地下环路管理中心的中央控制室。

系统可从电力监控系统后台直接调取电力数据，只接入电气专业设置的各级控制柜、配电柜的电表，接收动力柜、照明柜等的电表能耗数据。能耗收集装置设置在监控专业区域控制柜旁，接入设备监控网。

4）运营养护

将来源于道路基础设施管理部门的业务系统以及外场健康监测设备的信息，融合云计算、云存储、数据仓库以及大数据挖掘分析处理等技术，针对道路基础设施的生命周期、结构信息、养护信息、运行信息以及财务信息进行深度挖掘、关联分析与预测分析，建立交通基础设施管养模型，并通过“GIS+BIM”技术将道路、桥梁、通道管养监测信息可视化，为路、桥、隧管养部门提供强有力的养护决策的支持。具体建设模块可包含以下方面。

（1）养护管理作业

养护管理作业包括隧道和机电设施的数字化与信息化、日常养护管理、提醒、养护流程管理、养护预案执行，智慧养护移动端应用模块、运行监管、预案启动情况、设备

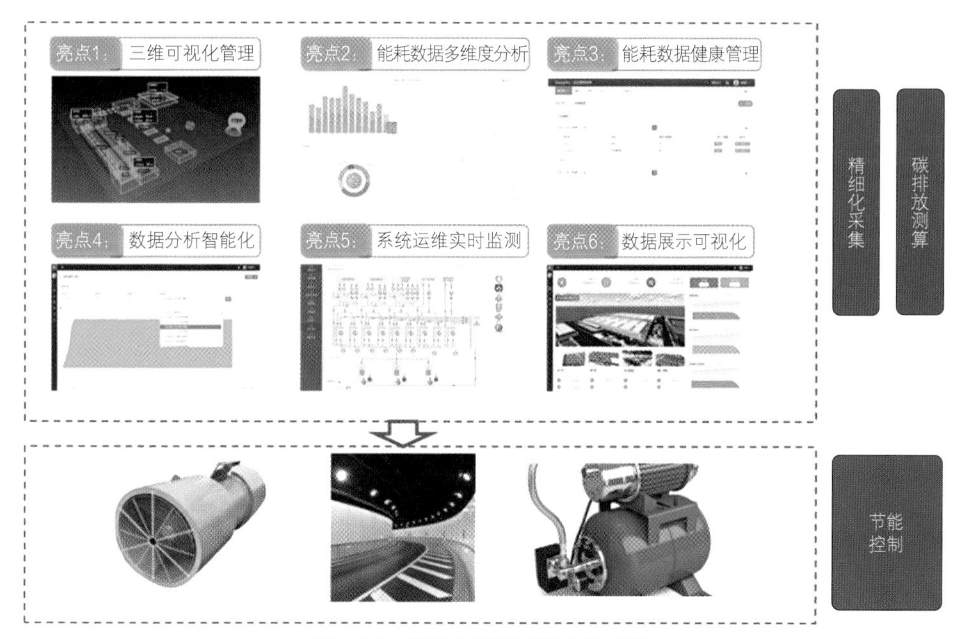


图6-24　精细化能耗采集分析及管控

监控、人员管理等。

（2）运营管理预案，运营和应急状况下管理控制预案

结合地下道路安全运营管理的实际，研究制定地下道路运营管理预案及管控工艺流程（图6-25）。针对正常运营、应急等不同工况，使用交通诱导、交通控制、交通信息发布等技术手段对环路交通进行有效管控和疏导，减少交通事故的发生，降低突发事件的不良影响程度，提高交通运行效率。具体的研究目标是结合当前智慧隧道建设的软件和硬件设备及其功能，制定基于具体场景工况的智慧隧道运行管控工艺流程，能够初步实现工况的自动监测、智能分析、自主确定、自主响应和处置等，使隧道达到现有技术条件基础上的智慧化，提升隧道运营管理平台的高效性、可操作性和可靠性。

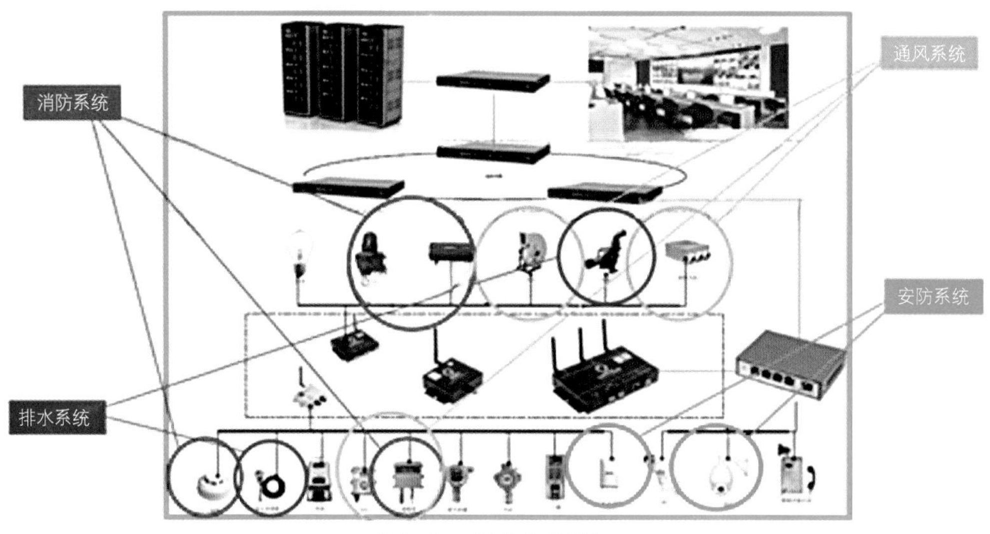


图6-25　运营管理预案

（3）结构健康监测

隧道智能监测系统基于“物联网+5G技术”构建，其核心是物联网和传感器技术，通过传感器技术获得隧道的各种健康信息（如收敛、裂缝、倾斜、沉降等），再通过物联网将各种传感信息无线传输至隧道管理中心，以实现对隧道的远程、实时、动态管理与控制（图6-26）。基于物联网的隧道智能监测系统可以为隧道的施工安全及运营安全提供第一手基础资料，可密切监视隧道内各种不良现象（如隧道变形、渗水等）的发生及发展情况，从而为各种隧道病害、灾害（或事故）的防范提供基本技术支撑。主要功能如下。

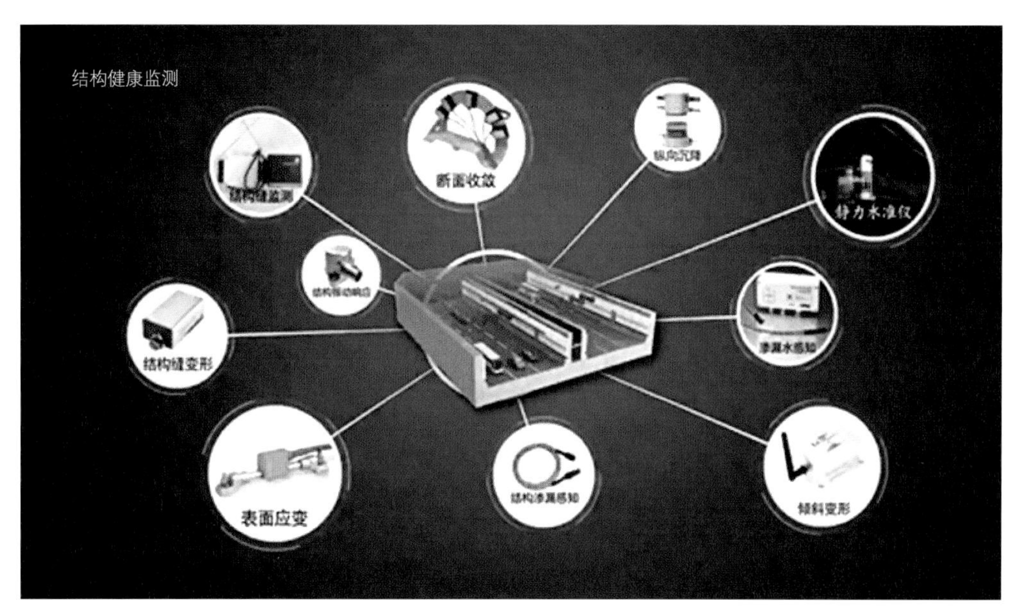


图6-26 智能化结构健康监测

功能1：自动化监测

自动化监测主要监测隧道结构倾斜、裂缝、纵向不均匀沉降等，获取相关的物理量数据。自动化监测模块能查看传感器安装位置、传感器类型、监控时间、实时数据以及设备状态；同时，自动化监测允许在同一界面同时查看同一断面多个监控点不同传感器的实时监测数据。

功能2：安全预警

安全预警是实现隧道结构健康安全监控的重要手段，根据预先设定的报警条件和规则，实现对隧道监测终端和监控中心的联动报警功能。安全预警提供了多样性的报警方式，包括自动声光报警、信息系统弹出窗口方式报警、手机短信群发报警等。

功能3：自动化报表

自动化报表主要是基于自动化监测系统的监测数据，进行分时间、类型的分析处理，对一段时间内监测数据进行查询以及监控状态走向趋势进行分析，形成日报、月报和年报等。

功能4：风险评估

根据国内外相关规范标准与工程经验，采用“结构健康度”的定义与分级标准，运用模糊综合评价理论，建立结构安全状态的多级量化评价方法，实现对运营期监测数据的合理分析，及时诊断和评估结构的健康状况，辅助结构维修养护策略的制定。

（4）移动智能巡检

以智能巡检机器人为核心，结合综合管理平台、高速网络通信系统、安全高效的电源系统以及一系列技术，可实现对隧道环境与设备的不间断监测及灾害预警、处置。具体功能包含以下方面。

功能1：巡检功能

智能巡检机器人的自动巡检功能使其能够自主完成隧道的巡检工作，从而代替人工巡检，具有高度自动化和智能化特征。自动巡检的模式主要有自动例行巡检、人工遥控巡检、特殊巡检等，各种模式支持互相切换。机器人能够按照事先设定的巡检模式完成任务，按照既定的规则完成隧道内各处温度测量及环境监测等巡检活动。

功能2：视频监控

巡检机器人需携带高清视频相机，采用超低照度相机，配合机器人自身补光灯的辅助，能够在照明效果不佳的情况下清晰成像。机器人系统基于相机优越的成像性能配合先进的防抖技术，让机器人在行进过程中拍摄的视频稳定、清晰。

功能3：红外测温

智能巡检机器人系统基于红外测温技术，通过对各类设备的红外采集，准确分析各类设备温度异常与各类电流致热性故障，实时监控包括高压线缆、电缆接头、接地箱、电缆终端头与终端瓷瓶、电缆终端接地情况在内的各类设备温度情况，并能在发生火灾时精确定位着火点。智能巡检机器人系统红外测温功能包含红外普测功能和精确测温功能。巡检任务执行完成后会自动生成任务报表。

功能4：环境监测

隧道内因通风条件差、温度高、易积水等容易出现有害气体含量超标的情况，对人员和设备产生安全隐患。智能巡检机器人自身携带的环境监测模块具备监测隧道中一氧化碳、温度、湿度、烟雾等环境信息的功能。机器人实时采集的环境信息及时传输到控制中心，为操控人员提供现场环境信息，以利于操控人员作出决策。当监测到有害气体超标时，系统将进行报警，以提示运维人员及时处理。

功能5：火情处置

智能巡检机器人搭载烟雾传感器、环境气体浓度检测传感器、高灵敏度热成像仪，配以较高的巡检频次、快速的数据分析诊断，当发现火情时，将进行报警提醒相关人员，高清视频与热成像图像可保障机器人第一时间将现场的情况呈现给操作人员，核实事故现场情况。在现场存在大量烟雾的情况下，通过机器人的红外热成像仪透过烟雾准确定位起火点，快速定位故障区域，并实时视频录制和读取现场数据，查看相邻的其他设备，以锁定故障范围。

## 6.4 智能化关键技术研究与应用

### 6.4.1 地下全息交通感知技术

1）概述

国内外学界对交通风险实时感知及研判已有一系列研究，但研究多局限于地面道路，对交通运行风险研判的研究也多局限于地面道路，且判断精度和准确率还有待提高。随着交通监测技术的发展和风险研判技术的进步，特别是针对地下道路交通运行状态感知技术的进步，多尺度地下道路交通运行态势分析技术成为可能；地下道路不良驾驶行为识别及风险研判技术的精度和准确率可以得到进一步提高，并可以据此进一步实现多维全时地下道路交通运行状态评估。

地下道路作为一个相对封闭的结构体，相对面临照明条件不足、驾驶环境光线条件较差、参照物少等问题。地下道路内为弱视觉参照系，车辆在地下道路中高速行驶时，由于照度低、参照物少、对比度低、环境单调，驾驶者会产生视错觉，对速度、距离、时间产生误判。长时间行驶于单调的视觉环境中，驾驶者会产生视觉疲劳，注意力不集中，易导致不良驾驶行为，引发撞击隧道侧壁、超速、追尾等交通事故。地下道路内空间狭小，一旦发生交通事故，若缺乏对车流的警示、诱导，后续车辆极有可能避让不及而引发二次事故。当前地下道路交通事故警示措施以三角警示牌、地下道路可变情报板提示等手段为主，存在提醒效果不明显，交通位置提示不明确等缺点，无法有效指导后车减速、避让。

本节针对上述相关问题展开研究，以期提供相应研究成果支撑后续智慧地下道路建设。

2）技术方案与工程应用

（1）系统框架

地下道路交通运行智能预警管控系统由全息感知数据层、全息感知分析层、运行态势分析层、异常预警与管控系统组成（图6–27）。

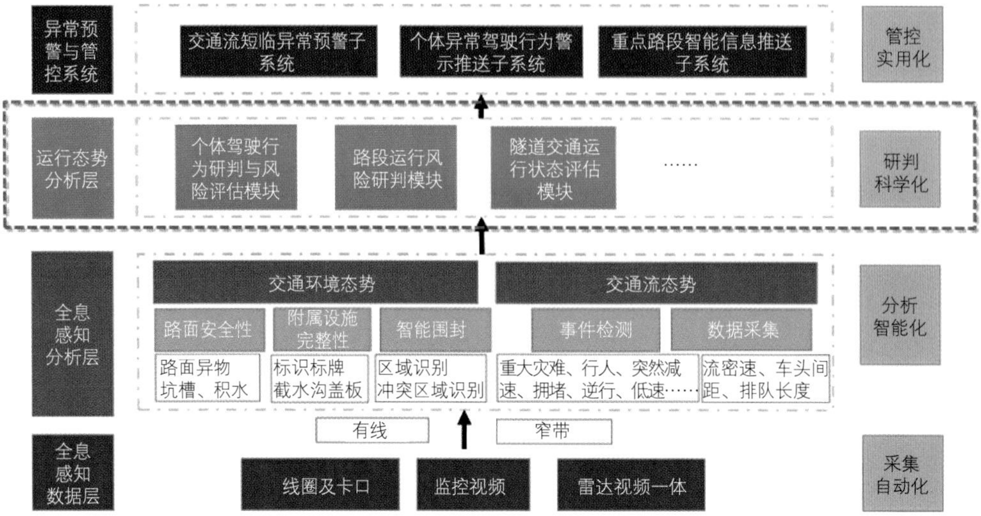

图6-27 地下道路交通运行智能预警管控系统框架

（2）全息感知数据层

全息感知数据层根据已有数据源完成单车轨迹跟踪、整体交通流数据采集和异常事件的智能识别；对于基于各类数据源建立的识别模型，通过试点建立模型应用的费效比并进行比对。硬件要求为可获取卡口、线圈、视频监控数据，安装雷达视频一体机。

（3）全息感知分析层

①全时空多粒度地下道路交通运行状态全息感知技术

a. 雷达视频联动的连续车辆轨迹检测技术：在路段以合理间距布设毫米波雷达，两雷达的监测范围存在重叠（用于车辆轨迹衔接），在卡口布设视频监测器，对车辆可视信息进行监控。

b. 多源地下道路交通流运行状态综合感知技术：利用雷视联动系统获得的交通流数据与线圈检测器获得的线圈数据进行数据融合，获得精确的交通流实时运行参数。

c. 地下道路个体车辆行驶状态感知技术：通过毫米波雷达和卡口视频数据，监测采集车辆实时行驶状态及位置信息，还原车辆行驶历史轨迹，从而感知车辆驾驶状态。

②智能识别影响行车安全的异常场景

国内视频技术应用及智能算法已经处于比较先进的水平，系统硬件设备规模不变，算法升级迭代，保障基本功能的同时，打造更多扩展技能。可利用已有视频数据资源智

路面安全性　路面垃圾、坑槽、油污、积水

附属设施完整性　截水沟盖板、箱体盖板等异常开启

智能围封　围封区域识别、异常行为识别

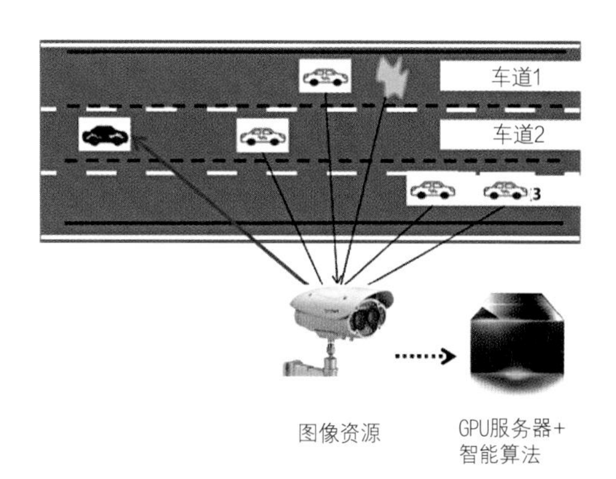


图6-28　智能识别技术图

能识别影响行车安全的异常场景（图6-28）。

③交通流和交通事件监测，探索单车轨迹跟踪

对比基于监控视频和雷达视频一体机的识别模型，确定模型的使用场景。

a. 交通事件监测：交通事故、交通拥堵、车辆逆行、违章变道、行人、停车、抛落物等交通事件监测。

b. 交通参数监测：交通流量、车速、车型分类、车型当量、道路占有率、车头时距等交通参数监测。

c. 交通状况分级：分为畅通、饱和、拥堵三种交通状态。

d. 自诊断功能：视频信号丢失、设备故障、网络通信故障等问题自诊断。

e. 交通事件录像：异常事件前后片段录像，录像片段时长灵活设定，多通道即时回放。

f. 系统联动功能：监测结果可通过以太网输出至平台，用以实现大屏联动、预案联动等。

（4）运行态势分析层

①个体驾驶行为研判与风险评估模块

该模块针对车辆连续变道、频繁变道、超速、低速行驶、车速突出变化等行为进行分析识别，鉴别风险等级。

②路段运行风险研判模块

该模块针对一般拥堵、异常拥堵、普通交通事故、严重交通事故、火灾等其他灾害进行分析识别，鉴别风险等级（图6-29）。

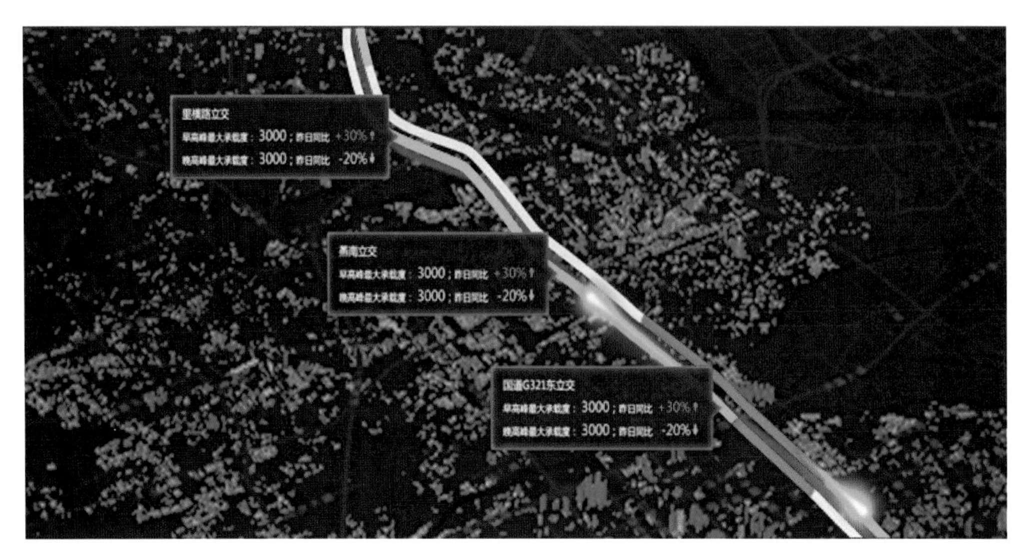


图6-29　道路风险研判

③隧道交通运行状态评估模块

该模块针对承载力评估、饱和度评估、设施完整性评估等运行状态进行分析识别，鉴别风险等级。

（5）异常预警与管控系统

①低中级风险的隧道管理权限

此系统通过进口匝道灯智能控制、可变情报板等管控系统进行拥堵预警，控制进入流量，疏通驶出流量。

②中高级风险的管控

针对中高级风险状况，启用最高控制权限。针对隧道中可能出现的紧急事件，迅速做出应急响应。

（6）上海北横通道应用试点案例

依托北横通道西段工程，开展了雷达硬件系统构建、配套算法及软件系统开发应用工作。采用基于雷达的全域轨迹感知技术，利用路侧的毫米波雷达获取精确车辆轨迹，通过轨迹拼接实现全域轨迹跟踪，使得系统具备目标检测、目标类型识别、车流量统计、车速检测、目标跟踪等能力。

试验路段在北横通道隧道下层顶部位置，桩号K4+350 ~ K5+000。配套软件功能包含隧道整体态势研判、全息交通流展示、交通事件识别和报警、交通流参数统计等，如图6-30 ~ 图6-32所示。

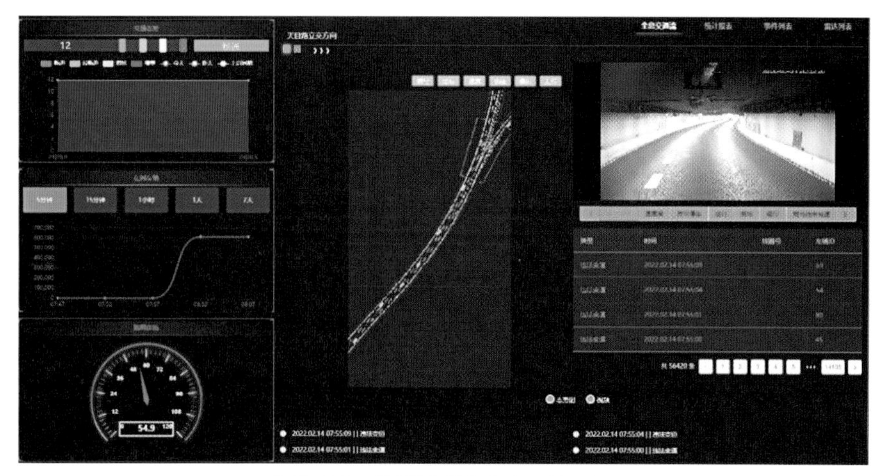

图6-30　北横通道全息交通流展示

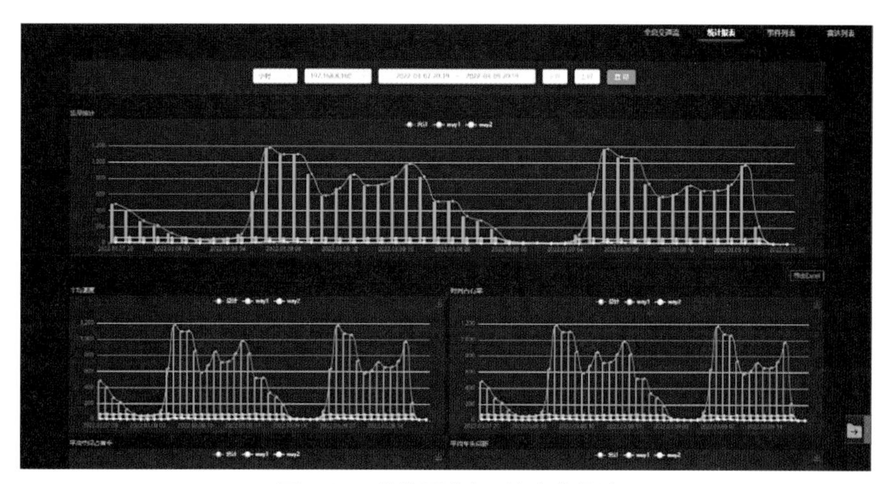

图6-31　北横通道交通流参数统计

图6-32　北横通道交通事件报警

### 6.4.2 智慧防灾技术

1）概述

在地下道路防灾研究方面，国内外通过缩尺、足尺火灾试验，对不同条件下隧道内的温度发展变化规律进行了大量研究。在隧道内发生火灾后，人员的安全疏散是一项非常重要的工作。关于疏散时间的预测，一般有现场模拟试验测量法、经验公式法和计算机模拟三种方法。

地下道路消防系统及其他相关系统在正常运行过程中以及火灾工况下将产生大量数据，如火源光谱和频率、温度、一氧化碳浓度、能见度、风速等。如何对所收集到的海量数据信息进行充分提取、分析、挖掘，建立数据信息与消防设施功能、性能相关关系，以及遇火灾工况下动态反馈和疏散救援决策的相互联系，从而实现地下道路大数据分析与消防设施运行、评估、优化以及火灾动态反馈的智慧化运营，特别是在建立地下道路火灾动态反馈技术及消防救援技术方面，以便在地下道路火灾工况下实现提供动态可视化的地下道路火灾三维场景，并进行火灾发展态势预测，提供可靠的动态疏散决策，以便为地下道路管理、消防、路政、交通管理、司乘等提供智慧的火灾援救支持。智慧防灾系统如图6-33所示。

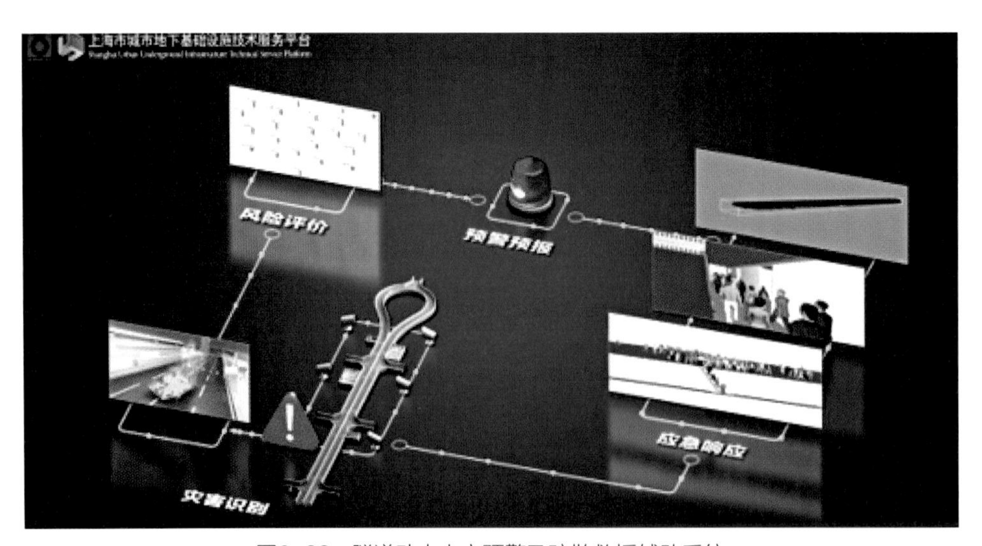


图6-33 隧道动态火灾预警及疏散救援辅助系统

2）技术方案与工程应用

隧道智慧防灾系统支持实时温度显示模块，可以在计算机浏览器和手机浏览器访问，将鼠标移动到温度曲线上，或在手机上点击，可以显示每个传感器测得的实时温度。在计算机浏览器上，用鼠标单击温度分布曲线上的某个数据，还可以弹出对话框，显示该传感器的历史温度数据表。隧道智慧防灾系统通过利用工作站并读取隧道既有防灾设备相关数据，写入系统数据库。隧道动态火灾预警及疏散救援辅助系统从系统数据库获取所需信息。

以北横通道为例，在开发实施的第一阶段，工作站所在网络为独立网络，不与其他网络连接。到第二阶段时，能够将该网络接入其他网络，能够通过网络从综合监控服务器获取风速、一氧化碳浓度、能见度、交通量、火灾报警等数据以进行综合分析，为隧道运维、消防救援等提供辅助信息。

隧道智慧防灾系统基于北横通道隧道火灾动态预警及疏散救援智能化系统集成，其主要功能是接收来自光栅数据服务器的隧道实时温度数据，经过处理后将其以图形等方式显示在系统窗口内，如有火灾发生，将显示烟气云图以及火灾位置等信息，并提示火灾预案信息，供有关人员参阅。

同时，还将温度数据写入大数据服务器，并从大数据服务器获得隧道车流量、车速、风机运转情况、一氧化碳浓度、能见度及$PM_{2.5}$数据。

系统根据隧道防灾设备（光纤光栅传感器监测温度数据），实时调用部署在云平台的基于深度学习的火灾智慧服务算法，实时输出反演火灾场景的关键参数，并实时可视化。这些信息能够为人员疏散、灭火救援提供重要的辅助。在火灾信息面板中，通过曲线图显示了火灾的热释放率等信息。

### 6.4.3 长大地下道路位置服务技术

1）概述

（1）地下环境GNSS信号缺失，无法实现地上地下的一体化衔接

传统导航依赖全球导航卫星系统（global navigation satellite system，GNSS）以实现定位。GNSS信号使用的频段为微波频段，其绕射和穿透能力弱，不能穿透较厚的山体或混凝土结构体，导致驾驶者无法在地下环境中获得准确的定位导航信息。

（2）指路标志布置受限，难以建立高效、清晰的标志系统

地下道路内部驾驶者缺乏参照物，对出入口的识别以及地面情况基本都依赖标识系统，标识系统设置对驾驶者的行车影响较地面环境更加突出。

然而当前地下道路交通标识受空间限制、侧墙遮挡以及光线等影响，交通标识尺寸

与版面布置受限，可识别性以及信息设置存在一定困难。另外，设计随意性导致当前城市地下道路的交通标识在外观、版面、色彩等方面五花八门，缺乏统一，标识设置效果差，指路功能不足。

2）室内定位技术实践现状

由于GNSS信号的严重衰减和多径效应，通用的基础定位设备（如GPS）在室内或遮挡严重的密集环境中难以实现精准定位，这使得室内定位技术的发展备受关注。目前，全面支持智能手机的定位技术有以下三种：Wi-Fi指纹、蓝牙信标、地磁。

（1）Wi-Fi指纹

由于Wi-Fi在家庭、旅馆、咖啡馆、机场、商场等各类大型或小型建筑物内的高度普及，利用Wi-Fi指纹定位无须额外部署硬件设备，对于解决室内定位的问题，有成本低、可行性强的特点。Wi-Fi指纹定位系统将待检测的室内区域进行网格划分，收集每个网格内的Wi-Fi信号强度信息来建立指纹库。提供定位服务时，根据移动端的实时信号强度，与已输入Wi-Fi指纹数据库的网格信息相比对来匹配测算位置信息，其准确性取决于已输入数据库的附近访问点的数量。

（2）蓝牙信标

蓝牙定位需要在区域内铺设蓝牙信标，采用三点定位原理，通过接收的信号强度指示（RSSI）值的变化来判断用户距离信标设备的远近。例如，已知某距离（1m）的RSSI值，那么其他距离的RSSI值大于该值则距离小于1m，小于该值则距离大于1m。通过部署多个基站，则可以通过与多个基站的相对距离来找到用户所在位置的大致区域。

（3）地磁

地磁技术的运用始于对特定室内场所地磁数据的采集。定位时，通过手机端普遍集成的地磁传感器去收集室内的磁场数据，辨认室内环境里不同位置的磁场特征，从而匹配用户在空间中的相对位置。

以上三种室内定位方案应用于隧道等地下车载导航定位场景时均存在局限性。Wi-Fi的场景感知能力受IOS、Android等智能系统限制，难以满足车载导航所需要的低延迟、高精度、高可用场景需求。蓝牙信标对安装密度要求高，信号稳定性差，定位更新频率慢、精度较低，且常采用电池供电，基本每1～2年所有设备都需要更换一次。地磁定位存在静态情况下初定位难的问题，且精度容易受金属和电子等物件的干扰，无法应用于停车场及地下定位导航。常用室内定位技术的汇总分析如表6-1所示。

常用室内定位技术的汇总分析表　　表6-1

| 定位技术 | 定位精准 | 覆盖范围 | 优点 | 缺点 |
|---|---|---|---|---|
| 蓝牙 | 2～10m | 1～20m | 功耗低、设备体积小、易部署 | 传输距离短、信号稳定性差、电池供电须频繁更换设备 |
| Wi-Fi | m | 20～50m | 前期成本低、精度较高 | 受环境干扰、指纹采集工作量大、维护成本高 |
| 地磁 | 2m | 1～10m | 不需要额外设备 | 成本高、受环境干扰、指纹采集工作量大 |
| 视觉 | mm～dm | 1～10m | 环境依赖性低 | 成本较高、稳定性较低 |
| 超声波 | cm | 2～10m | 精度高、结构简单 | 多径效应、受环境温度影响、信号衰减明显 |
| RFID | dm～m | 1～50m | 精度高、体积小、成本低 | 距离短、无源标签、无通信能力 |
| 超宽带 | cm～m | 1～50m | 穿透性强、精度高 | 成本高 |
| 惯性导航 | 1% | 10～100m | 不依赖外部环境 | 存在累积误差 |
| 蜂窝网络 | m | km | 覆盖范围广，不需要额外设备 | 定位效果依赖基站密度 |
| 伪卫星 | cm | 10～1000m | 精度高、覆盖范围广 | 成本高、需要额外设备 |

3）技术方案

使用集成室内外引擎的大众导航应用App，车辆在地面行驶时对接GNSS信号，当车辆驶入地下道路后，App自动判断进入地下环境，将定位信号从GNSS信号切换至射频矩阵基站提供的信号，提供室内外一体化无缝导航体验。

同时，地下道路内布设的定位基站可通过Wi-Fi或4G信号与基站管理云服务平台连接，上传基站状态信息及车流信息等数据，为地下道路管理方提供数据支撑（图6-34）。

系统架构分为功能应用层、平台服务层及数据感知层。数据感知层采用射频测距、蓝牙测角等多种定位技术，通过多源融合定位算法及高精度地图将定位结果呈现给用户，提供室内外一体化的行车导航服务。此外，服务管理平台利用定位基站收集实时车流信息等运营数据，为地下道路管理方和用户提供多种智慧功能和应用（图6-35）。

通过安装射频矩阵基站，利用蓝牙等信号提供定位导航服务，支持大众手机和低成本蓝牙发射器。导航精度优于GPS/BDS，延时小于1秒，支持速度40～60km/h。在大型

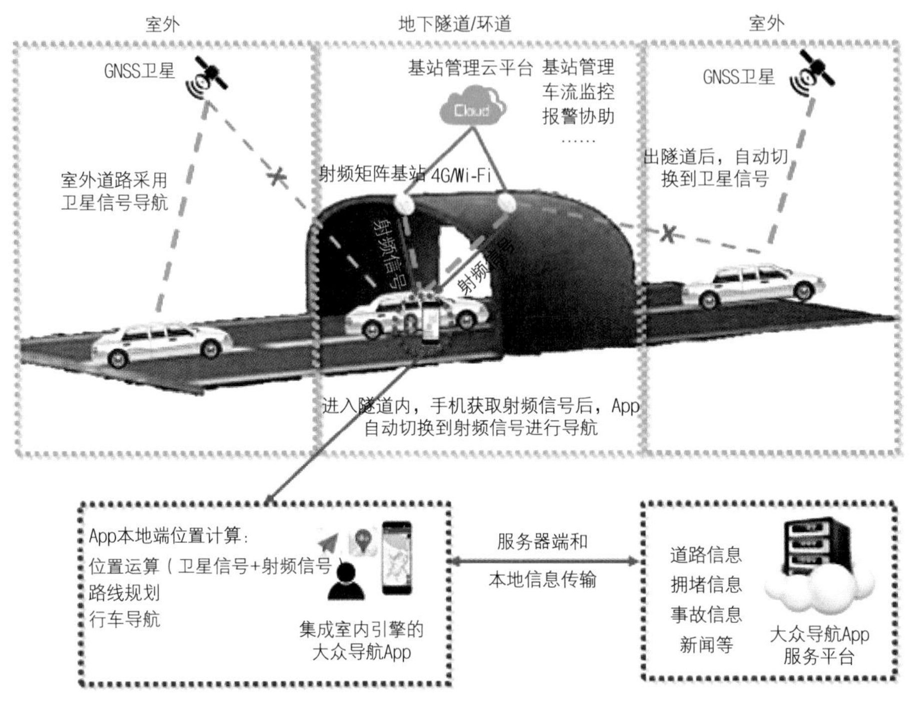


图6-34　总体方案示意图

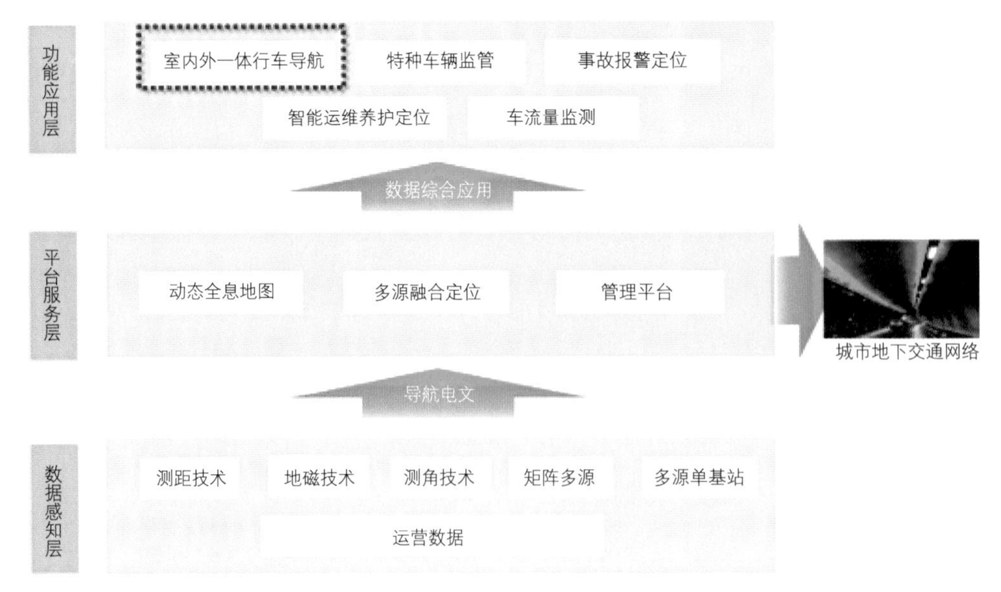


图6-35　系统平台架构图

空间内，安装多个阵列基站可覆盖更大范围、提供更高精度的位置信息。单基站安装的高度超过15m时，有效覆盖半径超过20m。同时，低功耗蓝牙微基站理论上无定位用户的限制。

其适用于长大隧道、地下环路、地下停车场等场景，提供地上地下无缝衔接的行车导航和路线规划服务。配套的管理平台可实现特种车辆监管、实时报警、智能运维、车流监控等管理功能。

4）应用案例

（1）设计范围

星港街隧道及苏州中心北环全长2500m。具体路线为地上道路进入星港街地下隧道，通过分流出口匝道驶入苏州中心北区地下道路，沿着北环地下道路从出口进入星港街地下隧道并驶出隧道（图6–36）。

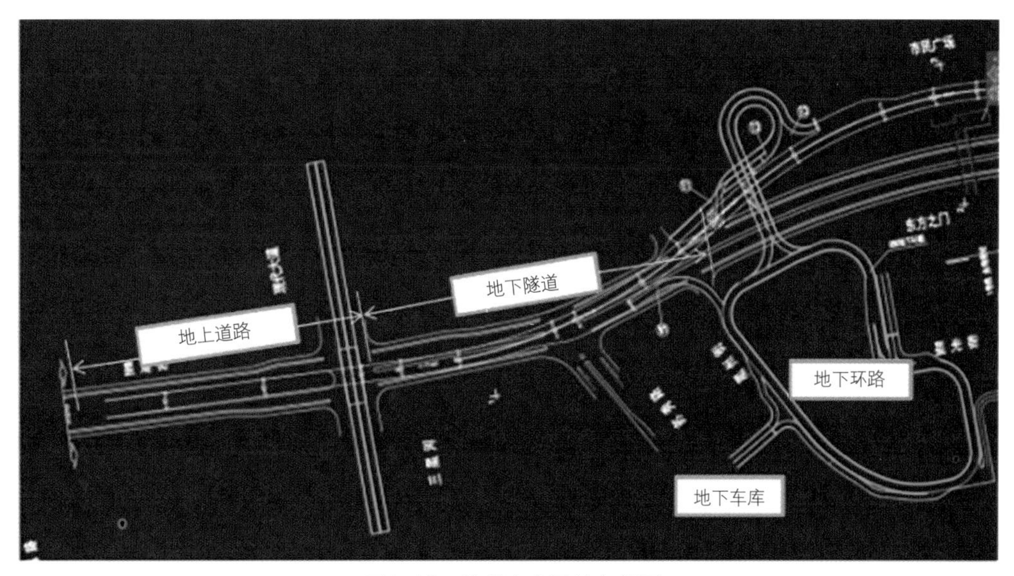


图6–36 苏州中心示范点范围

（2）设计目标

实现地上地下无缝衔接、地下车辆从高速隧道至低速车库全过程定位与导航，解决地下驾驶的寻路难问题。

（3）工程方案

①点位布置

射频矩阵基站点位布置原则为：a．最大限度考虑信号覆盖；b．满足设计速度对应的信号连续性要求；c. 对正常隧道行车无干扰；d. 便于养护和维护等。

在星港街隧道和苏州中心地下环路，沿两侧间隔20m，离地3.4m，共布设射频定位基站225个（图6–37）。定位基站周围无明显遮挡物。

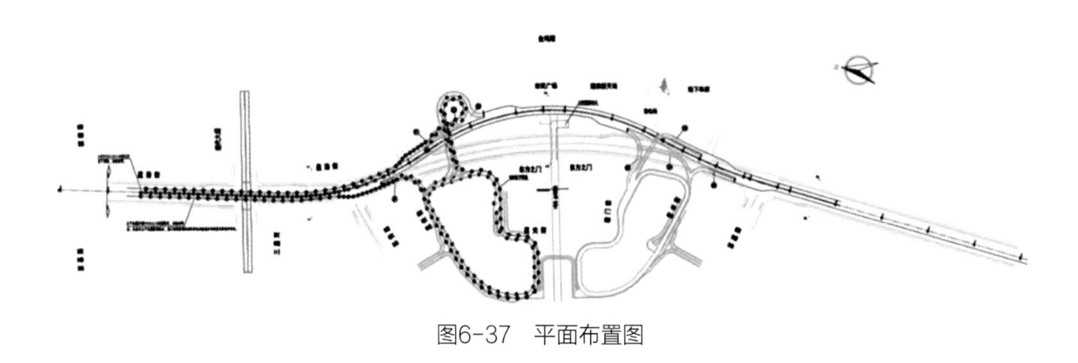

图6–37　平面布置图

②供电方案

总功耗测算：225 × 0.9W=202.5W。配电工程由电力施工单位按项目要求实施，整套电力工程的供电系统满足基站设备的技术参数，同时满足环道管理处对用电安全的管理规定。

从隧道、环道两侧智能箱、UPS电源箱走箱体排管布线至对应点位并安装插座。

③网络通信方案

本系统安装的射频矩阵基站自带 4G/Wi–Fi模块，可通过运营商网络实现无线网络传输。

（4）实施效果

①安装便捷，视觉无干扰。射频矩阵基站的安装便捷牢固，底座采用斜向设计，一旦卡入槽内不易因为振动而掉落。基站体积小，安装点位位于隧道两侧，有较强的隐蔽性，不会干扰驾驶者视觉。

②全覆盖，没有盲区，间距经济合理。本试点项目按20m间距安装定位基站，定位信号全面覆盖测试示范区域。车辆由地上驶入地下环境过程中，导航App自动接收射频矩阵信号，无缝衔接地上导航，定位坐标未出现漂移、延迟等情况。

③不同手机/操作系统/车速，接收信号敏捷。在星港街隧道和苏州中心地下环道行驶时，不断变换车速进行测试，在20 ~ 80km/h速度区间内，不同品牌和操作系统的手机导航功能均反应灵敏、定位精准。

## 本章小结

本章针对地下道路长大化、网络化发展新趋势带来的运营效率、安全问题和提升需求，结合国内外地下道路智慧化建设案例，研究建立了智慧地下道路体系架构，开展了地下道路交通全息感知、智慧防灾、地下道路位置服务等关键技术的研究和应用工作。

智慧地下道路体系架构研究，可以为智慧地下道路工程设计、建设提供参考；基于毫米波雷达的地下道路交通运行状态全息感知技术支持多尺度地下道路交通运行态势分析、地下道路不良驾驶行为识别及风险研判；隧道智慧防灾系统，有利于解决以往无法获知隧道内实时状态（隧道内摄像头被烟雾遮挡）、无法可靠指导火灾扑救及人员救援疏散的难题；长大地下道路位置服务技术通过在地下道路内布设地下高精度定位基站，可实现面向高速运行环境、基于普通手机终端、通用地图软件的定位导航服务，定位精度可达米级，极大地提升复杂地下道路内交通指引和车辆运行效率。

## 参考文献


[1] 徐华峰，夏创，孙林．日本ITS智能交通系统的体系和应用[J]．公路，2013（9）：197–201.

[2] 冉斌．世界智能交通进展与趋势[J]．中国公路，2018，522（14）：24–25.

[3] HABIBOVIC A, AMANUEL M, CHEN L, et al. Cooperative ITS for safer road tunnels: recommendations and strategies[DB/OL]. (2014–11–17)[2023–09–20]. https://www.trafikverket.se/contentassets/f0fcda028678458bbb86c78f30f3f910/cooperative_its_for_safer_road_tunnels_final_report.pdf.

[4] CHEN L, HABIBOVIC A, ENGLUND C, et al. Coordinating dangerous goods vehicles: C-ITS applications for safe road tunnels[C]// IEEE Intelligent Vehicles Symposium. 2015.

[5] 姜原庆．港珠澳大桥火灾系统自动灭火技术研究与应用[J]．中国港湾建设，2020（1）：61–63.

[6] 李周雨．基于BIM的港珠澳大桥三维监控系统设计与实现[J]．电子世界，2017（19）：111–112.

[7] 叶卿，金照，邵源，等. 城市智慧道路的设计与实践 [C] //中国城市规划学会城市交通规划专业委员会. 创新驱动与智慧发展——2018年中国城市交通规划年会论文集. 2018.

[8] 中国移动. 室内定位白皮书 [R]. 2020.

[9] 裴凌，刘东辉，钱久超. 室内定位技术与应用综述 [J]. 导航定位与授时, 2017, 4 (3): 1-10.

[10] 杨超超，陈建辉，刘德亮，等. 室内无线定位原理与技术研究综述 [J]. 战术导弹技术，2019，198 (6): 105-113.

[11] 中兴通讯股份有限公司. 5G室内融合定位白皮书 [R]. 2020.

[12] 施洪乾. 高速公路隧道群交通事故指标体系及方法研究 [D]. 成都：西南交通大学，2009.

[13] 陈桂福. 福建山区高速公路隧道行车安全研究 [D]. 福州：福建农林大学，2014.

[14] 刘壮. 基于熵权TOPSIS的高速公路隧道运营安全性评价 [J]. 公路交通技术，2017，33 (1): 107-110.

[15] 王新宇. 山区高速公路隧道营运安全评价研究 [D]. 重庆：重庆交通大学，2016.

[16] 周娜. 高速公路隧道群交通运行环境分析与评价研究 [D]. 西安：长安大学，2010.

[17] 戴忱华. 高速公路隧道路段驾驶行为特性及其风险评价研究 [D]. 上海：同济大学，2011.

# 7
# 城市地下道路<br>绿色低碳创新技术

# 7.1 概述

2020年9月22日，国家主席习近平在第七十五届联合国大会上宣布，中国二氧化碳排放“力争于2030年前达到峰值，努力争取2060年前实现碳中和”的目标（以下简称“双碳”目标）。在“双碳”目标指引下，如何实现绿色低碳循环发展，各地都在进行积极而有益的探索。例如，北京在“十四五”发展目标与任务中提出“碳排放稳中有降，碳中和迈出坚实步伐，为应对气候变化做出北京示范”；上海在“十四五”发展目标与任务中提出“坚持生态优先、绿色发展，加大环境治理力度，加快实施生态惠民工程，使绿色成为城市高质量发展最鲜明的底色”等。

根据中国碳排放数据库（CEADs）的统计数据，我国碳排放总量仍不断增长，2019年碳排放突破100亿t，位居世界第一（占全球的约30%），其中能源、基础设施、制造等行业碳排放占比较高。基础设施相关行业在为公众提供基础性服务的同时，也贡献了城市50%～60%的碳排放总量，并呈上升趋势。城市中人口密度大，且第二、第三产业占比较高，建筑业与交通业碳排放比例更高（图7-1）。

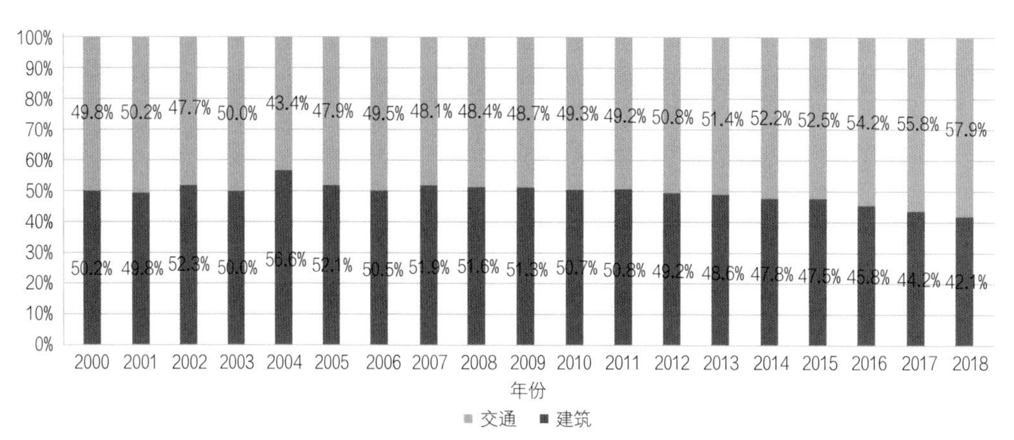


图7-1　2000～2018年城市建筑和交通行业在城市碳排放中的占比

在城乡建设领域，宏观层面目前较为常见的绿色低碳理念包括“绿色交通”“绿色建筑”等。这些理念并非传统意义上景观绿化设计中的绿化或绿色设计，而是以工程质量优良为前提，从规划设计、施工建设、运营管理、服务共享全过程出发，建设一个统筹协调、资源节约、生态环保、节能高效的系统性的工程。“绿色交通”的典型案例包括河北雄安新区。在雄安新区的规划纲要中，多处可见绿色交通、智慧交通等字眼。其中，提到雄安要构建快捷高效交通网，完善区域综合交通网络，构建新区便捷交通体系，打造绿色智能交通系统，坚持公交优先，综合布局各类城市交通设施，实现多种交通方式的顺畅换乘和无缝衔接，打造便捷、安全、绿色、智能的交通体系。“绿色建筑”则强调在建筑的全生命周期内，最大限度地节约资源、保护环境、减少污染，达到与自然和谐共生，即实现建筑的节能、节地、节水、节材和保护环境。

在微观层面，绿色低碳的理念落实在具体技术的应用。对于地下道路而言，低碳地下道路是指在建材与设备制造、施工建造和运行的整个生命周期，通过减少能耗促进减少化石能源的使用，提高能效，降低二氧化碳排放量。在建筑领域，低碳建筑已逐渐成为国际建筑界的主流趋势；而在交通领域，地下道路是城市道路中能耗较高的构成部分，实现地下道路的绿色低碳建设与运营是推进绿色交通发展的重要措施之一。地下道路工程的节能降耗是地下道路全线建设过程中关注的重点。将绿色、环保、节能的理念引申至地下道路建设和运营的全过程，“低碳地下道路”的理念也应运而生。由于基础设施领域尚无成熟的碳排放计算标准可供参考，因此地下道路参照《建筑碳排放计算标准》GB 51366—2019，地下道路的低碳可以按建材生产及运输阶段、建造阶段、运行阶段和拆除阶段四个阶段考虑，其技术体系如图7–2所示。其主要技术措施按阶段分类如下。

（1）建材生产及运输阶段

建材工业烟气具有碳浓度高、温度高、排放集中度高的特点，发展低碳建材技术是中国建材工业引领世界建材工业发展的重要历史机遇。未来，我国建材行业的低碳化可以重点关注渣土资源化利用、高性能建材、建材运输的减碳等方面。

①渣土资源化利用。地下道路的基坑施工会产生大量渣土。若将渣土全部外运，不仅造成大量的资源浪费，同时在运输过程中将产生大量碳排放。通过将基坑施工中产生的渣土进行资源化利用，如作为路基材料等，可直接减少建材生产过程和间接减少运输阶段的碳排放。

②高性能建材。基于低碳（负碳）水泥，研制高性能混凝土及制品（包括预制化构件）。纤维混凝土由于具有强度较高的特点，可以减少水泥用量。同

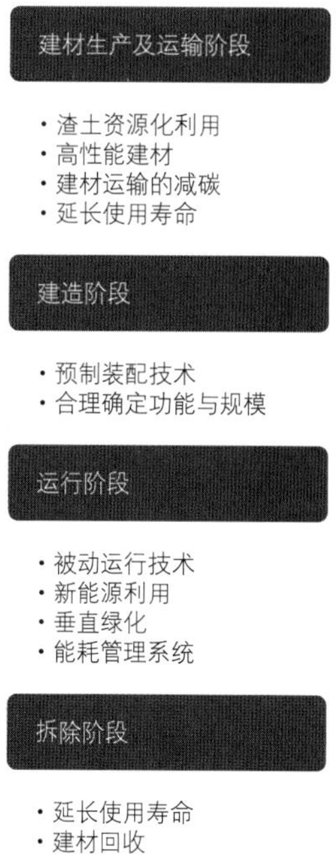

图7–2 低碳地下道路技术体系

时，由于其耐久性较好，结构使用寿命延长，间接减少了碳排放；高强钢筋的使用不仅可以解决钢筋过密带来的一系列施工质量问题，而且可以减少钢筋用量，直接减少碳排放。

③建材运输的减碳。通过把地域性原料和工农业副产品资源化、生态化以及对相容性和复合技术的应用，减少建材生产过程中的运输距离，降低建材生产的碳排放。同时，推广新能源运输车辆，减少运输环节的碳排放。

④延长使用寿命。地下道路建材生产及运输阶段所产生的碳排放总量较高（按100年的使用寿命计，可占全生命周期的40%以上）。因此，通过尽可能延长使用寿命，将建材生产及运输所产生的碳排放平摊至每年，降低年均的碳排放值，在宏观层面上有利于减少碳排放。

（2）建造阶段

建造阶段主要措施包括预制装配技术、合理确定功能与规模等。

①预制装配技术。预制装配技术可以减少施工现场的施工机械及设备的使用量。

②合理确定功能与规模。无论在建材生产、施工还是运行阶段，碳排放都与规模成正比。应合理控制建筑的规模，在满足各类使用功能的前提下，压缩地下道路横断面，集约布置车型空间及配套设施，从源头控制碳排放。

（3）运行阶段

运行阶段主要涉及通风、照明、可再生能源、碳汇等方面的低碳措施。具体而言，涵盖被动运行技术、新能源利用、垂直绿化、能耗管理系统等方面。

①被动运行技术。通过自然采光（或光导管）、自然通风等技术以及节能设备的应用，减少消耗电能设备的使用，达到降低能耗的效果。

②新能源利用。通风和照明是地下道路能耗的主要部分，通过使用新能源，如地源热泵系统、光伏系统等，可以降低传统能源的使用比例，即减少单位能耗的碳排放。

③垂直绿化。在地下道路内部布置适合地下环境的绿植，既可以吸收车辆运行产生的有毒有害气体，又可以吸收二氧化碳。

④能耗管理系统。传统地下道路的通风、照明等系统的开启通过人工控制，往往存在反应不及时、资源浪费的现象。通过能耗管理系统，可及时对地下道路的能耗进行监测，有助于改善地下道路用能管理制度，有助于地下道路能耗的节约。

（4）拆除阶段

地下道路拆除阶段以人工拆除和使用小型机具机械拆除过程中的碳排放为主，可以通过延长地下道路使用寿命、建材回收等方式减少拆除阶段碳排放。

## 7.2 建材生产及运输阶段

### 7.2.1 渣土资源化利用

1）概述

2021年我国建筑垃圾产生量达30.94亿t，建筑垃圾的增长速度仍在增加，“垃圾围城”之势不仅阻碍了城市的发展，更影响着人们的生活环境，资源化利用率只有5%左右。工程渣土是各类建筑物、构筑物、管网等地基开挖过程中产生的弃土，占建筑垃圾总量的80%左右。

在欧美发达国家，渣土资源化利用已有大规模应用。例如，德国在1998年修订了《循环经济和废物清除法》，建筑垃圾回收率达到87%；美国在1980年制定《超级基金法》，建筑垃圾再生利用率达70%；日本于1991年颁布了《资源重新利用促进法》，其建筑垃圾资源化利用率高达96%。

与发达国家相比，我国的建筑垃圾资源化利用率明显不足。2019年1月，国务院发布了《“无废城市”建设试点工作方案》，“无废城市”是以创新、协调、绿色、开放、共享的新发展理念为引领，通过推动形成绿色发展方式和生活方式，持续推进固体废物源头减量和资源化利用，最大限度减少填埋量，将固体废物环境影响降至最低的城市发展模式，也是一种先进的城市管理理念。《“无废城市”建设试点工作方案》将形成一批可复制、可推广的“无废城市”建设示范模式，而渣土的资源化利用也是其中重要的组成部分。

2）应用案例

工程渣土是南京市建筑垃圾的主要类型，开展工程渣土资源化利用成套技术研究，是提升南京市建筑垃圾资源化利用整体水平的关键。据统计，每年南京市产生的工程渣土数量达到了2000万t，占建筑垃圾总数的七成。

南京南部新城占地面积为9.94km$^2$。2017年1月南部新城在江苏省首次采用工程总承包（EPC）模式进行整体市政基础设施建设，建筑安装工程费约104.5亿元。工程建设产生了大量渣土，南部新城聚焦“渣土处置难”和“筑路材料紧缺”两大难题，创新地进行渣土在道路工程中的资源化利用，处理渣土约220万m$^3$，节约投资约2.2亿元，具有良好的经济效益、社会效益和环境效益。

针对南部新城工程渣土来源广、性质波动大的特点，开展渣土资源化利用的精细化多配方动态设计，对工程渣土进行一系列预处理后，采用专用设备将高效土壤固化剂与工程渣土均匀混合，作为南部新城道路路基等结构层填料，建立完善的渣土固化技术体系。其工艺流程如图7-3所示。

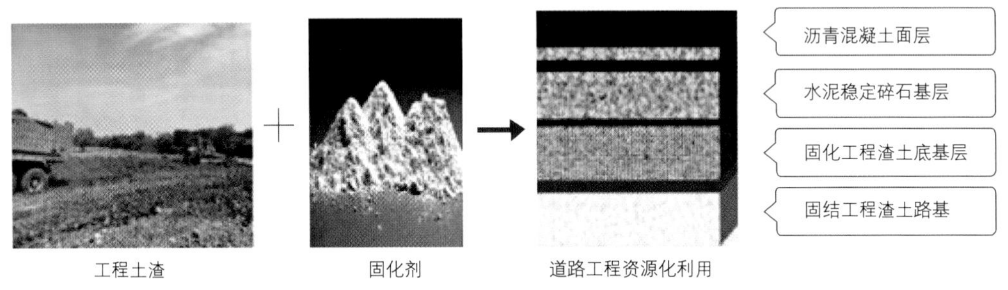


图7-3 南京南部新城渣土资源化利用工艺图

## 7.2.2 高性能建材

近年来随着地下道路的埋深越来越深，工作井、暗埋段的围护结构通常采用地下连续墙，地下连续墙最大成槽深度可超过50m。地下连续墙穿越地层地质条件复杂，易出现缩径、塌孔现象，浇筑混凝土过程中易形成露筋、夹泥、鼓包、接缝不严密等问题，墙槽稳定性和垂直度不易控制。如果地下连续墙施工质量不过关，造成墙缝形成漏水通道，导致基坑渗漏水，将对周边及基坑自身安全产生极大影响。

（1）高强钢筋

地下空间工程荷载较大，使设计方案中配筋率较高，在实际施工中存在钢筋过密问题，容易造成振捣不密实、作业空间较小、露筋等现象，影响工程质量和使用安全。

通过HTRB630高强钢筋替换HRB400钢筋，可降低30%左右用钢量，明显降低布筋密度，强化钢筋混凝土的结合力，大幅度提升混凝土结构的抗震强度与抗核冲击波的能力。在实际应用中，节材率28%左右，成本降低20%。

（2）高强混凝土

混凝土成分中，水泥的制备需要经过高温烧制，会产生大量碳排放。单位体积的水泥制备过程中碳排放量远高于粗骨料制备过程中的碳排放量，因此减少水泥用量是减少混凝土碳排放最有效的方法。在混凝土生产过程中，尽可能使用运距较短的粗骨料来减少所需的水泥用量，产生高强度、高耐磨性和较长寿命的混凝土，可以减少建材生产及运输阶段的碳排放。同时，使用高强混凝土可以减少混凝土用量。

（3）纤维混凝土

纤维混凝土是以水泥浆、砂浆或混凝土作为基材，以纤维作为增强材料所组成的水泥基复合材料。纤维种类包括玻璃纤维、玄武岩纤维、钢纤维、聚丙烯纤维、碳纤维等。纤维混凝土的强度较高，其中钢纤维混凝土可以减少水泥用量，直接减少碳排放。另外，纤维混凝土抗裂性、耐久性好，结构使用寿命较长，可间接减少碳排放量。

### 7.2.3 建材运输的减碳

建材运输中的碳排放在其全生命周期中占有一定比例，建筑材料运输大多由从事运输的专业企业负责，如何减少运输环节的碳排放，需要建筑材料生产企业、建筑施工企业和物流运输企业进行系统研究。

（1）建材运输距离的优化

尽量选择本地建材，通过减少运输距离可以减少建筑全生命周期中的碳排放总量。可以通过两种路径实现：一是采购由距离施工现场较近的工厂生产的建材进行施工，通过减少运距减少运输环节碳排放；二是就地取材，将建筑垃圾或者建筑废弃物就地进行再利用（如渣土的资源化利用），不仅可以减少原材料运输中的碳排放，还可以减少建筑垃圾或建筑废弃物外运和处置的碳排放。

（2）新能源运输车辆的普及

纯电动卡车的推广应用真正做到从源头上减少碳排放，将有效助力国家“双碳”目标的实现，对建材运输的绿色、环保发展具有重要意义。根据山东某市电动卡车的运行数据，每辆纯电动卡车每年可减少碳排放123t。同时，纯电动卡车的能耗成本相比于燃油卡车降低了三分之一左右。

### 7.2.4 延长使用寿命

以上海周家嘴路隧道为例，在其全生命周期中，建材生产及运输阶段的碳排放占比为40.78%，虽然其占比略小于运行阶段，但是值得注意的是，运行阶段计算周期按100年计，而建材生产及运输的碳排放集中在项目全生命周期的前期，一般不超过5年，其年均碳排放强度远高于运行阶段。为此，建议在设计和建造阶段将地下道路寿命按200年考虑。事实上，地下道路往往都是城市中的重大工程项目，应当按照较高的标准进行建设，并按照更长的使用年限进行设计，这对减少其全生命周期的碳排放也有重大意义。

# 7.3 建造阶段

## 7.3.1 预制装配技术

1）概述

预制装配式建筑，指建筑的部分或全部构件预先在工厂内生产，接着通过相对应的运输方法送到施工场地，并通过合适的安装机械和安装方法把构件组装成为具有使用功能的建筑物。预制装配式建筑因采用产业化生产方式，具有比传统现浇建筑施工便捷、施工进度快、环境破坏小、碳排放量低等众多优势，是建筑业低碳发展和经济可持续发展的重要途径。预制装配式建筑的建造方式满足低碳建筑发展的要求。

传统现浇施工方式和预制装配施工方式的碳排放差异，根据发达国家的经验，后者材料节约20%左右，水资源节约超过60%，其他资源和能源也有不同程度的节约，施工现场的建筑垃圾和废弃物也相应减少，其建筑废弃物回收可达一半以上。这些都可带来碳排放量减少。

发达国家的预制装配式建筑起步早，发展相对成熟。日本是最早在工厂内生产房屋的国家，丹麦是第一个将预制装配式建筑模数化的国家，瑞士是预制装配式建筑应用最广泛的国家。我国预制装配式建筑的发展目前处于初级阶段，与国外发达国家相比，还存在推广、管理、成本、技术、评价和标准等方面的难题。

2）应用案例研究

某隧道总长度约3.2km，研究提出了预制装配方案，结构断面主要包括单层双跨箱涵、双层双跨箱涵、单跨箱涵、单层三跨箱涵、双层单跨箱涵和双层三跨箱涵等结构形式，总长度约1865m，如图7–4所示。

上述结构形式根据是否存在中隔墙，可分为单跨和多跨两类结构形式。

单跨结构形式：目前主流的预制装配形式为板墙叠合、板墙预制+接头湿接、分块整体装配三种形式。其中，板墙叠合预制构件较小，可重叠放置，预制场地需求较小。同时，施工时间可缩短16%左右，因此推荐采用该方案。根据估算，该方案最大质量41t，可采用汽车式起重机或门式起重机，并设置可伸缩竖向支架。

多跨结构形式：由于断面宽度大，基坑支撑中部需设置钢立柱，且根据现阶段施工筹划，在单侧设置栈桥。因受钢立柱、栈桥及纵向系梁限制，无法采用全预制装配方案，可考虑预制叠合侧墙或“预制叠合侧墙+预制叠合顶板”方案。方案中，底板采用

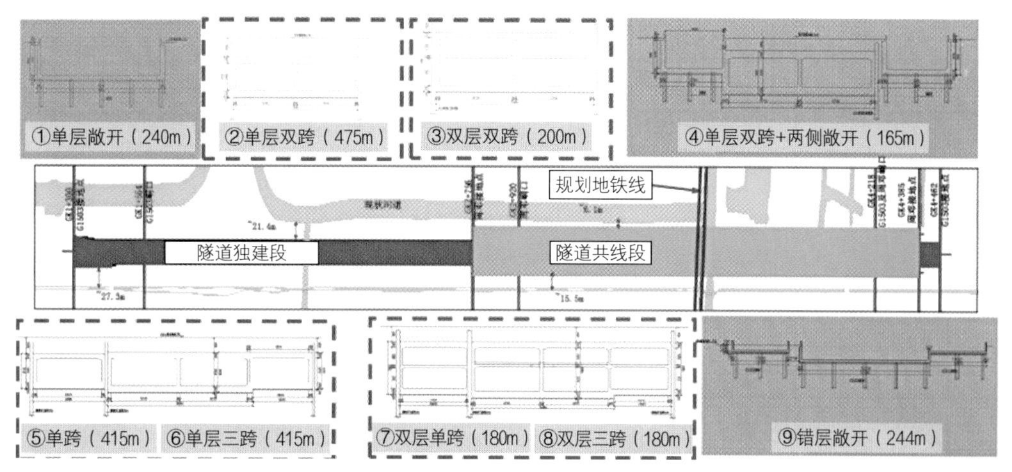


图7-4　预制装配结构形式方案示意图

现浇，侧墙采用预制拼装板和现浇混凝土叠合板，中墙采用预制形式，顶板可现浇或预制。顶板预制时，需在围护立柱范围预留后浇段，围护应考虑模数化设计。

## 7.3.2　合理确定功能与规模

为了应对地下道路低碳化的要求，国内外不少学者对施工碳排放进行了研究。相关研究成果表明，盾构法施工的地下道路中，盾构机产生的碳排放占比较高，是施工、运输设备中最大的排放源。本节以某盾构法地下道路为例，分析不同横断面对碳排放的影响。

某地下道路全长4.45km，双向4车道，设计速度60km/h。其中，盾构段总长2572m，横断面为单管双层布置（图7–5）。采用1台直径14.93m的泥水气压平衡盾构施工，其余为明挖段及工作井。根据测算，其建材生产及运输阶段碳排放量约为22.66万t，主要由混凝土和钢筋生产制备的碳排放组成，其中盾构段碳排放量约为9.96万t，占总量的44%，折合每延米38.74t；在建造阶段，经测算，盾构机运行碳排放量约为1.75万t，折合每延米

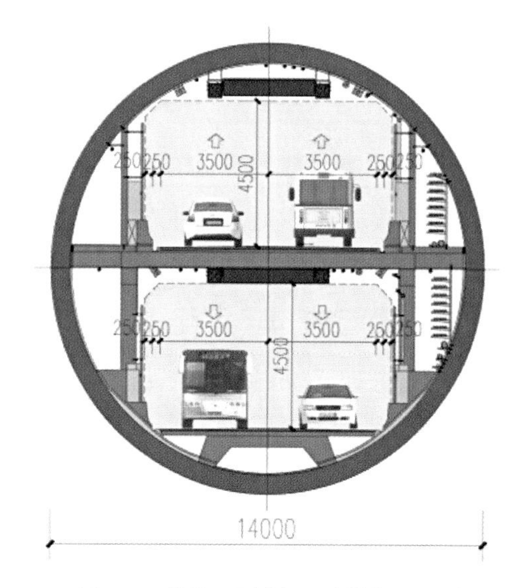


图7-5　单管双层横断面（单位：mm）

6.82t。该方案建造阶段和建材生产及运输阶段的碳排放量合计为24.6万t。

横断面也可改为双管单层布置（图7-6）。与单管双层相比，其横断面面积增大31.7%。双管单层方案建材生产及运输阶段的碳排放量约为11.36万t，相比于单管双层增加约14%；盾构机运行碳排放量约为2.99万t，相比于单管方案增加55.4%，且建造阶段其余分项碳排放量也相应提高。该方案建造阶段和建材生产及运输阶段的碳排放量合计为27.1万t。单管与双管碳排放对比如表7-1所示。

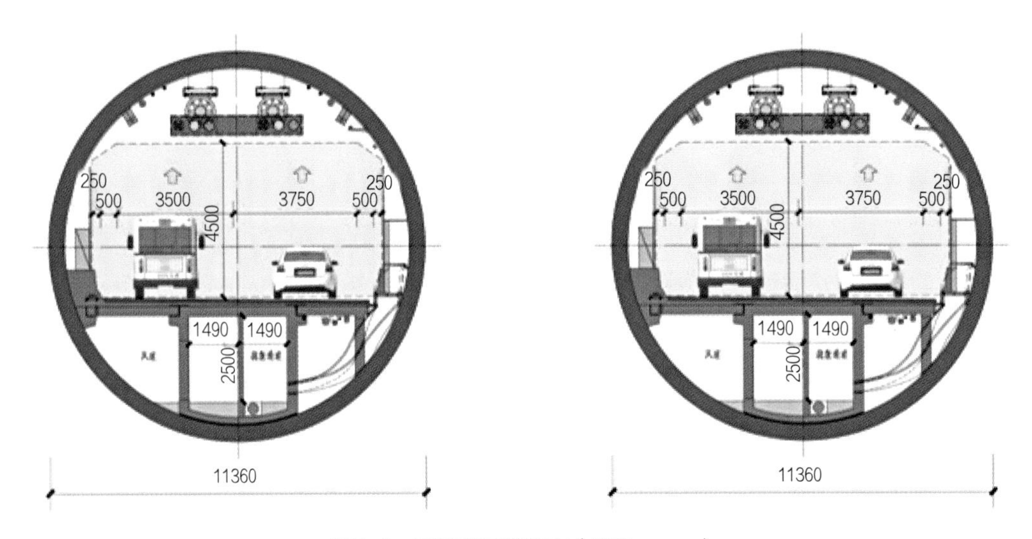


图7-6　双管单层横断面（单位：mm）

单管与双管碳排放对比　　表7-1

| 项目 | 14m单管 | | 11.36m双管 | |
|---|---|---|---|---|
| | 建材碳排放量（t·$CO_2$） | 每延米指标（t·$CO_2$/延米） | 建材碳排放量（t·$CO_2$） | 每延米指标（t·$CO_2$/延米） |
| 盾构段 | 99638.36 | 38.74 | 113628.67 | 44.18 |

# 7.4　运行阶段

## 7.4.1　被动运行技术

1）光导管技术

由于地下道路内部的顶部和两侧是封闭构造，内外光环境差别较大，对驾驶者的行车心理及视觉感官存在一定的影响。对于快速驶入或驶出地下道路的车辆内的驾乘人员，会产生“黑洞效应”“白洞效应”和适应滞后的现象，可能因驾驶者无法及时规避某些不易发现的障碍物而产生安全隐患。

为了消除上述安全隐患，需要对在地下道路出入口附近的照明设计作特殊考虑。根据地下道路外光强度、长度等将地下道路划分为入口段、过渡段、中间段和出口段。为了适应地下道路进出口区段亮度急剧变化，适时提供照明，需要在入口段、过渡段和出口段中设置加强照明。

为抵消“黑洞效应”和“白洞效应”，地下道路内加强照明具有两个特点：一是离地下道路出入口越近，需提供亮度值也越大；二是天气越晴朗，洞外日光亮度则大为增加，对地下道路内加强照明需求也越大。光导照明系统独特的天然优势是导入地下道路内亮度变化与地下道路外一致，即地下道路外亮度越大，导入地下道路内亮度也相应变大。这一特性可自然抵消“黑洞效应”和“白洞效应”，进而减少照明装置、线缆和电能消耗。同时，通过使用自然光进行照明，可以有效地避免频闪和眩光，大大提高行车舒适性、安全性。

光导照明系统是一种节能型照明系统，由采光装置、光导管和漫射器三部分构成，其原理如图7-7所示，它是通过采光装置将自然光线收集到系统内部，然后通过光导管传输，最后将自然光线通过系统底部的漫射器均匀地分散开来，从而实现自然光线在地下道路内有效照明。

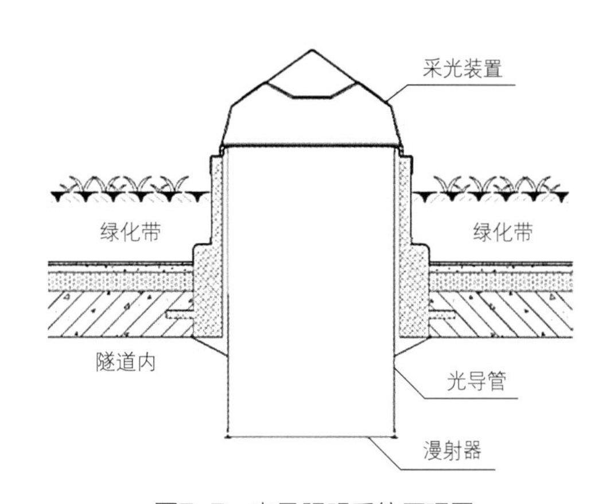

图7-7 光导照明系统原理图

光导照明系统为一次投资，投入使用后仅需每半年擦洗维护，使用年限长达25年，几乎没有运行成本。根据测算，虽然前期建设投资较电力照明系统大，但综合性价比优于纯电力照明系统。

上海长江路隧道是我国首条使用该系统的地下道路，是黄浦江底最大直径的地下道路（盾构外径15.43m），也是外环内唯一具备重载车辆通行能力的地下道路；其全长4912m（其中主线长约2860m），设双向6车道，设计速度60km/h。

上海长江路隧道军工路匝道97m范围内使用光导照明系统，每天至少提供10小时的自然光照明，可减少灯具约40套，节约照明能耗达40%以上，预计一年可节电约

12万kW·h。由于光导照明系统的光源取自于自然光线，会降低地下道路内外亮度差别，使光线柔和、均匀，极大地提升了驾乘人员在出入隧道时的视觉舒适度，减少了发生交通事故的可能性。通过使用光导照明系统，不仅可以提供良好照明环境，还能减少地下道路运营阶段照明用电量，减少碳排放。上海长江路隧道已于2016年建成通车，其现场效果图如图7-8所示。

图7-8　上海长江路隧道军工路匝道光导照明系统

2）自然通风技术

自然通风技术指不设置专门的通风设备，利用洞口间的自然压力差或汽车行驶时产生的交通风力，达到通风目的。自然通风技术在双向的地下道路中的应用受到地下道路长度的限制，而对单向的地下道路影响不大，即使隧道很长也有足够的通风能力。

自然通风技术不仅可自然排出废气、节约隧道空间，更可改善地下道路内部照明条件和自然通风排烟条件。在火灾等突发情况下，消防人员不但能借助自然通风口迅速排出烟雾，还可以从地下道路中段上方直接进入地下道路直达火灾地点，为消防疏散和救援提供便利。

北翟路快速路（外环线—中环线）新建工程位于上海市长宁区，西起现状北翟路外环线立交，东至北翟路中环线立交，地下段全长1780m，是第二届中国国际进口博览会的核心配套项目（图7-9）。

在设计、施工过程中，由传统的机械通风模式改为全自然通风系统，利用绿化带设置通风、排烟口，隧道分隔带中每隔十余米就设置一个“天窗”作为预留通风口，使车辆在隧道中排放的尾气可以随时排出隧道。这一独特创新的设计可显著提升隧道内驾驶者行车视野，改善空气质量，以此得名“会自主呼吸的隧道”。

图7-9 北翟路快速路横断面

### 7.4.2 新能源利用

地下道路中可利用最理想的新能源形式为地热，通过地源热泵与周边土体进行热交换。随着中国碳达峰碳中和目标的提出，低碳可持续能源的开发与利用已经迫在眉睫。地源热泵实质上是一种热量提升装置，机组消耗部分自身的能量，用来提取周围环境（如岩土、地下水等）的能量并转化为实际工程所需。在生产生活中，地下水、岩土体、工业废气等介质中存在大量的低品位热源，可以通过地源热泵进行热量提取转化，用来满足生产生活需要。地源热泵就是将岩土体作为热源提取介质。除此之外，常见的热泵还包括水源热泵和空气源热泵。

其原理如图7-10所示，冬季时，热泵机组不运行，只开启冷却塔、冷却水循环泵以及截止阀2和4，向环境中释放夏季存储的热量，进一步降低地埋管周边土壤温度，实现土壤蓄冷。夏季运行时，当环境温度较低时，可以开启阀1和3，用冷却塔排热；环境

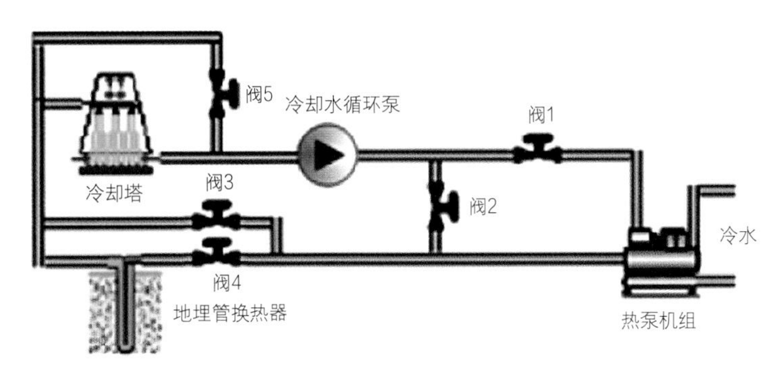


图7-10 地源热泵工作原理

温度高于土壤温度时，开启阀1、4、5，采用地埋管换热器向土壤释放热量。

在地下道路结构中利用了混凝土结构较高的热储存能力和热传导性能，可以获得比钻孔埋管换热器更高的换热效率，因此，在地下道路结构内铺设地源热泵系统具有较好的推广前景。在地下道路施工过程中，可以利用地下岩土中的热量，通过循环液（水或以水为主要成分的防冻液）在封闭埋管中的流动，流体从地下收集热量，再通过系统将热量带到地下道路内，用以提高地下道路内温度，降低或防止低温对地下道路施工及地下道路质量带来的不利影响。地下道路衬砌换热器的传热过程包括衬砌结构与围岩的热传导、管内液体与管壁的对流换热、洞内空气与地下道路内壁的对流换热。相对于锅炉、太阳能等其他供热方式，地源热泵的能量利用率可达300%以上，最为节能。此外，还有节水省地、运行稳定可靠、环境效益显著、自动运行等特点，属于可再生能源利用，符合当前国家倡导的社会可持续健康发展的理念。在四季温差变化大的地区，冬季可以利用地热提高目标温度，在夏季可以将目标的高温转移到环境介质，达到不同季节温度冷热交替的循环模式。中国的亚热带地区是冷热负荷极其不平衡的地区，地下道路衬砌换热器可以通过洞内全年通风将夏季注入地下的热量消散，实现冷热的自平衡和地温的恢复。

南京清凉门隧道位于扬子江大道与清凉门大街节点处，隧道总长865m，最大纵坡4.5%。隧道纵坡较大，车辆易出现打滑事故，设计阶段需充分考虑隧道路面防结冰，以保障居民的出行安全。为此，在暗埋段和北敞开段的桩基础中布置换热管，通过换热管将地下稳定的低品位热能提取出来，然后通过热泵机组转化为高品位热能供给路面下埋管，以达到南敞开段路面防结冰的目的，其横断面如图7-11所示。该项目中，大部分桩基础的长度为30m。根据南京地区的地温监测数据，南京地区地表10m以下地温基本恒定。一次在隧道桩基础中布置换热管可以实现提取地下岩土体中的浅层地热能的目标。相比于传统室外防结冰系统，城市隧道桩基础地热防结冰系统每年能够减少约60%

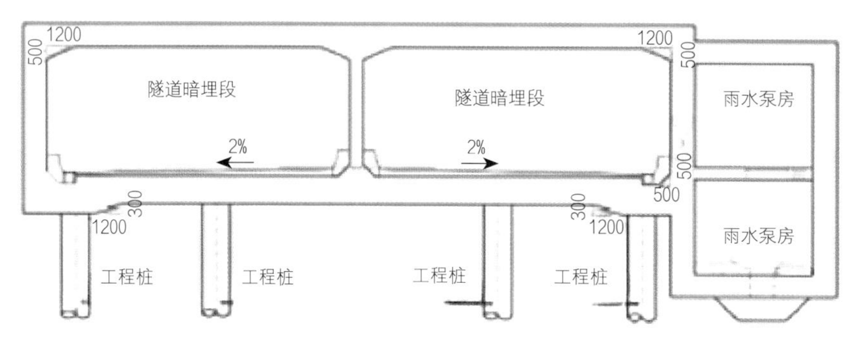


图7-11 暗埋段桩基础布置横断面（单位：mm）

的碳排放，节能减碳效果显著。

内蒙古博牙高速公路扎敦河隧道位于G10绥满高速公路上，是通往满洲里和扎兰屯等旅游景区的必经之处，为双线隧道。每年6—7月，降雨量增加，温度升高，且地处林区湿度较大，隧道内外温差大、空气对流，产生冷凝水，又因路面温度低，冷凝水附着地面导致路面湿滑，影响行车安全。为应对上述问题，并体现绿色低碳隧道的内涵，扎敦河隧道在国内首次应用利用地温能的隧道保温加热水沟技术，其现场施工如图7-12所示。该技术通过封闭的热交换管路提取隧道中部围岩地温能，经地源热泵设备提升后，利用供热管路对隧道保温水沟进行加热。

图7-12 扎敦河隧道热交换管现场施工图

### 7.4.3 垂直绿化

随着城市生态环境保护要求的日益提升，如何提高城市绿地率，是当今城市园林绿化建设面临的难题。解决这一问题最有效的方法就是墙面垂直绿化。垂直绿化又称立体绿化，就是为了充分利用空间，在城市中的墙壁、屋顶、棚架等处栽种攀缘植物，以增加绿化覆盖率、改善环境。垂直绿化在克服城市绿化面积不足、改善不良环境等方面具有独特的作用。

垂直绿化由水培系统、模块系统、悬挂系统、线缆式系统、线网式系统和网架式系统六部分组成。垂直绿化可降低温度、调节空气湿度、改善视觉环境，在地下道路中布设垂直绿化，还可以起到减少噪声、吸收车辆尾气、净化空气的作用。

在我国，垂直绿化在建筑外立面、城市公园等场景中应用较为广泛，在地下道路中的应用尚处于起步阶段，目前尚无典型案例可供参考。

### 7.4.4 能耗管理系统

地下道路运营中能耗最大的主要是照明和通风系统，目前对地下道路运营节能的分析主要围绕这两个系统进行。

当前地下道路照明的节能，主要采用高功率因数的照明灯具（配高效电子镇流器）、光导管、地下道路内两侧铺反射率高的装修材料、集中调光控制、减少洞外亮度等方法。为了进一步节能，还将地下道路内的灯具分为全日灯、黄昏灯、白日灯和应急灯等几个回路进行人工或自动控制。纵观现有的这些方法，虽然有一定的节能效果，但在实际运行中还存在电能的浪费现象，以及营运过程中产生的与行车安全和地下道路监控之间的矛盾等问题。

基于物联网技术的地下道路运营能耗管理平台系统架构采用标准的物联网体系架构，按功能可分为“感、传、知、行”四部分。其系统架构如图7–13所示。

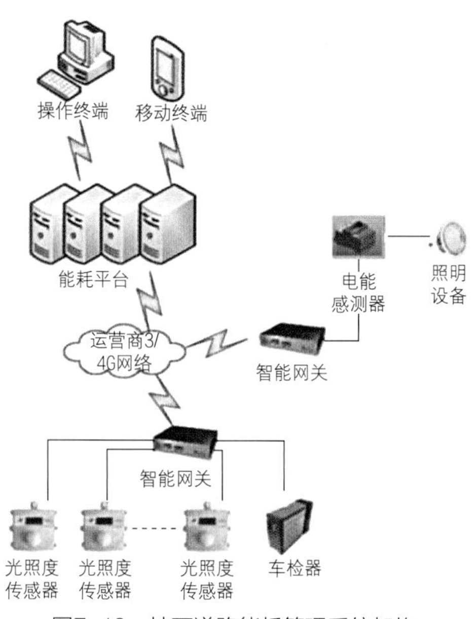


图7–13 地下道路能耗管理系统架构

（1）感：由前端的各种传感器组成物联网的感知层，物联网前置的感应设备主要感应各种环境数据，如温湿度、电能、风速、光度等。其中，电能感测器作为能耗采集的主体，实现对照明设备的能耗采集工作；多功能传感器主要部署在地下道路的洞外、入口段、过渡段、中间段以及出口段，实现对照度的实时采集；车检器用于实时监测车流量和车速等数据信息。

（2）传：主要指数据传输通道，即有线网络、移动无线网络，以及其他如Wi-Fi、Zigbee、LoRa等特殊频段的无线传输网络。所有通过物联网感知终端设备采集的数据将由智能网关进行统一汇总后通过运营商的无线网络传输至能耗平台。

（3）知：部署在运营管控中心物联网云计算的平台，通过各种前端设备采集数据，进行大数据分析，建立地下道路运营能耗模型，通过对比、环比等方式形成数据分析报告，最终得出具有指导性和前瞻性的数据结论。

（4）行：根据能耗分析报告，形成精细化、定制化的地下道路节能控制策略，以便运营管理人员进行管控，系统也会实时监测管控后的效果，得出数据进行前后对比，最终形成节能报告。

能耗管理平台是整个系统的核心，所有前端设备采集的数据均通过有线或无线的方式传输到平台，平台具有高智能的数据分析能力，可以自动根据采样数据对用电设备建立能耗模型，并随着数据的不断递增完善该能耗模型，平台提供实时的地图式能耗分布图、光照度分布图、车流量信息图，可以直观地显示各种采集数据及能耗模型。

运营能耗管理平台后台对地下道路能耗的生产和使用情况，以及包括照明、风机等各类分项用电等情况进行监测和统计分析，实现能源的全方位、精细化的监控和管理。通过对采集到的大量能耗数据进行分析，帮助地下道路改进用能管理制度，实现降低能耗，也为管理人员制定节能措施、规划节能方案提供决策依据。平台架构如下。

（1）登录界面。在浏览器地址输入栏输入链接后，首先会跳转到登录页面，系统不提供注册功能，账号由管理员统一发放，若已有账号、密码可登录系统并使用。

（2）实时监控。可通过单击地下道路的不同区段查看相应段的实时数据。展示数据包括区段距离、设计亮度、实测亮度、温湿度等。

（3）光照度分析。展示一天内不同时间的自然光照度，并与照明功率进行比对。例如，在凌晨时段，较大的时间段内为了节约用电，运营时多采用仅开少量照明的方式，可能造成各段的亮度值无法满足设计要求；但对于白天时间段，又存在大量的过度照明，极大地浪费了电能。实际运营中，光照度与能耗相互矛盾，急需改进照明控制方式。

（4）实时功率。反映各区段或各系统的用电功率曲线，也可查看历史功率曲线数据。

（5）实时用电。用不同颜色的曲线表示不同区段或各系统每日的耗电情况，也可查看历史曲线，以显示和隐藏某些曲线。

（6）用户与角色管理。软件登录账号由管理员统一发放，分配账号、密码后方可登录系统并使用。平台具备角色管理功能，可根据用户个人属性的不同为不同的用户分配不同的查看权限。

## 本章小结

本章参照建筑领域的相关国家标准，将低碳地下道路按建材生产及运输阶段、建造阶段、运行阶段和拆除阶段四个阶段考虑，提出了其技术体系，并重点围绕建材生产及运输阶段、建造阶段和运行阶段的相关技术进行了介绍。

## 参考文献

[1] 中华人民共和国住房和城乡建设部. 建筑碳排放计算标准：GB/T 51366—2019 [S]. 北京：中国建筑工业出版社，2019.

[2] 叶裕民，杨国淑，胡梦坤，等. 绿色隧道建设技术研究综述 [J]. 绿色建筑，2019，11 (2)：42-44.

[3] 王随原，徐剑，黄颂昌. 绿色公路建设与评价 [M]. 北京：人民交通出版社，2017.

[4] 曹金文，白云，刘宽，等. 泥水平衡盾构隧道的低碳施工技术探讨——以横琴隧道为例 [C] //2017（第六届）国际桥梁与隧道技术大会论文集. 2017.

[5] 梅华，王晓光，王丰仓. 公路隧道弃渣的危害及其处置对策分析 [J]. 交通节能与环保，2013，9 (2)：85-88.

[6] 凌诚，李志锋. 基于低碳环保高速公路施工经济效益研究 [J]. 公路交通技术，2021，37 (2)：139-142.

[7] 周露. 光导照明系统在浅层汽车隧道中的设计探讨 [J]. 智能建筑电气技术，2020，14 (3)：42-44.

[8] 刘松荣，刘相华，赵卫斌. 低压直流供电技术在公路隧道中的应用探讨 [J]. 地下空间与工程学报，2020，16 (S1)：413-419.

[9] 黄俊，董盛时，季红玲，等. 基于能源桩的城市隧道路面融雪防结冰技术探究 [J]. 隧道建设（中英文），2021，41 (9)：1468-1477.

[10] 韦彬，谢勇利，张国柱，等. 隧道衬砌换热器地源热泵长期性能数值分析 [J]. 深圳大学

学报（理工版），2022，39（1）：36-41.

[11] 谌桂舟，白永厚，郭春，等. 高原隧道热泵辅助施工通风方法研究［J］. 地下空间与工程学报，2020，16（S1）：403-406，419.

[12] 廖凯. 地铁车站采用复合地源热泵系统的节能潜力分析［J］. 铁道标准设计，2016，60（3）：152-154，158.

[13] 韦聪，黎琮莹，欧剑聪，等. 基于物联网技术的隧道运营能耗管理平台研究［J］. 中国交通信息化，2016（11）：131-135.

# 8

# 未来展望

近年来我国城市地下道路数量越来越多，每年建设数百公里，在缓解城市交通拥堵、提升城市品质方面发挥着重要作用。城市地下道路数量越来越多，部分已建成隧道年代也较长，面临着设施老化、结构病害和管理系统落后等问题。随着城市地下空间的发展，新建设的地下道路已呈现规模长大化、类型多样化和系统网络化特征，其运行安全面临新的问题和挑战，对城市路网交通影响大，对运行监测和防灾救援要求更高。

未来城市地下道路需要以“以人为本、绿色低碳、韧性可靠、智慧智能”的发展理念贯穿全过程和全领域，全面提升城市地下道路交通运行效率和运行安全，便捷公众交通出行，助力打造高能级的中国式现代化综合交通。

建设以人为本的地下道路。要把“人民城市人民建，人民城市为人民”理念贯彻落实到地下道路建设的各方面，系统考虑道路使用者的出行需求，通过地下定位导航、照明视觉改善等技术，解决长大地下道路环境下的驾驶舒适性的难题，开展伴随式信息服务的应用，完善地下道路的信息覆盖，满足居民生活水平和生活质量提升的要求，打造更高品质的人民满意交通。

建设绿色低碳的地下道路。以国家“双碳”战略为基础，建设绿色低碳的长大地下道路也是未来发展趋势，需要在地下道路建设到运营的全过程中开展低碳理念和技术实践，开展碳排放计量和全过程管理；运营过程中对隧道照明、风机等设备能耗进行智能调节，提升地下道路的交通运行效率，尽可能减少拥堵，减少运行碳排放。

建设韧性可靠的地下道路。由于中心城区长距离穿越，易受城市地下空间开发中邻近地下施工活动影响，以及近年来极端天气越来越多，需要从以往局限于火灾预防向着特大水灾等综合灾害考虑。要求地下道路能够动态适应自然灾害、气候变化等外部扰动的影响，打造更具弹性和适应性的地下道路系统，提升应急处置和快速恢复能力。

建设智慧智能的地下道路。随着城市地下道路网络化、规模化，系统性功能越来越强，对机电设备及安全防灾设施提出更高要求，需要发展更智能的信息化系统。当前新一代信息技术的日益成熟为地下道路智慧化建设提供了更多技术支撑，通过物联网、5G网络、人工智能、大数据、边缘技术等新技术的综合运用，大力发展地下道路基础设施智能化、交通治理孪生化的智慧交通体系。开展地下道路的全要素、全周期数字化工作；推动数字孪生平台的应用，构建地下道路实时风险监测平台，确保地下道路突发灾害状况下处理的实时性；探索鼓励发展智能网联应用；推动地下道路主动式交通管控的应用。